MÉTROLOGIE

FRANÇAISE.

MÉTROLOGIE FRANÇAISE,

OU

TRAITÉ

DU SYSTÈME MÉTRIQUE,

D'après la fixation définitive de l'unité linéaire fondamentale.

MÉTROLOGIE
FRANÇAISE,
OU
TRAITÉ
DU SYSTEME MÉTRIQUE,

D'après la fixation définitive de l'unité linéaire fondamentale.

CONTENANT

Des Tables comparatives des anciennes Mesures avec celles qui les remplacent;

Des Notions de Géométrie pratique et leur application à l'Arpentage, au Toisage, à la Cubature des bois carrés, de ceux en grume et de chauffage, etc. Des procédés simplifiés de Jaugeage et les moyens de distinguer les Futailles des principaux vignobles de France;

Un Barême décimal ou Comptes faits;

Et le Tarif des droits de l'Octroi municipal de Paris.

Précédé d'un Discours préliminaire sur le Système en général.

Ouvrage nécessaire aux Arpenteurs, Jaugeurs, Commerçans, Artistes, etc.; utile à toutes les professions et mis à la portée de tout le monde.

Par les Citoyens BRILLAT, ancien Négociant, Auteur du rétablissement des Bureaux de Poids et Mesures publics; et BAZAINE, Contrôleur-Jaugeur de l'Octroi municipal de Paris, etc. Membre de plusieurs Sociétés savantes.

Imprimé par ordre du Préfet du Département de la Seine.

A PARIS,

De l'Imprimerie des ANNALES DES ARTS ET MANUFACTURES.

Et se trouve chez LEVRAULT, frères, Libraires, quai Malaquais.

An X. (1802.)

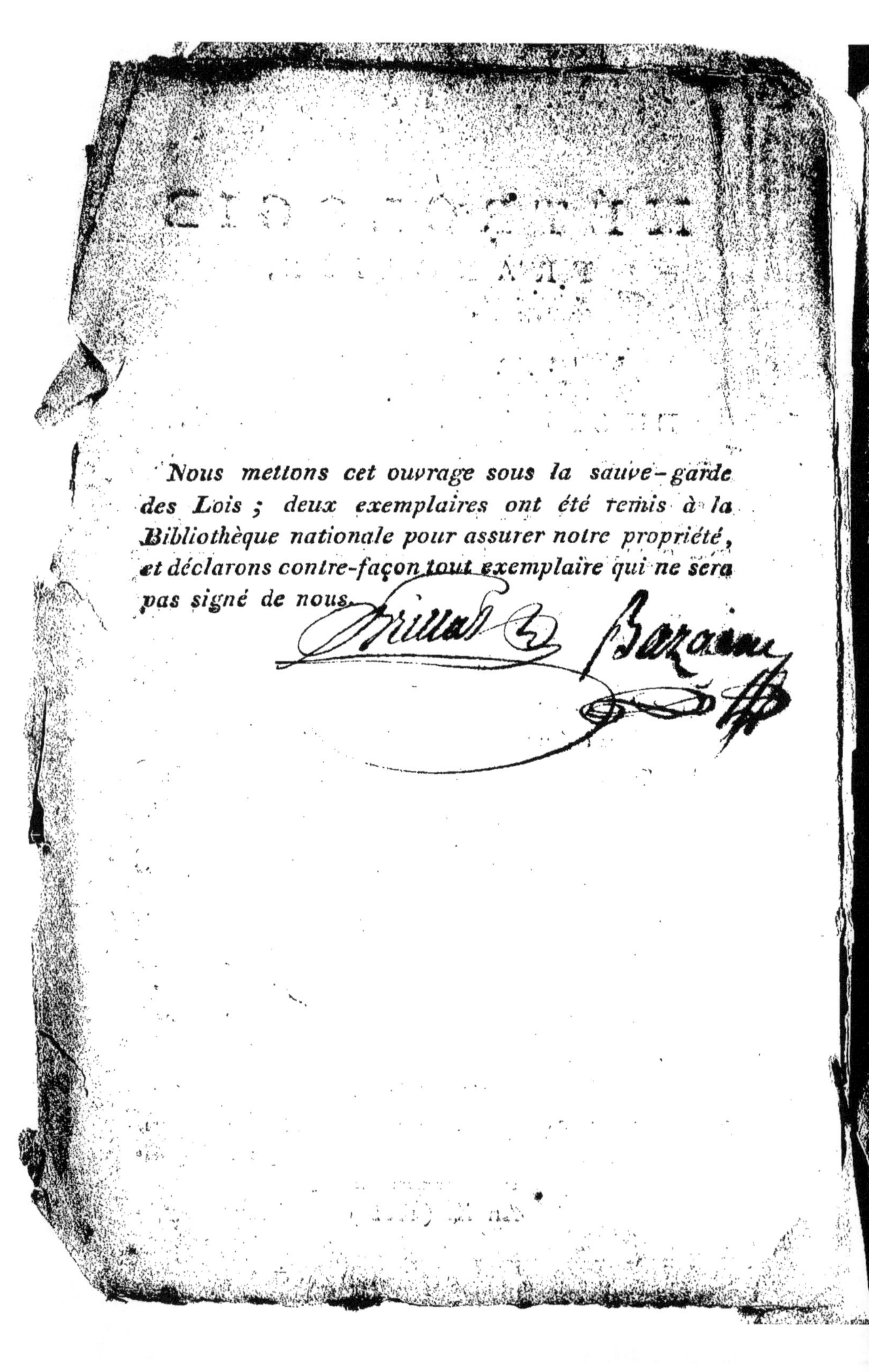

Nous mettons cet ouvrage sous la sauve-garde des Lois ; deux exemplaires ont été remis à la Bibliothèque nationale pour assurer notre propriété, et déclarons contre-façon tout exemplaire qui ne sera pas signé de nous.

AVANT-PROPOS.

L'établissement d'un seul poids et d'une seule mesure uniformes dans toute l'étendue de la République française, est un gage assuré de sa prospérité.

Cette uniformité va bannir du Commerce les fraudes qui s'y glissaient à la faveur d'une diversité insidieuse; elle facilitera les échanges et les acquisitions, et présentera tous les Français sous l'image d'une immense famille, où tout est commun, tout se ressemble et annonce une parfaite union.

Les instructions qui font partie de cet ouvrage, se réduisent à ce que le système métrique renferme d'essentiel pour les besoins de la vie et les usages de la Société. On y a joint des notions expérimentales de Géométrie pratique, pour arriver plus facilement au but que l'on s'est proposé, et on a lieu d'espérer qu'il en résultera cet avantage, que ceux qui voudront lire successivement ces mêmes instructions, y trouveront une suite d'idées qui les conduiront, comme par degrés, d'un enseignement plus simple et plus familier, à des connaissances plus élevées et plus satisfaisantes.

Enfin, la manière dont les mesures républicaines ont été divisées et sub-divisées en parties toujours dix fois plus petites, ramenera tous les calculs à une méthode extrêmement simple, qui épargnera beaucoup de tems, de peine, et d'occasions de méprise, et répandra tant de facilité dans l'étude d'une science jusqu'à-présent si compliquée, qu'à l'avenir, les enfans de tous les Citoyens sauront l'Arithmétique dans toute son étendue. Tels sont les avantages que le nouveau système promet à la nation française : on peut même dire que c'est un assemblage de plusieurs bienfaits réunis dans un seul.

DISCOURS
ET INSTRUCTIONS PRÉLIMINAIRES.

L'INTÉRÊT général sollicitait depuis plusieurs siècles une uniformité de *poids et de mesures.*

Pour parvenir à l'établir, il a fallu imaginer un système qui pût s'appliquer à tout ce que les hommes ont intérêt de bien connaître et de se rappeller aisément.

Plusieurs auteurs célèbres, dont les ouvrages et les noms seront transmis à la postérité, se sont occupés de ce système; ils ont pensé que rien n'était plus propre à donner une unité principale que la circonférence du globe que nous habitons. L'astronomie leur ayant fourni les moyens d'avoir une mesure exacte du *méridien*, pour plus de facilité, ils n'en ont pris que le quart depuis un *pôle* jusqu'à l'*équateur* (1) et après un nombre infini d'opérations profondes et délicates, ils se sont arrêtés à la *dix millionième* partie, comme ayant plus de rapport qu'aucune autre avec l'aune et la demi-toise anciennes.

Cette mesure que l'on a appelée *mètre* fut prise pour l'unité génératrice de toutes les autres.

Ainsi tout le système des nouvelles mesures repose sur les deux bases suivantes :

1°. L'unité fondamentale (le prototype) est la distance du pôle à l'équateur.

2°. Le nombre dix est le diviseur unique.

Ces données sont si simples qu'on pourra toujours les retrouver et en déduire les mesures de la France, puisque nous avons pour étalon, non les ouvrages périssables des hommes, mais le globe de la terre lui-même.

---

(1) On a mesuré avec grand soin un arc du méridien passant par Paris, et terminé d'une part à Dunkerque, et de l'autre à Barcelone en Espagne, ce qui comprend une étendue de près de 10 degrés:

Une bonne nomenclature était une partie importante du plan général, et en quelque sorte le complément du système ; de nouvelles idées exigeaient de nouveaux noms, on les a réduits au moindre nombre possible, et ces noms sont d'autant plus faciles à concevoir et à retenir, que les mots qui les désignent ont été choisis avec plus de méthode et servent à réveiller l'idée des choses.

Voici le système de nomenclature adopté conformément à ces principes.

On a commencé par classer les mesures, elles forment entre elles cinq branches principales qui dérivent les unes des autres.

1°. Les mesures linéaires.
2°. Les mesures de superficie.
3°. Les mesures de capacité.
4°. Les poids.
5°. Les monnaies.

Dans chaque classe de mesures, on a choisi une espèce à laquelle on a donné un nom ; et ce nom diversement modifié se retrouve dans toutes les espèces qui dépendent de la même classe.

Par exemple, dans la 1ere. classe le nom de *mètre* (1) a été donné à l'espèce de mesure, dont les marchands et les architectes font le plus communément usage ; c'est la grandeur de l'étalon des mesures de la République, la dix-millionième partie du quart du *méridien* qui répond à 3 pieds, 11 lignes 296 millièmes de lignes, un peu plus que la demi-toise et environ un cinq sixièmes de l'aune de Paris.

Dans la seconde classe, le nom d'are (2) a été donné à la mesure agraire, il vaut cent mètres carrés qui répondent à peu-près à deux perches mesure des eaux et forêts.

---

(1) Le mot mètre veut dire mesure, ce mot est reçu en ce sens dans notre langue, à la fin des mots baromètre, thermomètre et autres semblables.

(2) *Are* vient du mot latin *area*, qui veut dire surface, ou *arare* labourer ; il a de l'analogie avec arpent et du rapport avec l'objet qu'il représente.

Dans la troisième classe le nom de *litre* (1) a été donné à une mesure de capacité qui vaut un décimètre cube qui répond à une pinte, un quatorzième de pinte et à environ cinq quarts de litron, mesures anciennes de Paris.

Dans la quatrième classe, le nom de gramme (2) a été donné à un poids qui équivaut au poids de l'eau sous le volume d'un centimètre cube qui répond à 18 grains $\frac{82715}{100000}$.

Comme le kilogramme, poids de mille grammes, est le plus commode pour la vente des marchandises les plus communes, on l'a adopté pour unité principale des poids; il équivaut au poids de l'eau sous le volume d'un décimètre cube qui répond à 2 l. 5 gros 35 g. $\frac{15}{100}$ ancien poids de marc.

Enfin le nom *franc* est resté à l'unité monétaire qu'on désignait indifféremment sous ce nom ou par celui de *livre tournois*, il se divise en dix décimes et le décime en dix centimes; il y a donc 100 centimes dans *un franc*, le franc comparé aux anciennes monnaies, vaut une livre trois deniers, de sorte que 80 francs font exactement 81 livres tournois.

Pour les bois de chauffage, les pierres dures et moëllons, les bois de charpente, le nom de *stère*, qui signifie solide, a été donné au mètre cube, qui répond à 52 centièmes de voie ancienne mesure, environ moitié de la voie; deux termes suffisent à cette unité pour tous les besoins, le *stère* et le *décistère*; savoir, le décistère répond à peu de chose près à la solive qui servait pour l'évaluation des bois de charpente. Le nom de *stère* ou mètre cube, considéré comme mesure de bois de chauffage, remplace les noms de voies, cordes, anneaux et autress emblables.

Les mesures dix fois, cent fois, mille fois, dix mille

---

(1) *Litre*, est le nom que portait chez les anciens une espèce de mesure pour les liquides; le mot litron paraît dériver de celui-là.

(2) *Gramme*, est le nom grec du poids que les Romains nommaient scrupule ou scripule et qui différait peu de celui qui a reçu ce nom parmi nous. Il est propre à servir d'unité dans les pesées des matières précieuses telles que l'or, l'argent, etc. etc.

fois plus grandes que celles qui ont reçu le nom primitif, sont désignées par l'addition des noms numériques Deca, Hecto, Kilo, et Myria ; ces mots sont empruntés du grec et signifient dix, cent, mille et dix mille.

Les mesures dix fois, cent fois mille fois plus petites que le mètre, le litre, le gramme, etc. sont désignées par l'addition des noms numériques *deci*, *centi* et *milli*, dérivés du latin et analogues à ceux dixième, centième et millième (1).

On voit par ce qui vient d'être expliqué, que les anciennes mesures, qui n'appartenaient à aucun système, sont remplacées par des nouvelles, qui appartiennent au *système métrique* qui comprend cinq branches principales liées entre elles et attachées à un point fixe.

La classe monétaire dérive des poids, celle des poids dérive de celle des mesures de capacité, les mesures de capacité et de superficie dérivent des mesures linéaires ; les mesures linéaires dérivent du *mètre* et le *mètre* de la longueur du quart du méridien.

Ces cinq branches forment de plus autant de parties symétriques d'un même tout, puisque premièrement tous leurs élémens sont gradués uniformement sur l'échelle arithmétique, d'où il résulte que le calcul qui convient à l'une convient à toutes, et le calcul employé dans chacune d'elles est le calcul décimal, précieux avantage que ne possédaient pas les anciennes mesures. Par ce moyen l'étude de l'arithmétique, si nécessaire à tous les citoyens, est mise à la portée de ceux qui ont le moins de loisir et d'occasions de cultiver leurs facultés naturelles (2). En second lieu toutes les dénominations des termes au-dessus et au-dessous de l'unité principale dans chaque partie, suivent la même loi, qui est d'exprimer combien de fois ils en sont multiples ou sous-multiples, d'où il suit qu'on aperçoit toujours par les dénomina-

(1) On a excepté de cette loi générale les *monnaies* et le *stère*.

(2) Voyez l'instruction qui est à la suite des tables.

tions le rapport d'une unité à une autre, et par conséquent ce qu'on doit faire pour ramener les résultats obtenus en diverses unités, à d'autres unités, soit plus petites, soit plus grandes.

Il n'est pas inutile de le répéter ici, le système métrique est une de ces innovations décisives pour l'industrie humaine et la destinée des grandes sociétés; il est digne d'être offert à toutes les Nations, aucun autre ne serait aussi propre à faciliter leurs relations commerciales et à préparer cette communication de lumières et d'instruction si ardemment souhaitée par les amis éclairés de l'humanité. Les mesures et les poids qui en dépendent ont les convenances les plus désirables relativement à l'usage auquel ils sont destinés; de la plus petite mesure de poche, on passe à la mesure qui peut se porter à la main en forme de canne, et qui se trouve dans le magasin du marchand d'étoffe; de celle-ci on va à la mesure pour les terrains, et l'on arrive jusqu'aux plus grandes mesures itinéraires et géographiques: c'est partout la même gradation; les résultats sont toujours immédiatement comparables. Ainsi disparaîtront tous les embarras qu'occasionnaient si fréquemment les différentes sortes de toisés, les arpentages, les aunages, les évaluations de distances territoriales, qui formaient un cahos si compliqué, que peu de personnes savaient s'y reconnaître.

En un mot, le nouveau système décimal intéresse les hommes qui cultivent les sciences, soit sous les rapports de la géographie et de la marine, soit pour la commodité qu'ils y trouveront dans les expériences physiques qui sont l'objet de leurs recherches.

Il intéresse le perfectionnement des Arts par l'exactitude et la simplicité qu'il comporte.

Il intéresse le commerce et tous les citoyens, par l'uniformité, l'invariabilité qu'il assure, et par la facilité inappréciable qu'il donne aux calculs et à toutes les combinaisons.

Il intéresse l'administration publique et le Gouvernement par rapport à la police, à la bonne foi mercantile, et en ce qu'il fera mieux connaître l'état de situation des approvisionnemens des matières de toutes espèces, ainsi que les comptes des travaux, de la recette et des dépenses publiques.

Il influera sur l'instruction générale des citoyens, en rendant l'arithmétique infiniment plus aisée à apprendre pour les besoins qui reviennent le plus fréquemment.

Enfin il est propre à servir de ralliement entre les nations commerçantes pour aider leurs transactions et à devenir universel dans tout le monde policé par sa convenance générale dégagée de tout arbitraire et de toute partialité locale.

Quoique les dénominations données aux nouvelles mesures aient paru propres à soulager la mémoire par leur nomenclature méthodique, cependant, comme un grand nombre de personnes ne pouvaient se les rendre familières, *les Consuls* de la Republique, pour faciliter l'exécution du système métrique, ont pris un arrêté, le 13 brumaire an 9, par lequel on a la faculté de substituer des noms connus aux noms systématiques; ensorte que dans les actes publics, comme dans les usages habituels, on peut se servir des mots français précédemment usités.

Mais la dénomination *mètre*, n'a pas de synonyme dans la désignation de l'unité fondamentale des *poids* et *mesures*. Aucune mesure ne peut recevoir de dénomination publique, qu'elle ne soit un multiple ou un dividende de cette unité.

Le mesurage des étoffes sera fait par mètres, dixièmes et centièmes de mètre.

La dénomination *stère* continuera d'être employée dans le mesurage des bois de chauffage et dans la désignation des mesures de solidité.

Dans le mesurage des bois de charpentes, on pourra diviser le *stère* en dix parties, qui pourront être nommées *solives*.

D'après cet arrêté, les dénominations données aux mesures et aux poids, pourront être traduites par celles portées au tableau suivant.

NOMS SYSTÉMATIQUES.	TRADUCTION.	VALEUR.
MESURES ITINÉRAIRES.		
Myriamètre	{pourra être traduit par le mot} Lieue.	10,000 mètres.
Kilomètre	Mille	1,000 mètres.
MESURES DE LONGUEUR.		
Décamètre.	Perche	10 mètres.
MÈTRE.		*Unité fondamentale des poids et mesures;* dix milionième partie du quart du méridien terrestre.
Décimètre.	Palme (le)	10ᵉ. de mètre.
Centimètre.	Doigt.	100ᵉ. de mètre.
Millimètre.	Trait.	1000ᵉ. de mètre.
MESURES AGRAIRES.		
Hectare.	Arpent.	10,000 mètres carrés.
Are.	Perche carrée	100 mètres carrés.
Centiare.	Mètre carré.	
MESURES DE CAPACITÉ *pour les liquides.*		
Décalitre.	Velte.	10 décimètres cubes.
Litre.	Pinte.	Décimètre cube.
Décilitre	Verre.	10ᵉ. de décimètre.
MESURES DE CAPACITÉ *pour les matières sèches.*		
Kilolitre.	Muid.	1 mètre cube *ou* 1,000 décimètres cubes.
Hectolitre.	Setier.	100 décimètres cubes.
Décalitre.	Boisseau.	10 décimètres cubes.
Litre.	Pinte.	Décimètre cube.
MESURES DE SOLIDITÉ.		
STÈRE		Mètre cube.
Décistère.	Solive.	10ᵉ. de mètre cube.
POIDS.		
	Millier	1,000 livres {Poids du tonneau de mer.}
	Quintal.	100 livres.
Kilogramme.	Livre.	Poids de l'eau sous le volume du décim. cube, cont. 10 once
Hectogramme.	Once.	10ᵉ. de la livre, cont. 10 gros.
Décagramme.	Gros.	10ᵉ. de l'once, cont. 10 den.
Gramme.	Denier.	10ᵉ. du gros, cont. 10 grains.
Décigramme.	Grain.	10ᵉ. du denier.

Pour faciliter la connaissance des nouvelles mesures, on a publié des instructions très-intéressantes ; mais on ne peut néanmoins se dissimuler que le passage de l'ancien au nouveau système, ne peut se faire sans que l'on n'ait fréquemment besoin de comparer entre elles les mesures anciennes et nouvelles, ainsi que les prix respectifs qui en dépendent. Le négociant dans ses spéculations, le consommateur relativement à ses besoins, font des évaluations d'habitude d'après lesquelles ils se dirigent, et comme le souvenir des anciennes mesures peut encore se présenter pendant quelque tems à l'esprit, il faut que l'on puisse en connaître les différences sans gêne ni difficulté : c'est donc pour aider l'intelligence de ceux qui ne sont point encore instruits du calcul décimal, et pour y familiariser cette portion la plus nombreuse du peuple, qui est aussi la moins éclairée, que nous nous sommes déterminés à faire imprimer ce travail, auquel nous avons joint quelques notions de géométrie pratique sur la longimétrie, la planimétrie, la cyclométrie et la stéréométrie ou l'art de mesurer (par le calcul décimal) les longueurs, les surfaces, les cercles et les solides.

Encouragés par les autorités constituées, et particulièrement par le citoyen *Frochot*, Préfet du département de la Seine, à qui il a été présenté, nous nous empressons de l'offrir au public, persuadé qu'il lui sera d'une grande utilité.

Nous n'avons rien négligé pour donner à nos calculs toute l'exactitude et la perfection dont ils peuvent être susceptibles, et afin de les mettre plus à la portée de la conception nous n'avons conservé que le nombre de décimales nécessaires.

Nous avons donné à chaque partie du système une étendue telle qu'elle pût offrir au besoin, et pour toutes quantités désirables, la différence des mesures anciennes avec les nouvelles, et réciproquement ; guidés par les principes des meilleurs auteurs, et par les instructions qui ont été publiées par ordre du Ministre de l'Intérieur, les tables qui suivent serviront, non-seulement aux habitans du département de la Seine, mais encore à tous ceux de la République, et même aux nations étrangères; ce système leur convient comme à nous; il leur appartient comme à nous, puisqu'il vient de la nature, chacune d'elles trouvera son avantage particulier à l'adopter, et toutes ensembles trouveront un avantage commun dans l'adoption générale, puisque leurs relations mutuelles de commerce deviendront incomparablement plus faciles.

TRAITÉ
SUR LE SYSTÈME MÉTRIQUE,

PREMIÈRE PARTIE.

Disposition et usage des tables de réduction des anciennes mesures aux nouvelles.

LA loi qu'on s'est imposée de ne diviser que par *dix* l'unité fondamentale pour déterminer le degré décimal terrestre, les mesures itinéraires et le *mètre*, est la même pour toutes les mesures qu'on a prises pour unités.

La raison de cette uniformité de division et de la préférence donnée au nombre 10 pour diviseur de toutes les mesures, est simple : on a voulu que le calcul fût le même pour les fractions que pour les unités, et qu'il pût servir à toutes espèces de mesures.

En parcourant les tables qui vont suivre, on remarquera que les nombres qui expriment la valeur d'une ancienne mesure en nouvelle, ou d'une nouvelle en ancienne, sont composés de deux parties séparées par un point placé à la droite des chiffres qui leur sont propres.

Par exemple : 25 unités et 8 dixièmes, sont marqués 25. 8; 3 unités 49 centièmes, sont marqués 3. 49.

Dans les tables des rapports la valeur de l'aune étant marquée par mètre, 1. 188 signifient que l'aune vaut 1 mètre et 188 millièmes; mais comme 8 millièmes approchent d'un centième, on ne porte aux décimales que deux chiffres, et on met 1 m. 19 centièmes.

La place de l'unité étant celle qui détermine la valeur des chiffres posés à droite ou à gauche, il est indispensable de la marquer par un zéro, quand même il n'y aurait que des décimales sans unités; ainsi 0. 35 signifie 35 centièmes; 0. 719 signifie 719 millièmes.

Dans la deuxième table des rapports, la valeur du mètre à l'aune étant exprimée par les décimales 0. 841, signifie que le mètre équivaut à 841 millièmes d'aune de Paris, on a négligé 1 millième, comme étant de très-faible valeur, afin de n'avoir à exprimer que 84 centièmes.

Nous commencerons par les tables de réductions de fractions les plus simples, et dont l'usage est le plus fréquent.

CHAPITRE PREMIER.

TABLE GÉNÉRALE DES FRACTIONS,

Pour servir à réduire en décimales toutes monnaies ou mesures quelconques.

Fraction	Décimale
1/2	0, 500
1/3	0, 333
1/4	0, 250
1/5	0, 200
1/6	0, 166
1/7	0, 142
1/8	0, 125
1/9	0, 111
1/10	0, 100
1/11	0, 090
1/12	0, 083
1/13	0, 076
1/14	0, 071
1/15	0, 066
1/16	0, 062
1/17	0, 058
1/18	0, 055
1/19	0, 052
1/20	0, 050
2/3	0, 666
2/5	0, 400
2/7	0, 285
2/9	0, 222
2/11	0, 181
2/13	0, 153
2/15	0, 133
2/17	0, 117
2/19	0, 105
3/4	0, 750
3/5	0, 600
3/7	0, 428
3/8	0, 375
3/10	0, 300
3/11	0, 272
3/13	0, 230
3/14	0, 214
3/16	0, 187
3/17	0, 176
3/19	0, 157
3/20	0, 150
4/5	0, 800
4/7	0, 571
4/9	0, 444
4/11	0, 363
4/13	0, 307
4/15	0, 266
4/17	0, 235
4/19	0, 219
5/6	0, 833
5/7	0, 714
5/8	0, 625
5/9	0, 555
5/11	0, 454
5/12	0, 426
5/13	0, 384
5/14	0, 357
5/16	0, 312
5/17	0, 294
5/18	0, 277
5/19	0, 263
6/7	0, 857
6/11	0, 545
6/13	0, 461
6/17	0, 352
6/19	0, 315
7/8	0, 875
7/9	0, 777
7/10	0, 700
7/11	0, 636
7/12	0, 583
7/13	0, 538
7/15	0, 466
7/16	0, 437
7/17	0, 411
7/18	0, 388
7/19	0, 368
7/20	0, 350
8/9	0, 888
8/11	0, 727
8/13	0, 614
8/15	0, 533
8/17	0, 470
8/19	0, 421
9/10	0, 900
9/11	0, 818
9/13	0, 692
9/14	0, 642
9/16	0, 562
9/17	0, 529
9/19	0, 473
9/20	0, 450
10/11	0, 909
10/13	0, 769
10/17	0, 588
10/19	0, 526
11/12	0, 917
11/13	0, 846
11/14	0, 785
11/15	0, 733
11/16	0, 687
11/17	0, 647
11/18	0, 611
11/19	0, 578
11/20	0, 550
12/13	0, 905
12/17	0, 750
12/19	0, 631
13/14	0, 928
13/15	0, 866
13/16	0, 812
13/17	0, 764
13/18	0, 722
13/19	0, 684
13/20	0, 650
14/15	0, 933
14/17	0, 823
14/19	0, 736
15/16	0, 937
15/17	0, 882
15/18	0, 833
15/20	0, 750
16/17	0, 941
16/19	0, 842
17/18	0, 944
17/19	0, 894
17/20	0, 850
18/19	0, 917
19/20	0, 950

RÉDUCTION

De quelques fractions ordinaires en fractions décimales exactes ou approchées jusqu'au sixième rang.

$\frac{1}{2}$	... 0,5		$\frac{1}{3}$	... 0,333333		$\frac{1}{5}$	... 0,2
$\frac{1}{4}$	... 0,25		$\frac{1}{6}$	... 0,166667		$\frac{1}{7}$	... 0,142857
$\frac{1}{8}$	... 0,125		$\frac{1}{12}$	... 0,083333		$\frac{1}{9}$	... 0,111111
$\frac{1}{16}$	... 0,0625		$\frac{1}{24}$	... 0,041667		$\frac{1}{11}$	... 0,090909
$\frac{1}{32}$	... 0,03125		$\frac{1}{48}$	... 0,020833		$\frac{1}{13}$	... 0'076923
$\frac{1}{64}$	... 0,015625		$\frac{1}{96}$	... 0,010417		$\frac{1}{15}$	... 0,066667
$\frac{1}{128}$	... 0,007812		$\frac{1}{192}$	... 0,005208		$\frac{1}{17}$	... 0,058824
$\frac{1}{256}$	... 0,003906		$\frac{1}{384}$	... 0,002604		$\frac{1}{19}$	... 0,052632
$\frac{1}{512}$	... 0,001953		$\frac{1}{768}$	... 0,001302		$\frac{1}{21}$	... 0,047619
$\frac{1}{1024}$	... 0,000977		$\frac{1}{1536}$	... 0,000651		$\frac{1}{23}$	... 0,043478

Ces fractions ont toutes pour numérateur l'unité : les deux premières colonnes renferment les fractions qui viennent de de la bisection continuelle de $\frac{1}{2}$ et $\frac{1}{3}$; la troisième contient les valeurs de quelques autres fractions dont le dénominateur est impair.

Lorsqu'une fraction proposée, dont le dénominateur est dans la table, aura un autre numérateur que l'unité, on multipliera la fraction décimale de la table, par le numérateur : ainsi pour avoir la valeur de $\frac{15}{32}$, on multipliera 0,03125 par 15, ce qui donnera 0,46875.

CHAPITRE II.

MESURES LINÉAIRES OU DE LONGUEUR.

Anciennes Mesures.

La mesure dont on se servait le plus communément était la toise, laquelle était composée de 6 pieds, dits *de roi*, de longueur.

La toise carrée était aussi composée de 6 pieds de longueur sur 6 de hauteur, ce qui faisait 36 pieds.

La toise cube était aussi composée de 6 pieds de longueur sur 6 de haut et 6 de large, ce qui faisait 216 pieds.

Le pied était composé de 12 pouces, le pouce de 12 lignes, la ligne de 12 points.

Le pied carré était de 12 pouces de longueur sur 12 de hauteur, ce qui faisait 144 pouces.

Le pied cube était composé de 12 pouces de longueur sur 12 de haut et 12 de large, ce qui faisait 1728 pouces.

Par la même raison, le pouce cube était de 1728 lignes.

Nouvelles Mesures.

La mesure qui remplace la toise, est le *mètre* : c'est l'unité fondamentale des poids et mesures, la dix millionième partie du quart du méridien et l'étalon des mesures de la République :

Il est divisé en dix parties qu'on nomme *décimètres* ; le décimètre en 10 centimètres, et le centimètre en 10 millimètres.

Ses multiples sont : le *décamètre* ou *perche*, qui vaut 10 mètres ;

L'*hectomètre*, qui n'a pas de synonyme, et qui vaut 100 mètres ;

Le *kilomètre* ou *mille*, qui vaut 1000 mètres ;

Et le *myriamètre* ou *lieue* nouvelle, qui vaut 10,000 mètres.

Le mètre carré est composé de 10 décimètres de longueur sur 10 décimètres de hauteur, ce qui fait 100 décimètres.

Le mètre cube est composé de 10 décimètres de longueur sur 10 de hauteur et 10 de largeur, ce qui fait 1,000 décimètres.

Le décimètre est composé de 10 centimètres de longueur.

Le décimètre carré vaut par la même raison, 100 centimètres, et le décimètre cube vaut 1,000 centimètres.

Il en est de même du centimètre; il vaut 10 millimètres de longueur; le centimètre carré vaut 100 millimètres, et le centimètre cube vaut 1,000 millimètres.

Le double décimètre remplace le pied; le centimètre le pouce, et le millimètre la ligne.

Du Rapport de la Toise et de ses divisions au Mètre et à ses divisions.

Le rapport de la toise au mètre, est celui de	1	à	1 mèt.	949,036
Le rapport du pied au décimètre, est celui de	1	à	3 déc.	24,839
Le rapport du pouce au centim., est celui de	1	à	2 cent.	7,070
Le rapport de la ligne au millim., est celui de	1	à	2 mill.	2,558
Et celui du mètre à la toise, est celui de. .	1	à	0 to.	513,074
Celui du décimètre au pied, est celui de . . .	1	à	0 pi.	30,784
Celui du centimètre au pouce, est celui de . .	1	à	0 pou.	36,941
Enfin le rapport du mill. à la lig., est celui de	1	à	0,	44,330

Pour réduire des toises en mètres, il faut multiplier le rapport de la toise au mètre, par le nombre de toises à réduire.

Et pour réduire des mètres en toises, il faut multiplier le rapport du mètre à la toise, par le nombre de mètres à réduire.

PREMIER EXEMPLE.

On demande combien 25 toises valent de mètres:

Opération.

Rapport de la toise au mètre	1,949036
	25
	9745180
	3898072
Produit.	48,72,5900

Retranchant les 6 derniers chiffres à droite à cause des 6 décimales qui se trouvent au multiplicande, on a pour résultat : 48 mètr. 72 ou 73 centimètres.

On compte 73 centimètres à cause que le chiffre qui suit étant 5, on peut le compter pour unité sans erreur sensible.

SECOND EXEMPLE.

On désire savoir ce que 18 mètres 70 centim. valent de toises.

Rapport du mètre à la toise. 0,513074
Multiplié par 18,70

3,5915180
4104592
513074

Produit 9,59448380

Retranchant 8 décimales, parce qu'il s'en trouve 6 au multiplicande et 2 au multiplicateur, on a pour résultat 9 toises 59 centièmes, qui sont la valeur de 18 mètres 70 centimètres : on néglige les dernières fractions comme de nulle valeur.

TROISIÈME EXEMPLE.

On veut savoir combien 15 pieds valent de décimètres ou de palmes.

Rapport du pied au décimètre. 3,24839
Multiplié par 15

1624195
324839

Produit 48,72585

Retranchant les 5 derniers chiffres à droite à cause de pareil nombre de parties décimales qui se trouvent au multiplicande, on a pour résultat 48 décimètres ou palmes ; 72 centièmes de décimètre, ou 4 mètres 8 décimètres 7 centimètres et 2 millimètres : on néglige le surplus de la fraction comme de trop petite valeur.

QUATRIÈME EXEMPLE

On demande combien 10 décimètres valent de pieds.

Rapport du décimètre au pied 0,30784
Multiplié par. 10

Produit 3,07840

Retranchant 5 parties décimales à cause de pareil nombre qui se trouve au multiplicande, on a pour résultat 3 pieds 7 centièmes, et comme le chiffre qui suit est au-dessus de 5, on doit dire 8 centièmes de pied.

Par la même méthode on peut déterminer le prix d'une toise d'ouvrage d'après celui du mètre, ou d'un pied d'après celui d'un décimètre *et vice versâ*.

EXEMPLE.

Quel serait le prix d'une toise, celui du mètre étant de 4 francs 10 centimes.

Multiplier le rapport de la toise au mètre . .	1,949036
Par le prix du mètre	410
	19490360
	7796144
Produit	7,99,104760

En retranchant 8 parties décimales à cause de 6 qui se trouvent au multiplicande et de 2 au multiplicateur, on a pour résultat 7 francs plus 99 centimes, comme il ne manque qu'environ un centime pour faire un franc, on comptera 8 francs sans erreur sensible.

Opération inverse.

Quel serait le prix du mètre, celui de la toise étant de 8 francs?

Multiplier le rapport du mètre à la toise. . . .	0,513074
Par le prix de la toise.	8
Produit	4,104,592

En retranchant 6 parties décimales à cause de pareil nombre qui se trouve au multiplicande, on voit que le prix du mètre serait de 4 francs 10 centimes, le surplus de la fraction devant être négligé.

AUTRE EXEMPLE.

Réduire 2281 toises en mètres,

2000 toises font	3,898 mèt.	07 cent.
2 centaines.	389	81
8 dixaines.	55	92
1 toise.	1	95
Total	4,445 mèt.	75 cent.

Ainsi 2,281 toises font 4,445 mètres 75 centièmes.

On n'a porté ici que les centièmes pour décimales, parce qu'on a négligé les fractions qui sont inutiles, ayant porté tout ce qui était au-dessus de 5 millièmes comme un centième, l'exactitude de la table est suffisante pour la pratiquer, quand même il y aurait une erreur de deux centièmes de mètres sur 4445; cette erreur ne serait d'aucune considération.

On a cru devoir ajouter une table particulière pour convertir les nouvelles mesures de longueur, en toises, pieds, pouces et lignes, ce qui épargnera dans plusieurs cas des calculs très-longs.

Soient par exemple 1408 mètres 55 cent. à convertir en toises, pieds, pouces et lignes.

Voici le calcul :

mètres.	toises.	pieds.	pouces.	lignes.	o/o.
1000	513	0	5	4	00
400	205	1	4	6	40
8	4	0	7	6	37
0 50	0	1	6	5	65
0 05	0	0	1	10	16
Nombre cherché. . .	722	4	1	8	58

On ne croit pas devoir multiplier davantage les exemples ; ceux ci-dessus, sont suffisans pour indiquer la manière d'opérer dans tous les cas semblables.

Les anciennes mesures n'avaient pas d'unité absolue ; tantôt on prenait la toise pour unité, tantôt le pied, tantôt le pouce, tantot la ligne ; une petite longueur s'exprimait en lignes : on se gardait bien de l'exprimer en fractions de toise. De même dans dans le nouveau système il n'y a pas d'unité absolue : on a le choix entre diverses unités décimales, il faut dans chaque cas, prendre l'unité qui paraît la plus appropriée, la plus rapprochée de son objet ; le plus souvent on aura le choix de deux unités décimales, parce que les mesures anciennes ne s'accordent jamais avec les nouvelles. Une mesure ancienne tombe toujours entre deux unités décimales du nouveau système ; on peut donc prendre l'une ou l'autre pour terme de comparaison : c'est ainsi que le pied tombant entre le mètre et le décimètre, on peut comparer le pied, soit au mètre soit au décimètre ; mais comme les toises dans les tables suivantes sont évaluées en mètres, les pieds le sont en décimètres, les pouces en centimètres, les lignes en millimètres, et réciproquement ; dans cette disposition nous avons eu pour objet d'indiquer spécialement le genre de mesures nouvelles qu'il convient de substituer aux anciennes.

Au reste, les mesures décimales présentent cette facilité, que ce qui est exprimé par une sorte d'unité, peut l'être par toute autre, en déplaçant convenablement la virgule : ainsi le pied peut être exprimé en diverses sortes d'unités décimales, savoir :

En décimètres, par 3,2484
En centimètres, par 32,484
En millimètres, par 324,84
En *mètre*, par 0,32484
En décamètres, par . . . . . 0,032484, etc. etc.

Il sera donc aisé de réduire, lorsqu'on le voudra, un nombre de toises, pieds, pouces, lignes, tout en mètres ou tout en décimètres, etc.

Les tables qui vont suivre serviront à réduire les aunes de Paris, ainsi que les toises, pieds, pouces et lignes, en mètres et parties décimales du mètre, et réciproquement.

Nous aurions pu les rendre moins volumineuses, en ne mettant que les unités simples d'aune, de toise ou de mètre, parce que de la valeur des unités, on peut, par un simple déplacement de la virgule, connaître la valeur des dixaines, centaines, etc.; savoir, des dixaines, en avançant la virgule d'un rang vers la droite, celle des centaines en l'avançant de deux rangs, et ainsi des autres, comme nous l'avons démontré dans le discours précédent, et que nous aimons à répéter dans l'exemple suivant:

Si 6 aunes de Paris valent	7 mètres	131 mill.,
on en conclut que 6 dixaines valent . . .	71,	31
et que 6 centaines valent	713,	1

En sorte que par une simple addition, on peut changer tout nombre d'aunes ou de toises en mètres, en prenant séparément les valeurs des unités des dixaines, des centaines etc., du nombre proposé, et ajoutant toutes ces valeurs.

IIe. TABLE. *Mesures linéaires.*

MILLIMÈTRES OU TRAITS.

lignes.			lignes.
1	2,2558	1	0,44330
2	4,5117	2	0,88659
3	6,7675	3	1,32989
4	9,0233	4	1,77318
5	11,2791	5	2,21648
6	13,5350	6	2,65978
7	15,7908	7	3,10307
8	18,0466	8	3,54637
9	20,3025	9	3,98966
10	22,5583		
11	24,8141		

DÉCIMÈTRES OU PALMES.

pieds.			pieds.
1	3,2484	1	0,30784
2	6,4968	2	0,61569
3	9,7452	3	0,92353
4	12,9936	4	1,23138
5	16,2420	5	1,53922
6	19,4904	6	1,84707
7	22,7388	7	2,15491
8	25,9871	8	2,46276
9	29,2355	9	2,77060

CENTIMÈTRES OU DOIGTS.

pouces.			pouces.
1	2,7070	1	0,36941
2	5,4140	2	0,73883
3	8,1210	3	1,10824
4	10,8280	4	1,47765
5	13,5350	5	1,84707
6	16,2420	6	2,21848
7	18,9490	7	2,58589
8	21,6560	8	2,95530
9	24,3630	9	3,32472
10	27.0699		
11	29,7769		

MÈTRES.

toises.			toises.
1	1,94904	1	0,513074
2	3,89807	2	1,026148
3	5,84711	3	1,539222
4	7,79615	4	2,052296
5	9,74518	5	2,565370
6	11,69422	6	3,078444
7	13,64325	7	3,591518
8	15,59229	8	4,104593
9	17,54133	9	4,617667

Réduction des Mètres et parties décimales du Mètre en toises, pieds, pouces et lignes.

Mètres.	Toises.	pieds.	pouc.	Lignes.	Mètres.	Toises.	pieds	pouc.	Lignes.
0,001	0	0	0	0,443	1	0	3	0	11,296
0,002	0	0	0	0,887	2	1	0	1	10,592
0,003	0	0	0	1,330	3	1	3	2	9,888
0,004	0	0	0	1,773	4	2	0	3	9,184
0,005	0	0	0	2,216	5	2	3	4	8,480
0,006	0	0	0	2,660	6	3	0	5	7,776
0,007	0	0	0	3,103	7	3	3	6	7,072
0,008	0	0	0	3,546	8	4	0	7	6,368
0,009	0	0	0	3,990	9	4	3	8	5,664
0,01	0	0	0	4,433	10	5	0	9	4,960
0,02	0	0	0	8,866	20	10	1	6	9,920
0,03	0	0	1	1,299	30	15	2	4	2,880
0,04	0	0	1	5,732	40	20	3	1	7,840
0,05	0	0	1	10,165	50	25	3	11	0,800
0,06	0	0	2	2,598	60	30	4	8	5,760
0,07	0	0	2	7,031	70	35	5	5	10,720
0,08	0	0	2	11,464	80	41	0	3	3,680
0,09	0	0	3	3,897	90	46	1	0	8,640
0,1	0	0	3	8,330	100	51	1	10	1,600
0,2	0	0	7	4,659	200	102	3	8	3,200
0,3	0	0	11	0,989	300	153	5	6	4,800
0,4	0	1	2	9,318	400	205	1	4	6,400
0,5	0	1	6	5,648	500	256	3	2	8,000
0,6	0	1	10	1,978	600	307	5	0	9,600
0,7	0	2	1	10,307	700	359	0	10	11,200
0,8	0	2	5	6,637	800	410	2	9	0,800
0,9	0	2	9	2,966	900	461	4	7	2,400
					1000	513	0	5	4,000
					10000	5130	4	5	4,000

Réduction des Toises, Pieds, Pouces et Lignes en Mètres, et parties décimales du Mètre.

Lignes.	Mètres.	Décimètres.	Centimètres.	Centièmes de Millimètres.
1	0	0	0	$2\frac{1}{4}$
2	0	0	0	$4\frac{1}{2}$
3	0	0	0	$6\frac{3}{4}$
4	0	0	0	9
5	0	0	1	$1\frac{1}{4}$
6	0	0	1	$3\frac{1}{2}$
7	0	0	1	$5\frac{3}{4}$
8	0	0	1	8
9	0	0	2	$0\frac{1}{4}$
10	0	0	2	$2\frac{1}{2}$
11	0	0	2	$4\frac{3}{4}$
12	0	0	2	7
Pouces.				
1	0	0	2	7
2	0	0	5	4
3	0	0	8	1
4	0	1	0	8
5	0	1	3	5
6	0	1	6	2
7	0	1	8	9
8	0	2	1	6
9	0	2	4	3
10	0	2	7	0
11	0	2	9	7
12	0	3	2	5

Pieds.	Mètres.	Décimètres.	Centimètres.	Millimètres.
1	0	3	2	5
2	0	6	4	9
3	0	9	7	4
4	1	2	9	9
5	1	6	2	4
6	1	9	4	9
7	2	2	7	3
8	2	5	9	8
9	2	9	2	3
10	3	2	4	8
11	3	5	7	3
12	3	8	9	8
13	4	2	2	2
14	4	5	4	7

Suite de la réduction des Toises en Mètres et parties décimales du Mètre.

Toises.	Mètres.	Décimètres.	Centimètres.	Millimètres.	Toises.	Mètres.	Décimètres.	Centimètres.	Millimètres.
1	1	9	4	9	21	40	9	2	9
2	3	8	9	8	22	42	8	7	8
3	5	8	4	7	23	44	8	2	7
4	7	7	9	6	24	46	7	7	6
5	9	7	4	5	25	48	7	2	5
6	11	6	9	4	30	58	4	7	1
7	13	6	4	3	40	77	9	6	1
8	15	5	9	2	50	97	4	5	1
9	17	5	4	1	60	116	9	4	2
10	19	4	9	0	70	136	4	3	2
11	21	4	3	9	80	155	9	2	2
12	23	3	8	8	90	175	4	1	3
13	25	3	3	7	100	194	9	0	3
14	27	2	8	6	200	389	8	0	7
15	29	2	3	5	300	584	7	1	0
16	31	1	8	4	400	779	6	1	4
17	33	1	3	3	500	974	5	1	8
18	35	0	8	2	1000	1949	0	3	6
19	37	0	3	1	2000	3898	0	7	2
20	38	9	8	0	5000	9745	1	8	1

AUNAGE.

L'AUNE de Paris, Lyon, Rouen, se divisait en demi-aune, tiers, demi-tiers, quart, demi-quart, huitième, seizième, vingt-quatrième et trente-deuxième; mais elle se réduisait communément au seizième. Sa longueur était de 3 pieds 7 pouces 10 lignes 5/6.

Le *mètre* qui remplace l'aune, étant de 3 pieds 0 pouces 11 lignes 296 millièmes de ligne.

Il en résulte que le rapport de l'aune au mètre est comme . . . . 1 à 1,1885.

Et le rapport du mètre à l'aune est comme . . 1 à 0,8415.

Pour convertir des aunes en mètres, il faut multiplier le rapport de l'aune au mètre par le nombre des aunes à réduire;

Et pour convertir des mètres en aunes, il faut multiplier le rapport du mètre à l'aune par le nombre des mètres à réduire.

On peut par la même méthode déterminer le prix d'un mètre d'étoffe par celui de l'aune, et déterminer de même le prix d'une aune par celui du mètre.

Dans le premier cas, il faut multiplier le rapport du mètre à l'aune par le prix de l'aune.

Au second cas, il faut multiplier le rapport de l'aune au mètre par le prix du mètre.

EXEMPLES.

On demande combien 15 aunes font de mètres et parties de mètres.

Rapport de l'aune au mètre	1,1885
Multiplié par	15
	5,9425
	11,885
Produit	17,8275

En retranchant les 4 derniers chiffres à droite à cause de pareil nombre de décimales qui se trouve au multiplicande, on a pour résultat 17 mètres, plus 82 ou 83 centièmes de mètres, qui font la valeur de 15 aunes.

Si l'on veut au contraire savoir ce que 35 mètres valent d'aunes et de parties d'aunes

Multipliant le rapport du mètre à l'aune . .	0,8415
Par	35
	42075
	25245
Produit	29,45,25

En retranchant les 4 derniers chiffres à droite, à cause de pareil nombre de parties décimales qui se trouve au multiplicande, on a pour résultat 29 aunes 45 centièmes d'aunes; on néglige les autres décimales comme de trop petites valeurs.

On désirerait savoir quel serait le prix d'un mètre d'étoffe, celui d'une aune de pareille étoffe étant de 15 francs.

Multiplier le rapport du mètre à l'aune . . .	0,8415
Par le prix de l'aune	15
	4,2075
	8415
Produit	12,6225

En retranchant les 4 derniers chiffres à droite, à cause de pareil nombre de parties décimales qui se trouve au multiplicande, on voit que le prix du mètre serait de 12 francs 62 cent.

Si au contraire on veut savoir ce qu'aurait valu une aune d'étoffe, le prix du mètre de pareille étoffe étant de 6 francs 50 centimes.

En multipliant le rapport de l'aune au mètre . .	1,1885
Par le prix du mètre	6,50
	594250
	71310
Produit	7,725250

En retranchant les 6 derniers chiffres à droite, à cause de 4 décimales qui sont au multiplicande, et de 2 qui se trouvent au multiplicateur, on voit que le prix de l'aune serait de 7 francs 72 ou 73 centimes.

On opérera de la même manière dans tous les cas semblables.

IIIe. Table. MESURES LINÉAIRES.

AUNE DE PARIS.

Anciennes mesures. Parties de l'aune.	NOUVELLES MESURES.								Millième d'aune ou parties de l'aune.
	Mètres.	Décimètres.	Centimètres.	Millimètres.	Mètres.	Dixième de mètre.	Centième de mètre.	Millième de mètre.	
1/512	0	0	0	2 ½	0	0	1	0	8/1000
1/256	0	0	0	5	0	0	2	0	16/1000
1/128	0	0	0	9	0	0	3	0	24/1000
1/64	0	0	1	8	0	0	4	0	33/1000
1/32	0	0	3	7	0	0	5	0	41/1000
1/24	0	0	5	0	0	1	0	0	83/1000
1/16	0	0	7	4	0	2	0	0	167/1000
1/12	0	1	0	0	0	3	0	0	251/1000
1/8	0	1	4	8	0	4	0	0	335/1000
1/6	0	1	9	6	0	5	0	0	410/1000
1/4	0	2	9	7	0	6	0	0	503/1000
1/3	0	3	9	6	0	7	0	0	587/1000
1/2	0	5	9	4	0	8	0	0	672/1000
3/4	0	8	9	1	0	9	0	0	746/1000
27/32	1	0	0	0	1	0	0	0	841/1000

Suite

Suite des Mesures linéaires.

Anciennes Mesures.	NOUVELLES MESURES.			ANCIENNES MESURES.	
Aunes.	Mètres.	Centièmes.	Mètres.	Aunes.	Centièmes.
1	1	19	1	0	84
2	2	37	2	1	68
3	3	56	3	2	52
4	4	75	4	3	36
5	5	94	5	4	20
6	7	13	6	5	05
7	8	38	7	5	89
8	9	50	8	6	73
9	10	69	9	7	57
10	11	88	10	8	41
11	13	07	11	9	26
12	14	26	12	10	10
13	15	45	13	10	94
14	16	64	14	11	78
15	17	82	15	12	62
16	19	02	16	13	46
17	20	21	17	14	30

Suite des Mesures linéaires.

Aunes de Paris.	NOUVELLES MESURES.			Aunes de Paris.	Centiemes d'aunes.
	Mètres.	Centièmes.	Mètres.		
18	21	40	18	15	15
19	22	59	19	16	00
20	23	78	20	16	83
21	24	97	21	17	67
22	26	17	22	18	61
23	27	38	23	19	35
24	28	54	24	20	19
25	29	73	25	21	04
26	30	92	26	21	88
27	32	11	27	22	72
28	33	30	28	23	56
29	34	49	29	24	40
30	35	65	30	25	24
31	36	84	31	26	08
32	38	03	32	26	93
33	39	22	33	27	77
34	40	41	34	28	61
35	41	60	35	29	45
36	42	80	36	30	29

Suite des Mesures linéaires.

Aunes de Paris.	NOUVELLES MESURES. Mètres.	Centièmes.	Mètres.	Aunes anciennes.	Centièmes d'aunes.
37	43	99	37	31	13
38	45	18	38	31	98
39	46	37	39	32	82
40	47	56	40	33	66
41	48	75	41	34	50
42	49	94	42	35	34
43	51	12	43	36	18
44	52	32	44	37	02
45	53	51	45	37	86
46	54	70	46	38	71
47	55	89	47	39	55
48	57	08	48	40	39
49	58	27	49	41	23
50	59	46	50	42	07
51	60	65	51	42	91
52	61	84	52	43	75
53	63	03	53	44	60
54	64	22	54	45	44
55	65	41	55	46	28

Suite des Mesures linéaires.

Anciennes aunes de Paris.	NOUVELLES MESURES.			ANCIENNES MESURES.	
	Mètres.	Centièmes.	Mètres.	Aunes de Paris.	Centièmes d'Aune.
56	66	60	56	47	12
57	67	79	57	47	96
58	68	98	58	48	80
59	70	17	59	49	64
60	71	28	60	50	49
61	72	47	61	51	33
62	73	66	62	52	17
63	74	85	63	53	01
64	76	04	64	53	85
65	77	23	65	54	69
66	78	42	66	55	54
67	79	60	67	56	38
68	80	79	68	57	22
69	81	98	69	58	06
70	83	16	70	58	90
71	84	35	71	59	74
72	85	54	72	60	58
73	86	72	73	61	43
74	87	91	74	62	27

Suite des Mesures linéaires.

Anciennes aunes de Paris.	NOUVELLES MESURES.			ANCIENNES MESURES.	
	Mètres.	Centièmes.	Mètres.	Aunes de Paris.	Centièmes d'Aune.
75	89	10	75	63	11
76	90	28	76	63	95
77	91	47	77	64	70
78	92	66	78	65	63
79	93	85	79	66	48
80	95	04	80	67	32
81	96	22	81	68	16
82	97	41	82	69	00
83	98	60	83	69	84
84	99	78	84	70	68
85	100	97	85	71	52
86	102	16	86	72	37
87	103	35	87	73	21
88	104	54	88	74	05
89	105	73	89	74	89
90	106	92	90	75	73
91	108	11	91	76	57
92	109	30	92	77	41
93	110	48	93	78	26

Suite des Mesures linéaires.

Anciennes Aunes de Paris.	NOUVELLES MESURES.			ANCIENNES MESURES.	
	Mètres.	Centièmes.	Mètres.	Aunes de Paris.	Centièmes d'Aune.
94	111	67	94	79	10
95	112	86	95	79	94
96	114	05	96	80	78
97	115	24	97	81	62
98	116	42	98	82	46
99	117	61	99	83	30
100	118	80	100	84	15
200	237	60	200	168	30
300	356	40	300	252	45
400	475	20	400	336	60
500	594	00	500	420	75
600	712	80	600	504	90
700	831	60	700	589	05
800	950	40	800	673	20
900	1069	20	900	757	35
1000	1188	00	1000	841	50
2000	2376	00	2000	1683	00
3000	2564	00	3000	2524	00
4000	4752	00	4000	3366	00

MESURES ITINERAIRES.

Le myriamètre qui est la grande mesure itinéraire (qu'on peut nommer *lieue*), se divise en 10 kilomètres (ou milles), lequel est d'environ 513 toises, ce qui répond à peu près à un quart de petite lieue ancienne ; en sorte que le myriamètre ou lieue nouvelle, peut tenir lieu d'une poste.

Le mot de lieue avait ci-devant une acception très-vague ; la distance exprimée par ce mot variait du double au simple, selon les localités ; il n'y avait de bien déterminés que la lieue de 25 au degré, qui était de 2281 toises ; celle de 20, la petite lieue de 2000 toises, et quelquefois une lieue moyenne de 2400 ou 2500 toises.

Désormais les distances itinéraires se mesureront par-tout en myriamètres ou lieues nouvelles, et kilomètres ou milles ; le myriamètre ou lieue nouvelle répond à 5130 toises anciennes.

Le myriamètre est la millième partie du quart du méridien, ou la dixième partie d'un degré décimal. Cette mesure itinéraire est en même tems très-commode pour la géographie et la navigation.

Rapports des différentes lieues au myriamètre ou lieue nouvelle, et ceux du myriamètre aux lieues anciennes.

Pour réduire les lieues en myriamètres, il faut multiplier le rapport de la lieue au myriamètre par le nombre des lieues à réduire ; et pour réduire les myriamètres en lieues, il faut multiplier le rapport du myriamètre à la lieue par le nombre des myriamètres à réduire.

PREMIER EXEMPLE.

On désire savoir combien 15 petites lieues de 2000 toises valent de myriamètres ou lieues nouvelles.

Rapport de la petite lieue au myriamètre . . .	0,3898
Multiplié par	15
	19490
	3898
Produit	5,8470

En retranchant les 4 derniers chiffres à droite, à cause de pareil nombre de parties décimales qui se trouve au multiplicande ; on a pour résultat 5 myriamètres ou lieues nouvelles, 8 kilomètres ou milles, et 4 hectomètres.

DEUXIÈME EXEMPLE.

On veut savoir au contraire combien 15 myriamètres ou lieues nouvelles font de lieues anciennes de 2000 toises.

Rapport du myriam. à la petite lieue de 2000 toises	2,565
Multiplié par	15
	12825
	2565
Produit	38,475

En retranchant les 3 derniers chiffres à droite, à cause de pareil nombre de parties décimales qui se trouve au multiplicande, on a pour résultat 38 lieues anciennes 475 millièmes.

TROISIÈME EXEMPLE.

On désire savoir ce que 18 lieues communes de 2281 toises, ou de 25 au degré valent de myriamètres ou lieues nouvelles.

Rapport de la lieue de 25 au degré au myriamètre ou lieue nouvelle	0,4444
Multiplié par	18
	35552
	4444
Produit	7,9992

Les 4 parties décimales qui sont à retrancher à cause de pareil nombre qui se trouve au multiplicande, servent d'une unité ; on pourrait donc exprimer 8 myriamètres ou lieues sans une erreur sensible.

QUATRIÈME EXEMPLE *servant de preuve au précédent.*

Si au contraire on veut savoir combien 8 myriamètres ou lieues nouvelles font de lieues anciennes de 25 au degré.

Rapport du myriamètre à la lieue	2,25
Multiplié par	8
Produit	18,00

Le résultat est de 18 lieues anciennes.

TABLE III.

MESURES ITINÉRAIRES.

Anciennes lieues de 2000 toises	KILOMETRES ou MILLES.			NOUVELLES MESURES.		
	Kilomètr. ou Milles.	Centièmes de Kilomètre	Kilomètr. ou Milles.	Lieues de 2000 toises	Fraction de lieues.	Nombre de Toises.
1/4	0	97	1	0	1/4	13
1/2	1	95	2	0	1/2	26
3/4	2	92	3	0	3/4	39
1	3	90	4	1	0	52
2	7	79	5	1	1/4	75
3	11	69	6	1	1/2	89
4	15	59	7	1	3/4	102
5	19	49	8	2	0	115
6	23	38	9	2	1/4	128
7	27	28	10	2	1/2	141
8	31	18	20	5	0	282
9	35	08	50	12	3/4	205
10	38	98	100	25	1/2	410

Suite des Mesures itinéraires.

Lieues de 2000 Toises.	MYRIAMETRES OU LIEUES NOUVELLES.			PETITES LIEUES de 2000 Toises.	
1	0	39cent	1	2	65
2	0	78	2	5	13
3	1	17	3	7	70
4	1	56	4	10	26
5	1	94	5	12	82
6	2	33	6	15	39
7	2	72	7	17	95
8	3	11	8	20	52
9	3	50	9	23	09
10	3	89	10	25	65
20	7	79	20	51	30
30	11	69	30	76	95
40	15	59	40	102	61
50	19	49	50	128	26
60	23	38	60	153	91
70	27	28	70	179	57
80	31	18	80	205	22
90	35	08	90	230	87
100	38	98	100	256	53
1000	389	80	1000	2565	30

Suite des Mesures itinéraires.

Lieues marines de 20 au degré.	MYRIAMETRES OU LIEUES NOUVELLES.			LIEUES MARINES DE 20 AU DEGRÉ.	
1	0	55	1	1	80 cent
2	1	11	2	3	60
3	1	66	3	5	40
4	2	22	4	7	20
5	2	78	5	9	00
6	3	33	6	10	80
7	3	89	7	12	60
8	4	45	8	14	40
9	5	00	9	16	20
10	5	55	10	18	00
20	11	11	20	36	00
30	16	66	30	54	00
40	22	22	40	72	00
50	27	77	50	90	00
60	33	33	60	108	00
70	38	88	70	126	00
80	44	44	80	144	00
90	50	00	90	162	00
100	55	55	100	180	00

Suite des Mesures itinéraires.

Lieues communes de 25 au degré.	MYRIAMÈTRES OU LIEUES NOUVELLES.			LIEUES COMMUNES DE 25 AU DEGRÉ.	
1	0	44	1	2	1/4
2	0	89	2	4	1/2
3	1	33	3	6	3/4
4	1	78	4	9	0 0
5	2	22	5	11	1/4
6	2	66	6	13	1/2
7	3	11	7	15	3/4
8	3	55	8	18	0 0
9	4	00	9	20	1/4
10	4	44	10	22	1/2
11	4	89	11	24	3/4
12	5	33	12	27	0 0
13	5	77	13	29	1/4
14	6	22	14	31	1/2
15	6	66	15	33	3/4
16	7	11	16	36	0 0
17	7	55	17	38	1/4
18	8	00	18	40	1/2
19	8	44	19	42	3/4

Suite des Mesures itinéraires.

Lieues communes de 25 au degré.	MYRIAMÈTRES OU LIEUES NOUVELLES.		LIEUES COMMUNES DE 25 AU DEGRÉ.		
		cent			
20	8	88	20	45	—
21	9	33	21	47	1/4
22	9	77	22	49	1/2
23	10	22	23	51	3/4
24	10	66	24	54	—
25	11	11	25	56	1/4
26	11	55	26	58	1/2
27	12	00	27	60	3/4
28	12	44	28	63	—
29	12	88	29	65	1/4
30	13	33	30	67	1/2
40	17	77	40	90	—
50	22	22	50	112	1/2
60	26	66	60	135	—
70	31	11	70	157	1/2
80	35	55	80	180	—
90	40	00	90	202	1/2
100	44	44	100	225	—
500	222	21	500	1125	—
1000	444	43	1000	2250	—

CHAPITRE III.

MESURES DE SURFACE.

La nomenclature est la même que pour les mesures linéaires, en observant que le *mètre* étant élevé au carré, égale 100 décimètres ; le décimètre 100 centimètres, et le centimètre 100 millimètres.

Pour conserver à chaque genre de mesure la dénomination qui lui est appliquée, on est convenu que la division du mètre carré serait exprimée pour toutes les petites superficies, telles que celles de la menuiserie, de la peinture, etc. etc. ; en sorte que le mètre carré est l'unité principale de mesures superficielles ; mais comme pour les terrains, il fallait une mesure de superficie appropriée, on a jugé que le décamètre carré, ou un carré ayant pour côté *dix mètres*, serait propre à cet usage, et on l'a adopté pour unité des mesures agraires, on l'appelle *are* du mot latin *arare*, qui veut dire labourer (ou perche nouvelle carrée).

Trois termes suffisent à l'échelle des mesures agraires, savoir : l'*hectare* ou nouvel arpent, l'*are* ou perche carrée, et le *centiare* ou mètre carré.

L'*are* ou perche carrée est une surface égale au centième de l'hectare ou nouvel arpent. et le centiare ou mètre carré une surface égale au centième de l'*are* ou perche carrée.

L'arpent ancien était ordinairement de 100 perches carrées, la perche de Paris était de 18 pieds, celle en usage dans divers départemens était de 20 pieds, et la perche des eaux et forêts était de 22 pieds, ce qui donnait 480 pieds carrés ; ces mesures anciennes seront remplacées désormais par l'*are* ou nouvelle perche carrée de 100 mètres carrées, et par l'hectare ou nouvel arpent de 10,000 mètres carrés.

Il y a toujours le même rapport entre l'hectare et l'are, ou entre le nouvel arpent et la nouvelle perche carrée, qu'il y avait entre l'un des anciens arpens dont nous parlons, et l'ancienne perche carrée, ce qui servira à faciliter l'intelligence des nouvelles mesures, et à abréger les calculs de comparaison.

Les noms systématiques conservent à chaque genre de mesures la dénomination qui leur est appliquée ; ainsi la division de l'are ou nouvelle perche carrée s'appelle *centiare* quoiqu'elle ne soit réellement qu'un mètre carré, cette dernière expression ne devant être réservée que pour les petites superficies.

En raison de sa terminaison, l'expression centiare démontre qu'il s'agit de surface agricole, comme la terminaison de stère démontre, lorsqu'on l'emploie, qu'il s'agit de bois ou de pierres.

Le propre des terminaisons est de faire connaître tout de suite le genre des objets mesurés.

La table suivante sert à comparer les toises carrées, pieds carrés, etc. aux mètres carrés qui leur correspondent dans le nouveau système; on a choisi à cet égard la même correspondance que dans les mesures linéaires; mais comme dans le toisé des surfaces on se servait le plus souvent des toise-pieds, toise-pouces, etc. on a ajouté à la table, la valeur de ces rectangles en parties décimales de mètre carré, et on a mis dans une table additionnelle la valeur des mètres carrés en anciennes mesures de superficie, avec leurs sous-divisions ordinaires.

Du Rapport de la toise carré au mètre carré, et de celui du mètre carré à la toise carrée.

La toise carrée, ainsi que nous l'avons déjà annoncé, était composée de 6 pieds de longueur sur 6 de hauteur, ce qui faisait 36 pieds.

Le mètre carré est composé de 10 décimètres de long sur 10 de haut, ce qui forme 100 décimètres. Le décimètre carré est composé de 10 centimètres de long sur 10 de haut, ce qui donne 100 centimètres, et par la même raison un centimètre carré est composé de 100 millimètres.

Le mètre carré équivaut à 9 pieds carrés 68 pouces carrés 95 lignes carrées.

La toise carrée équivaut à 3 mètres carrés 79 décimètres carrés 87 centimètres carrés et 43 millimètres carrés.

Ainsi le rapport de la toise au mètre, est comme 1 à 3,798743

Et le rapport du mètre à la toise, est comme . . 1 à 0,263245

Pour réduire des toises carrées en mètres carrés, il faut multiplier le rapport de la toise en mètre par le nombre des toises.

Et pour réduire des mètres carrés en toises carrées, il faut multiplier le rapport du mètre à la toise par le nombre des mètres.

PREMIER EXEMPLE.

On veut réduire 11 toises carrées en mètres carrés.
Rapport de la toise au mètre 3,798743
Multiplié par 11

3798743
3798743

Produit 41,786173

En retranchant les 6 derniers chiffres à droite, à cause de pareil nombre de parties décimales qui se trouve au multiplicande, on voit que 11 toises carrés valent 41 mètres carrés plus 78 décimètres carrés, en négligeant les autres fractions qui ne sont d'aucune valeur.

DEUXIÈME EXEMPLE.

On veut réduire 41 mètres 80 décimètres carrés en toises carrées.
Rapport du mètre à la toise 0,263245
Multiplié par 4180

21059600
263245
1,052980

11,00364100

En retranchant 8 décimales à cause de 6 qui sont au multiplicande et 2 au multiplicateur, on voit que 41 mètres 80 décimètres valent 11 toises carrées, on néglige les fractions qui sont de très-petite valeur.

Si on veut savoir le prix d'un mètre carré par celui d'une toise, il faut multiplier le rapport du mètre, à la toise, par le prix de la toise.

De même si on veut savoir le prix d'une toise par celui du mètre, il faut multiplier le rapport de la toise au mètre par le prix du mètre.

PREMIER EXEMPLE.

Quel serait le prix d'un mètre carré, celui de la toise étant de 10 francs?
Rapport du mètre à la toise 0,263245
Multiplié par 10

Produit 2,63,2450

En retranchant les 6 derniers chiffres à droite, à cause de pareil nombre

nombre de parties décimales qui se trouve au multiplicande, on voit que le prix du mètre carré serait de 2 francs 63 centimes.

DEUXIÈME EXEMPLE.

Quel serait le prix d'une toise carrée, celui du mètre étant de 4 francs ?

Rapport de la toise au mètre	3,798743
Multiplié par	4
Produit	15,194972

En retranchant les 6 derniers chiffres à droite, à cause de pareil nombre de décimales qui se trouve au multiplicande, on voit que le prix de la toise carrée serait de 15 fr. 19 cent. ou 20 cent. sans erreur sensible.

On néglige le surplus des fractions, à cause de leur faible valeur.

Nota. Il faut, dans le calcul des anciennes mesures, toujours faire attention que le pied carré est composé de 144 pouces, et le pouce de 144 lignes.

Ainsi, après avoir fait l'addition des lignes, on doit diviser leur produit par 144, pour les réduire en pouces carrés ; il faut opérer de même en additionnant les pouces pour en former des pieds.

On doit encore observer que dans l'addition des lignes et des pouces, on peut négliger les petites fractions, et prendre toujours pour des unités ce qui excède la moitié de 144.

TABLE IV.

MESURES DE SURFACE.

Aunes carrées.	MÈTRES CARRÉS.		Aunes carrées.	Parties de l'aune carrée.	Parties décimales du mètre carré.
1	1,412	1	0,708	1/2	0 706
2	2,825	2	1,416	1/3	0 471
3	4,237	3	2,124	1/4	0 353
4	5,650	4	2,832	1/6	0 235
5	7,062	5	3,540	1/8	0 176
6	8,474	6	4,248	1/12	0 118
7	9,887	7	4,956	1/16	0 088
8	11,299	8	5,664	1/32	0 044
9	12,712	9	6,372	1/64	0 022

Toises carrées	MÈTRES CARRÉS.		Toises carrées.	Pieds carrés.	DÉCIMÈT. CARRÉS ou Palmes carrées.		Pieds carrés.
1	3,79874	1	0,263245	1	10,55206	1	0,0947682
2	7,59748	2	0,526490	2	21,10413	2	0,1895364
3	11,39623	3	0,789735	3	31,65619	3	0,2843046
4	15,19497	4	1,052980	4	42,20825	4	0,3790728
5	18,99371	5	1,316225	5	52,76031	5	0,4738410
6	22,79246	6	1,579470	6	63,31238	6	0,5686692
7	26,59120	7	1,842715	7	73,86444	7	0,6633774
8	30,38994	8	2,105960	8	84,41650	8	0,7581456
9	34,18868	9	2,369205	9	94,96856	9	0,8529138

Pouces carrés.	Centimèt. carrés ou Doigts carrés.		Pouces carrés.	Lignes carrées	Millimèt. carrés ou Traits carrés.		Lignes carrées.
1	7,32782	1	0,1364662	1	5,08876	1	0,196511
2	14,65564	2	0,2729324	2	10,17753	2	0,393023
3	21,98346	3	0,4093986	3	15,26629	3	0,589534
4	29,31128	4	0,5458648	4	20,35506	4	0,786045
5	36,63911	5	0,6823310	5	25,44382	5	0,982557
6	43,96693	6	0,8187972	6	30,53259	6	1,179068
7	51,29475	7	0,9552634	7	35,62135	7	1,375579
8	58,62257	8	1,0917296	8	40,71012	8	1,572091
9	65,95039	9	1,2281958	9	45,79888	9	1,768602

Table pour convertir les Toises carrées, Pieds carrés, Pouces carrés et lignes carrées en mètres carrés.

Lign^es carrée	Mètres carrés.	Pouce carrés	Mètres carrés.	Pieds carrés	Mètres carrés.	Toises carrée	Mètres carrés.
1	0,000005	1	0,000733	1	0,105521	1	3,798743
2	0,000010	2	0,001466	2	0,211041	2	7,597485
3	0,000015	3	0,002198	3	0,316562	3	11,396228
4	0,000020	4	0,002931	4	0,422082	4	15,194970
5	0,000025	5	0,003664	5	0,527603	5	18,993713
6	0,000031	6	0,004397	6	0,633124	6	22.792455
7	0,000036	7	0,005129	7	0,738644	7	26,591198
8	0 000041	8	0,005862	8	0,844165	8	30,389940
9	0,000046	9	0,006595	9	0,949686	9	34,188683

Table pour convertir les Toise-pieds, Toise-pouces, Toises-lignes et Toise-points en Mètres carrés.

Toise-pieds.	Mètres carrés.	Toise-pouc^es	Mètres carrés.	Toise-lignes.	Mètres carrés.	Toise-points	Mètres carrés.
1	0,633124	1	0,052760	1	0,004397	1	0,000366
		2	0,105521	2	0,008793	2	0,000733
2	1,266248	3	0,158281	3	0,013190	3	0,001099
		4	0,211041	4	0,017587	4	0,001466
3	1,899371	5	0,263801	5	0,021983	5	0,001832
		6	0,316562	6	0,026380	6	0,002198
4	2.532495	7	0,369322	7	0,030777	7	0,002565
		8	0,422082	8	0,035174	8	0,002931
5	3,165619	9	0,474843	9	0,039570	9	0,003298
		10	0,527603	10	0,043967	10	0,003664
		11	0,580363	11	0,048364	11	0,004030

Table pour convertir les Mètres carrés et fractions décimales de Mètre carré en anciennes Mesures de superficie, avec leurs sous-divisions ordinaires.

Mètres carrés.	Toises carrée	Pieds carrés	pouc^es carrés	Lignes carrée	Toises carrée	Toise-pieds.	Toise-pouc^es	Toise-lignes.	Toise-points
0,01	0	0	13	93	0	0	0	2	3
0,02	0	0	27	42	0	0	0	4	7
0,03	0	0	40	135	0	0	0	6	10
0,04	0	0	54	84	0	0	0	9	1
0,05	0	0	68	34	0	0	0	11	4
0,06	0	0	81	127	0	0	1	1	7
0,07	0	0	95	76	0	0	1	3	11
0,08	0	0	109	25	0	0	1	6	2
0,09	0	0	122	118	0	0	1	8	6
0,1	0	0	136	67	0	0	1	10	9
0,2	0	1	128	134	0	0	3	9	6
0,3	0	2	121	57	0	0	5	8	3
0,4	0	3	113	125	0	0	7	7	0
0,5	0	4	106	48	0	0	9	5	9
0,6	0	5	98	115	0	0	11	4	6
0,7	0	6	91	38	0	1	1	3	3
0,8	0	7	83	105	0	1	3	2	0
0,9	0	8	76	28	0	1	5	0	9
1	0	9	68	95	0	1	6	11	5
2	0	18	137	47	0	3	1	10	11
3	0	28	61	142	0	4	8	10	4
4	1	1	130	93	1	0	3	9	9
5	1	11	55	45	1	1	10	9	2
6	1	20	123	140	1	3	5	8	8
7	1	30	47	91	1	5	0	8	1
8	2	3	117	43	2	0	7	7	7
9	2	13	41	138	2	2	2	7	0
10	2	22	110	89	2	3	9	6	5
20	5	9	77	25	5	1	7	0	10
30	7	32	43	124	7	5	4	7	4
40	10	19	10	70	10	3	2	1	9
50	13	5	121	15	13	0	11	8	2
60	15	28	87	104	15	4	9	2	7
70	18	15	54	50	18	2	6	9	1
80	21	2	20	140	21	0	4	3	6
90	23	24	131	85	23	4	1	9	11
100	26	11	38	90	26	1	11	4	4
200	52	23	52	61	52	3	10	8	9
300	78	35	6	91	78	5	10	1	1
400	105	10	104	121	105	1	9	5	6
500	131	22	59	8	131	3	8	9	10
600	157	34	13	38	157	5	8	2	2
700	184	9	111	68	184	1	7	6	7
800	210	21	65	99	210	3	6	10	11
900	236	33	19	129	236	5	6	3	4

MESURES AGRAIRES
OU D'ARPENTAGE.

La diversité des anciennes mesures agraires était infinie, chaque province en avait de particulières.

Dans plusieurs endroits on comptait par arpens; mais il y avait des arpens de 100 perches, d'autres de 120, et d'autres de 128.

La perche était aussi de différentes grandeurs, il y en avait depuis 9 pieds jusqu'à 25 pieds.

La perche des eaux et forêts par toute la France, était de 22 pieds de long, ce qui donnait 480 pieds carrés, l'arpent de 100 perches était par conséquent de 48,400 pieds carrés.

En réduisant en pieds carrés toutes les différentes mesures anciennes sous telles dénominations qu'elles puissent être, il sera facile d'en comparer la valeur avec les nouvelles mesures.

Des nouvelles Mesures.

L'are ou perche carrée est l'unité principale des mesures agraires, il vaut 100 centiares ou 100 mètres carrés, et l'hectare ou arpent nouveau, vaut 100 ares ou 10,000 mètres carrés.

L'hectare ou nouvel arpent vaut presque deux arpens anciens de 100 perches de 22 pieds.

Méthode particulière pour réduire des arpens anciens en hectares ou arpens nouveaux, et pour réduire de même des hectares en arpens anciens.

Il faut d'abord déterminer le rapport de l'ancien arpent à l'hectare (ou nouvel arpent), et celui de l'hectare à l'arpent.

Rapport de l'arpent de 100 perches de 18 pieds, à l'hectare ou nouvel arpent . . . 0,34189

Rapport de l'arpent de 100 perches de 20 pieds, à l'hectare ou nouvel arpent . . . 0,42208

Rapport de l'hectare ou arpent nouveau, à l'arpent ancien de 100 perches de 18 pieds 2,9249

Rapport de l'hectare ou arpent nouveau, à l'ancien arpent de 100 perches de 20 pieds 2,3692

Rapport de l'arpent de 100 perches de 22 pieds, à l'hectare ou nouvel arpent 0,51072	Rapport de l'hectare ou nouvel arpent, à l'ancien arpent de 100 perches de 22 pieds . . 1,9580

Pour réduire des arpens anciens en hectares ou arpens nouveaux, il faut multiplier le rapport de l'arpent à l'hectare par le nombre des arpens anciens à réduire.

Pour réduire des hectares ou arpens nouveaux en arpens anciens, il faut multiplier le rapport de l'hectare à l'arpent par le nombre des hectares à réduire.

PREMIER EXEMPLE.

On désire savoir combien 10 arpens anciens de 100 perches de 22 pieds valent d'hectares ou d'arpens nouveaux.

Rapport de l'arpent à l'hectare	0,51072
Multiplié par	10
Produit	5,10720

C'est-à-dire 5 hectares 10 ares et 72 centiares.

DEUXIÈME EXEMPLE.

On veut savoir combien 5 hectares 10 ares et 72 centiares font d'arpens anciens de 100 perches de 22 pieds.

Rapport de l'hectare à l'arpent	1,9580
Multiplié par	51072
	39160
	137060
	195800
	97900
Produit	9,99989760

En retranchant 8 parties décimales, parce qu'il s'en trouve 4 au multiplicande et 4 au multiplicateur, on voit que le résultat est 9 arpens 99 centièmes et 98 dix millièmes, que l'on peut compter comme formant une unité qui fait que le total est de 10 arpens anciens.

La même méthode sert à déterminer le prix d'un hectare ou nouvel arpent, par le prix de l'ancien, *et vice versâ.*

EXEMPLE.

On demande quel serait le prix d'un hectare ou nouvel arpent de terre, d'après celui d'un ancien arpent de 100 perches de 22 pieds, estimé ou vendu 415 francs.

Opération.

Rapport de l'hectare ou nouvel arpent à l'ancien arpent	1,9580
Prix de l'arpent	415 fr.
	97900
	19580
	78320
Produit	812,5700

En retranchant 4 parties décimales, à cause de pareil nombre qui se trouve au multiplicande, on voit que le prix de l'hectare ou nouvel arpent, serait de 812 francs 57 centimes.

DEUXIÈME EXEMPLE *servant de preuve.*

Le prix de l'hectare ou nouvel arpent, étant de 812 francs 57 centimes, on demande combien vaudrait l'arpent ancien?

Multiplier le rapport de l'arpent ancien à l'hectare ou nouvel arpent par le prix de l'hectare.

Opération.

Rapport de l'arpent à l'hectare	0,51072
Prix de l'hectare	81257
	357504
	255360
	102144
	51072
	408576
	414,9957504

En retranchant 7 parties décimales, parce qu'il s'en trouve 5 au multiplicande et 2 au multiplicateur, on voit que le prix de l'ancien arpent sera de 414 fr. 99 cent. $\frac{6}{10}$, que l'on peut compter comme faisant 415 francs sans erreur sensible.

On peut appliquer cette méthode, qui est très-simple, à toutes sortes d'anciennes mesures agraires, dès qu'on connaîtra leurs rapports avec les nouvelles mesures, et les déterminer de même que les trois sortes d'arpens réduits ci-dessus.

Pour faciliter cette connaissance, nous allons donner une série de perches et d'arpens de différentes grandeurs, qui sont tous réduits en pieds carrés et centiares ou mètres carrés.

LA PERCHE ancienne de	Mètre de longueur	Parties du Mètre.	PIEDS CARRÉS.	centiares ou mètres carrés.	Décimèt. carrés.	centimèt. carrés.	ARPENS de 100 Perches vaut	ARES ou perche carrées.	centiares ou mètre carrées.	Décimèt. carrés.
9 pieds	2	92	81	8	54	71	8,100 pieds carrés	8	54	71
celle de 10 pieds	3	25	100	10	55	20	10,000	10	55	20
11	3	57	121	12	76	79	12,100	12	76	79
12	3	90	144	15	19	49	14,400	15	19	49
13	4	22	169	17	83	29	16,900	17	83	29
14	4	55	196	20	68	19	19,600	20	68	19
15	4	87	225	23	84	20	22,500	23	84	20
16	5	20	256	27	01	31	25,600	27	01	31
17	5	52	289	30	49	53	28,900	30	49	53
18	5	85	324	34	18	85	32,400	34	18	85
19	6	17	361	38	09	27	36,100	38	09	27
20	6	50	400	42	20	80	40,000	42	20	80
21	6	82	441	46	53	43	44,100	46	53	43
22	7	15	484	51	07	17	48,400	51	07	17
23	7	47	529	55	82	01	52,900	55	82	01
24	7	80	576	60	77	95	57,600	60	77	95
25	8	12	625	65	95	00	62,500	65	95	»

On voit d'un coup-d'œil, par ce tableau, quelle est la valeur en mesures nouvelles des arpens de 100 perches, qui étaient depuis 9 jusqu'à 25 pieds de long. Ainsi, si l'on veut savoir qu'elle est la valeur d'un arpent de 100 perches de 20 pieds.

Cette perche se rapporte à 6 mètres et demi de long et donne 400 pieds carrés qui égalent 42 mètres carrés, 20 décimètres carrés et de 80 centimètres carrés, qui font pour l'arpent de 100 perches 40,000 pieds carrés qui valent 42 ares ou perches carrées métriques 20 centiares ou mètres carrés et $\frac{8}{10}$ de centiares.

Dans ces sortes de mesures, on peut, sans crainte d'une erreur préjudiciable, négliger tout ce qui est au-dessous du centiare.

On trouvera par les tables qui suivent la réduction pour les arpens de 100 perches de 18, 20 et 22 pieds qui sont les plus en usage dans beaucoup d'endroits.

TABLE V^e. *Mesures agraires.*

PERCHE LINÉAIRE DE 18 PIEDS.

Arpens de 100 Perches carrées.	HECTARES ou Arpens nouveaux.		Arpens de 100 Perches carrées.
1	0,34180	1	2,9249
2	0,68377	2	5,8499
3	1,02566	3	8,7748
4	1,36755	4	11,6998
5	1,70943	5	14,6247
6	2,05132	6	17,5497
7	2,39321	7	20,4746
8	2,73510	8	23,3995
9	3,07698	9	26,3245
10	3,41887	10	29,2494
20	6,83774	20	58,4988

PERCHE LINÉAIRE DE 20 PIEDS.

Arpens de 100 Perches carrées.	HECTARES ou Arpens nouveaux.		Arpens de 100 perches carrées.
1	0,42208	1	2,3692
2	0,84416	2	4,7384
3	1,26625	3	7,1076
4	1,68833	4	9,4768
5	2,11041	5	11,8460
6	2,53249	6	14,2152
7	2,95458	7	16,5844
8	3,37666	8	18,9536
9	3.79874	9	21,3228
10	4,22082	10	23,6920
20	8,44163	20	47,3840

PERCHE LINÉAIRE DE 22 PIEDS.

Arpens de 100 Perches carrées.	HECTARES ou Arpens nouveaux.		Arpens de 100 perches carrées.
1	0,51072	1	1,9580
2	1,02144	2	3,9160
3	1,53216	3	5,8741
4	2,04288	4	7,8321
5	2,55360	5	9,7901
6	3,06432	6	11,7481
7	3,57504	7	13,7061
8	4,08576	8	15,6642
9	4,59648	9	17,6222
10	5,10720	10	19.5802
20	10.21440	20	39,1604

Nota. Les Arpens anciens compris dans cette Table étant supposés de 100 Perches carrées, ainsi que les nouveaux Arpens, on pourra se servir des mêmes nombres pour convertir les Perches superficielles anciennes en Perches nouvelles ; il suffit de remplacer dans le titre des colonnes respectives le mot d'*Arpent* par celui de *Perche carrée*.

CHAPITRE IV.

MESURES DE SOLIDITÉ.

Du rapport de la Toise cube au Mètre cube, et celui du Mètre cube à la Toise cube.

La toise cube, ainsi que nous l'avons annoncé, était de 6 pieds de long sur 6 pieds de large, et 6 pieds de profondeur, ce qui donnait 216 pieds.

Le pied était de 12 pouces de large sur 12 de long, qui donnait 144 pouces carrés, multipliés par 12 pouces de profondeur, formait le cube qui était de 1728 pouces.

Le pouce cube était par la même raison composé de 1728 lignes.

Le Mètre cube qui remplace la toise, est composé de 1000 décimètres, c'est-à-dire qu'il est de 10 décimètres de long sur 10 de large, qui donne pour carré 100, lesquels multipliés par 10 de profondeur, donnent 1000.

Le décimètre cube vaut 1000 centimètres, et le centimètre cube vaut 1000 Millimètres.

Le mètre cube se rapporte à la toise comme 1 à 0,1350642

Et le rapport de la toise au mètre est comme 1 à 7,403887.

Le rapport du décimètre ou palme cube au pied cube est comme 1 à 0,0291739.

Et le rapport du pied au décimètre est comme 1 à 34,2773.

Le rapport du centimètre ou doigt cube au pouce cube, est comme 1 à 0,050412.

Et le rapport du pouce au centimètre est comme 1 à 19,8364.

Le rapport du millimètre ou trait cube à la ligne cube, est comme 1 à 0,08711.

Et le rapport de la ligne au millimètre, est comme 1 à 11,479.

Pour réduire des mètres cubes en toises cubes, il faut multiplier le rapport du mètre à la toise par le nombre des mètres à réduire.

Et pour réduire des toises cubes au mètres cubes, il faut multiplier le rapport de la toise au mètre par le nombre des toises à réduire.

Par la même méthode, on peut réduire les décimètres ou palmes cubes en pieds cubes, et les pieds cubes en décimètres ou palmes, etc. etc.

La table qui suit est formée dans le même esprit que celle des surfaces ; en observant, comme nous venons de le démontrer ; que le décimètre cube est la millième partie du cube.

Ainsi si on avait 2835 décimètres cubes et qu'on voulût les exprimer en mètres cubes, on séparerait trois chiffres par une virgule, et on aurait 2 mètres cubes, plus 835 millièmes.

On expliquera plus au long dans le chapitre des mesures de capacité, les règles à suivre.

Et pour constater soi-même la mesure cubique d'un volume quelconque, on donnera à la suite de ces tables, la manière de la trouver.

TA LE VI. *Mesure de solidité.*

Toises cubes.	MÈTRES CUBES.		Toises cubes.	Pieds cubes.	DÉCIMÈT. CUBES ou Palmes cubes.		Pieds cubes.
1	7,403887	1	0,1350642	1	34,2773	1	0,0291739
2	14,807774	2	0,2701284	2	68.5545	2	0,0583477
3	22,211661	3	0,4051926	3	102,8318	3	0,0875216
4	29,615549	4	0,5402568	4	137.1090	4	0,1168955
5	37,019436	5	0,6753219	5	171,3863	5	0,1458693
6	44,423323	6	0,8103851	6	205,6635	6	0,1750432
7	51,827210	7	0,9454393	7	239,9408	7	0,2042170
8	59:231097	8	1,0805135	8	274,2180	8	0,2333909
9	66,634984	9	1,2155779	9	308,4953	9	0,2625648

Pouce cubes.	CENTIMÈT. CUBES. ou Doigts cubes.		Pouces cubes.	Lignes cubes.	MILLIMÈT. CUBES. ou Traits cubes.		Lignes cubes.
1	19,8364	1	0;050412	1	11,479	1	0,08711
2	39,6727	2	0,100825	2	22,959	2	0,17422
3	59,5091	3	0,151237	3	34,438	3	0,26134
4	79,3455	4	0,201650	4	45,918	4	0,34845
5	99,1819	5	0,252062	5	57,397	5	0,43556
6	119,0182	6	0,302475	6	68,876	6	0,52268
7	138,8546	7	0,352887	7	80.356	7	0,60979
8	158,6910	8	e,403299	8	91,835	8	0,69690
9	178,5274	9	0,453712	9	103,314	9	0,78401

Table pour convertir les Toise-toise-pieds, Toise-toise-pouces, etc. en Mètres cubes et parties décimales du Mètre cube.

T. T. pieds.	Mètres cubes.	T. T. pouce	Mètres cubes.	T. T. lignes.	Mètres cubes.	T. T. points	Mètres cubes.
1	1,233981	1	0;102832	1	0,008569	1	0,000714
2	2,467962	2	0,205664	2	0,017139	2	0,001428
3	3,701944	3	0,308495	3	0,025708	3	0,002142
4	4,935925	4	0,411327	4	0,034277	4	0,002856
5	6,169906	5	0,514159	5	0,042846	5	0,003570
		6	0,616991	6	0,051416	6	0,004285
		7	0,719822	7	0,059985	7	0,004999
		8	0,822654	8	0.068554	8	0,005713
		9	0,925486	9	0,077124	9	0,006427
		10	1,028318	10	0,085693	10	0,007141
		11	1,131149	11	0,094262	11	0,007855

Suite des Mesures de solidité.

Table pour convertir les Mètres cubes et parties décimales du Mètre cube en Toises cubes, Toise-toise-pieds, Toise-toise-pouces, etc.

Mètres cubes.	Tois. cub.	T. T. pieds	T. T. pouc.	T. T. ligne	T. T. point	Mètres cubes.	Tois. cub.	T. T. pieds	T. T. pouc.	T. T. lign.	T. T. point
0,01	0	0	0	1	2	10	1	2	1	2	11
0,02	0	0	0	2	4	20	2	4	2	5	11
0,03	0	0	0	3	6	30	4	0	3	8	10
0,04	0	0	0	4	8	40	5	2	4	11	10
0,05	0	0	0	5	10	50	6	4	6	2	9
0,06	0	0	0	7	0	60	8	0	7	5	9
0,07	0	0	0	8	2	70	9	2	8	8	8
0,08	0	0	0	9	4	80	10	4	9	11	8
0.09	0	0	0	10	6	90	12	0	11	2	7
0,1	0	0	0	11	8	100	13	3	0	5	7
0,2	0	0	1	11	4	200	27	0	0	11	1
0,3	0	0	2	11	0	300	40	3	1	4	8
0,4	0	0	3	10	8	400	54	0	1	10	2
0,5	0	0	4	10	4	500	67	3	2	3	9
0,6	0	0	5	10	0	600	81	0	2	9	3
0,7	0	0	6	9	8	700	94	3	3	2	10
0,8	0	0	7	9	4	800	108	0	3	8	4
0,9	0	0	8	9	0	900	121	3	4	1	11
1	0	0	9	8	8	1000	135	0	4	7	6
2	0	1	7	5	5	10000	1350	3	10	2	8
3	0	2	5	2	1						
4	0	3	2	10	9						
5	0	4	0	7	6						
6	0	4	10	4	2						
7	0	5	8	0	10						
8	1	0	5	9	7						
9	1	1	3	6	3						

MESURES POUR LES BOIS DE CHAUFFAGE

ET DE CHARPENTE.

Les bois de charpente étaient évalués ci-devant par solives, et cent de solives. La solive était de 3 pieds cubes ce qui répond à très-peu près au dixième du mètre cube ou décistère qui est la nouvelle solive.

Il convient en général d'employer le mètre cube ou *stère* comme unité pour les grands volumes, ou les grands approvisionnemens; mais on pourra aussi, pour se rapprocher de l'ancien usage, évaluer les quantités plus petites en décistères ou solives nouvelles.

La voie de bois à brûler ou demi-corde de l'ancien régime, était de 4 pieds de haut sur 4 de large, les bûches étaient présumées avoir 3 pieds 6 pouces de long, ce qui produisait 56 pieds cubes.

Le *stère* ou mètre cube remplacera désormais les noms de cordes, voie, anneaux, et sera l'unité principale pour les bois, les toisés de pierres et moëllons.

On est convenu de borner l'échelle du *stère* à deux termes; savoir : le stère qui répond à 52 centièmes de voies, et le décistère ou solive nouvelle, qui vaut un dixième de stère, (et qui répond à peu de chose près à l'ancienne solive) parce que ces deux termes suffisent pour tous les besoins.

Le rapport de la voie ou demi-corde au *stère*, est comme 1 à 1,9195.

Le rapport du stère à la voie est comme 1 à 0,5210.

Le rapport de la corde des eaux et forêts au stère, est comme 1 à 3,839.

Et le rapport du stère à la corde ancienne des eaux et forêts, est comme 1 à 0,2065.

Pour réduire des cordes en stères, il faut multiplier le rapport de la corde au stère par le nombre des cordes à réduire; et pour réduire des stères en voies, il faut multiplier le rapport du stère à la corde par le nombre de stères à réduire.

On peut, par la même méthode, réduire des voies en stères, et des stères en voies.

EXEMPLES.

On désire savoir combien 15 cordes contiennent de *stères*.

Rapport de la corde au stère.	3,839
Multiplié par. . . . . , . . .	15
	19195
	3839
Produit	57.585

En retranchant les trois derniers chiffres à droite, à cause de pareil nombre de parties décimales qui se trouve au multiplicande, on a pour résultat 57 stères 5/10 de stères. Le chiffre suivant approchant d'un décistère; on peut compter 6/10 sans erreur sensible.

On veut savoir combien 58 stères valent de cordes.

Rapport du stère à la corde	0,2605
multiplié par	58
	20840
	13025
Produit . . . . , ...	15,1090

En retranchant quatre parties décimales, à cause de pareil nombre qui se trouve au multiplicande, on voit que 58 stères valent 15 cordes 1/10 des eaux et forêts, le surplus des décimales étant de nulle valeur.

Si on veut savoir combien 10 voies contiennent de stères, on agit de la même manière.

EXMPLE.

Rapport de la voie au stère	1.9195
Multiplié par.	10
	19,1950

En retranchant 4 parties décimales, à cause de pareil nombre qui se trouve au multiplicande, on voit que 10 voies valent 19 stères 19 centièmes de stères, ou 19 stères 2/10.

Si au contraire on veut savoir combien 20 stères font de voies.

Rapport du stère à la voie	0,5210
Multiplié par.	20
Produit.	10,4200

En retranchant les 4 derniers chiffres à droite, à cause de pareil nombre de parties décimales qui se trouve au multiplicande, on voit que 20 stères valent 10 voies, plus 42 centièmes de voie.

La même méthode sert à déterminer le prix d'une nouvelle mesure par le prix de l'ancienne et réciproquement.

EXEMPLE.

On demande quel serait le prix d'un stère celui de la corde étant de 60 francs.

Opération.

Il faut multiplier le rapport du stère à la corde . .	0,2605
par le prix de la corde	60
Produit.	15,6300

En retranchant les 4 derniers chiffres, à cause de pareil nombre de parties décimales qui se trouve au multiplicande, on a pour résultat 15 francs 63 centimes.

On désire savoir au contraire quel serait le prix d'une corde, celui du stère étant de 15 francs 65 centimes.

Multiplier le rapport de la corde au stère, ci. . .	3,839
Par le prix du stère.	1 565
	19195
	23034
	19195
	3839
Produit	60,08035

En retranchant les 5 derniers chiffres à droite, à cause de 3 parties décimales qui se trouvent au multiplicande et de 2 au multiplicateur, on voit que le prix de la corde serait de 60 fr. 8 cent.

Cet exemple prouve que le stère, ainsi que nous l'avons annoncé, est à peu de chose près le quart d'une corde ou la moitié, environ, de l'ancienne voie.

AUTRE EXEMPLE.

Une quantité de bois de charpente est évaluée à 564 solives; on demande sa réduction en nouvelles mesures.

Calcul.

	stère. fract. de st.
500 solives font	51,4159
60	6,1699
4	0 4113
Produit	57,9971

Le résultat est 57 stères 997 millièmes ou à très-peu-près 58 stères ou mètres cubes.

Remarque.

Outre la solive, on employait le pied de solive qui en était la sixième partie, le pouce de solive qui était le douzième du pied, etc. Si on avait de ces mesures à réduire, voici comment on pourrait opérer.

Soit, par exemple, 25 solives 3 pieds 6 pouces 4 lignes, on réduira les sous-divisions en décimales.

D'abord 6 pouces 4 lignes font 6,333 pouces ou 0,5278 pieds.

Ensuite 3 pieds 6 pouces 4 lignes font 3,5278 pieds ou 0,58797 solives.

Ainsi le nombre proposé, réduit en solives, est 25,58797, ou à très-peu-près 25,588, il se transforme en décistéres ou nouvelles solives, de la manière qui suit:

20 solives font. . . . . :	20,5664 décistères ou solives.
5	5,1416
0,5	0,5142
0,08	0,0823
0,008	0,0082
Total.	26,3127

Le total donne 26 décistères ou solives nouvelles et 31 centièmes.

TABLE VII. *Mesures pour les Bois de charpente.*

Solives anciennes.	SOLIVES NOUVELLES.		SOLIVES ANCIENNES.		
				Solives.	Millièmes.
1	1	028	1	0	972
2	2	056	2	1	945
3	3	085	3	2	917
4	4	113	4	3	890
5	5	142	5	4	862
6	6	170	6	5	835
7	7	198	7	6	807
8	8	227	8	7	780
9	9	255	9	8	752
10	10	283	10	9	725
20	20	566	20	19	449
30	30	849	30	29	174
40	41	132	40	38	898
50	51	416	50	48	623
60	61	699	60	58	347
70	71	982	70	68	072
80	82	265	80	77	797
90	92	548	90	87	521
100	102	832	100	97	246

TABLE VIII. *Mesures pour les Bois de chauffage.*

Demi-cordes des eaux et forêts ou voies anciennes.	NOUVELLES MESURES. STÈRES.		Demi-corde des eaux et forêts ou voie de Paris		
	Stères.	Centièmes.	Stères.	Voie.	Centièmes
1	1	92	1	0	52
2	3	84	2	1	04
3	5	76	3	1	56
4	7	68	4	2	08
5	9	60	5	2	60
6	11	52	6	3	12
7	13	44	7	3	64
8	15	36	8	4	16
9	17	28	9	4	69
10	19	20	10	5	21
11	21	12	11	5	73
12	23	04	12	6	25
13	24	96	13	6	77
14	26	88	14	7	29
15	28	80	15	7	81
20	38	40	20	10	42
30	57	60	30	15	63
40	76	80	40	20	84
50	96	00	50	26	05

Suite des Mesures de Bois de chauffage.

Cordes des eaux et forêts.	NOUVELLES MESURES.		CORDES des Eaux et Forêts.		
	Stères.	Centièmes.	Stères.	Cordes.	Centièmes
1	3	84	1	0	26
2	7	68	2	0	52
3	11	52	3	0	78
4	15	35	4	1	04
5	19	19	5	1	30
6	23	03	6	1	56
7	26	87	7	1	82
8	30	71	8	2	08
9	34	55	9	2	34
10	38	39	10	2	60
20	76	78	20	5	21
30	115	17	30	7	81
40	153	56	40	10	42
50	191	95	50	13	02
60	230	34	60	15	63
70	268	73	70	18	23
80	307	12	80	20	83
90	345	51	90	23	44
100	383	90	100	26	05

CHAPITRE V.

MESURES DE CAPACITÉ.

Les mesures de capacité sont destinées à faire connaître les volumes des substances ; ce sont des mesures de solidité réduites à des cubes.

Dans l'ancien système il y avait deux sortes de mesures de capacité, une pour les liquides, et l'autre pour les matières sèches.

Ces mesures variaient de nom et de grandeur dans presque chaque commune, de sorte qu'à une lieue de son domicile, l'on ne connaissait plus ni le nom ni la capacité de celles qui y étaient en usage.

Dans le nouveau système, il n'y a plus qu'une seule mesure de capacité, tant pour les matières sèches que pour les liquides, et cette mesure est le *litre* (ou nouvelle pinte) ; elle sert pour la vente des grains et des boissons en détails, sa grandeur est d'un décimètre cube ; on entend par nombre cube, le produit qui résulte des trois côtés que présente un vaisseau ou une figure cubique, c'est-à-dire, longueur, largeur et profondeur, ainsi le litre est d'un décimètre de long et de large, et d'un décimètre de profondeur.

La forme cubique n'étant point celle qui convenait aux mesures de capacité, on leur a substitué la forme cylindrique, et les dimensions qu'on leur a données sont telles, que pour les mesures à grains et autres matières sèches, la hauteur est égale au diamètre ; et pour celles servant aux liquides, la hauteur est double du diamètre ; en sorte qu'en comparant la hauteur au diamètre, on peut s'assurer facilement si la mesure dont on se sert est exacte.

La grandeur du litre ou nouvelle pinte se rapproche beaucoup de celle du litron et de la pinte ancienne, on est convenu que toutes les autres mesures de capacité seraient considérées comme des multiples ou sous-multiples décimaux de cette unité.

De là le décalitre ou velte, mesure de dix litres ou pintes, et l'hectolitre ou septier nouveau, mesure de cent litres ou pintes.

Et pour sous-multiples, le décilitre ou verre, dixième partie du litre, et le centilitre qui est la centième partie du litre ; cette dernière mesure ne peut guère servir que dans les pharmacies ou dans les laboratoires des chimistes.

Pour réduire en mesures nouvelles toutes les anciennes mesures de capacité pour les liquides, on pourra le faire facilement en constatant le poids de chacune d'elles.

Et pour réduire en mesures nouvelles toutes les anciennes mesures de capacité pour les grains et matières sèches, il faudra au préalable savoir qu'elle était leur contenance cubique.

Par exemple, le litre ou nouvelle pinte, vaut un décimètre cube et le kilogramme ou livre nouvelle est un poids d'eau sous le volume d'un décimètre cube, qui répond à 2 livres 5 gros 35 grains 15/100 de grain, ancien poids de marc.

Or si un vase quelconque rempli de liquides, pesait 204 livres ancien poids, la tare défalquée, sa contenance serait d'environ 100 litres ou pintes nouvelles.

Il est des denrées sèches dont le volume est de même pesanteur que celui de l'eau ou qui en approche; on peut par la même raison, connaître la contenance d'un vaisseau qui en serait rempli en se servant du même moyen.

Comme le bled, l'orge, les légumes secs, etc., varient par plus ou moins de pesanteur, suivant leur qualité et le terroir, on pourra, par le moyen de la table suivante, connaître la contenance cubique d'une mesure ancienne quelconque.

Nota. Pour l'intelligence de cette table, il faut observer que le litre (ou pinte nouvelle), qui est d'un décimètre cube, contient 1000 centimètres cubes, parce que 10 multipliés par 10 font 100, et que 100 multipliés par 10 donnent 1000, que par la même raison un centimètre cube contient 1000 millimètres cubes; ainsi le décilitre, dixième partie du litre, est composé de 100 centimètres cubes, et le centilitre de 10.

Table de Réduction des Mesures de Capacité.

Anciennes Mesures.	NOUVELLES MESURES.				ANCIENNES MESURES.	
Pouc. cub.	Litres ou pintes	Centim. ou doigts cubes.	Millim. ou traits cubes.	Centim. ou doigts cubes. Centilitres.	Pouces cub.	Lignes cub.
1	0	19	836	1	0	87
2	0	39	673	2	0	174
3	0	59	509	3	0	262
4	0	79	345	4	0	349
5	0	99	182	5	0	436
6	0	119	018	6	0	523
7	0	138	854	7	0	610
8	0	158	691	8	0	698
9	0	178	527	9	0	785
10	0	198	363	10	0	872
20	0	396	727	20	1	16
30	0	595	091	30	1	888
40	0	793	455	40	2	32
50	0	991	819	50	2	904
60	1	190	182	60	3	48
70	1	388	546	70	3	920
80	1	586	910	80	4	64

Suite de la Table de réduction des Mesures de Capacité.

Pouces cubes.	NOUVELLES MESURES.				ANCIENNES MESURES	
	Litres ou pintes	Centim. ou doigts cubes.	Millim. ou traits cubes.	Centim. ou doigts cubes.	pouces cub.	Lignes cub.
90	1	785	274	90	4	936
100	1	983	638	100 Décilitre.	5	80
200	3	967	276	200	10	160
300	5	950	914	300	15	240
400	7	934	552	400	20	320
500	9	918	190	500	25	399
1000	19	836	380	600	30	479
1500	29	754	570	700	35	559
1728	34	277	264	800	40	639
2000	39	672	760	900	45	719
1 Pieds.	34	277	264	1 Litres.	50	799
2	68	554	528	2	100	1598
3	102	831	792	3	151	668
4	137	109	056	4	201	1467
5	171	386	320	5	252	538
6	205	663	584	6	302	1337
7	239	940	848	7	353	407
8	277	218	112	8	403	1206
9	308	495	376	9	454	277
10	342	772	640	10	504	1076

Suite de la Table de réduction des Mesures de Capacité.

Pieds cubes anciens.	NOUVELLES MESURES.				Anciennes Mesures.		
	Litres ou Pintes.	centim. ou doig. cubes.	Millim. ou trait cubes.	Décimèt. ou litres.	Pieds cubes.	Pouces cubes.	Lignes cubes.
20	685	545	280	20	0	1009	423
30	1028	317	920	30	0	1513	1499
40	1371	090	560	40	1	290	847
50	1713	863	200	50	1	795	194
60	2056	635	840	60	1	1299	1270
70	2399	408	480	70	2	76	618
80	2742	181	120	80	2	580	1693
90	3084	953	760	90	2	1085	1041
100	3427	726	400	100	2	1590	388
200	6855	452	800	200	5	1452	777
300	10283	179	200	300	8	1314	1165
400	13710	905	600	400	11	1176	1554
500	17138	632	000	500	14	1039	214
600	20566	358	400	600	17	91	603
700	23994	084	800	700	20	763	901
800	27421	811	200	800	23	625	1380
900	30849	537	600	900	26	480	40
1000	34277	264	000	1000	29	350	429

Manière de se servir de cette Table.

PREMIER EXEMPLE.

On désire savoir combien un boisseau ancien de 810 pouces cubes contient de litres ou pintes nouvelles.

En cherchant dans la première colonne page 57 :

			litres	cent.	millim.
1°. la valeur de	500	pouces, qui est de . .	9	918	190
2°. celle de . .	300	pouces, qui est de . .	5	950	914
3°. enfin celle de	10	pouces, qui est de . .	0	198	363
Total	810	pouces, valent	16	067	467

On voit que cette mesure contient 16 litres (ou pintes nouvelles) 067 centimètres 467 millimètres cubes, c'est-à-dire 16 litres (ou pintes) et 6 centièmes ; on néglige le surplus comme de faible valeur.

DEUXIÈME EXEMPLE.

On voudrait savoir quelle est la mesure cubique d'un vaisseau contenant 225 litres.

En cherchant dans la seconde colonne pages 58 et 57 :

			pieds	pouces	lignes.
1°. la valeur de	200	litres	5	1452	777
2°. la valeur de	20	litres	0	1009	423
3°. la valeur de	5	litres	0	252	538
Total	225	litres	6	986	10

On voit que la contenance cubique de cette mesure serait de 6 pieds 986 pouces 10 lignes cubes : il ne faut pas oublier en additionnant les lignes, que tout ce qui excède 1728 lignes, doit être compté pour 1 pouce, de même que tout ce qui excède 1728 pouces, doit être compté pour un pied.

Nous donnerons à la fin des tables la manière de trouver la solidité des vaisseaux de formes cubiques et cylindriques.

Indépendamment de la table précédente, qui peut s'appliquer à toutes les mesures de capacité en général, nous croyons devoir placer à la suite celles qui auront un rapport direct aux anciennes mesures qui étaient en usage à Paris.

Dans ces tables nous avons suivi pour base dans la comparaison des mesures de capacité pour les liquides, la pinte de Paris, d'après l'étalon de cette mesure établi par arrêt du ci-devant Parlement, du 15 juillet 1750, lequel est d'un peu moins de 47 pouces cubes qui correspond à 93 centièmes de décimètre cube environ. Mais comme cette mesure ne servait que pour les marchands détaillans (1), la capacité de celle qui était en usage pour la vente en gros, étant de 48 pouces cubes, ainsi que le prouve l'instrument de jaugeage dont on se servait, qu'on appelait *velte*, lequel était établi d'après un cylindre de 8 pintes faisant 384 pouces cubes, ou 663552 lignes cubes; nous prendrons aussi pour base cette pinte de 48 pouces qui correspond à environ 95 centièmes de litre.

Comme il faut un décimètre cube pour faire un litre, c'est cinq centièmes qu'il faut ajouter à la pinte de Paris, en sorte que la pinte est d'un *vingtième* environ moindre que le litre ou nouvelle pinte; ainsi lorsqu'on a la contenance d'un vase ou tonneau en pintes de Paris, il suffit d'en retrancher un *vingtième*, et on a à très-peu près sa contenance en litres ou pintes nouvelles.

Pour faciliter l'usage de ces tables, nous allons donner la manière de s'en servir.

Il faut observer que le litre ou pinte nouvelle est de 50 pouces cubes et 799 lignes cubes environ, la pinte de Paris était, comme nous l'avons dit, de 48 pouces cubes environ; en sorte que le rapport de la pinte au litre, est comme . . . . . . 1 à 0,5318
Et le rapport du litre à la pinte est comme . . . 1 à 1,048

On pourra, sans le secours des tables, réduire des pintes anciennes en litres ou pintes nouvelles en multipliant le rapport de la pinte au litre par le nombre des pintes à réduire.

On pourra également réduire des litres en pintes, en multipliant le rapport du litre à la pinte par le nombre des litres à réduire.

PREMIER EXEMPLE.

On veut savoir combien une feuillette ou demi-muid de 18 veltes ou septiers de 8 pintes, faisant 144 pintes anciennes valent de litres ou pintes nouvelles :

---

(1) Dans presque toutes les villes, la mesure qui servait pour la vente en détail, était différente de celle pour la vente en gros. A Metz la pinte était de 47 pouces cubes, et celle connue sous le nom de mesure d'hôpital qui était en usage dans les campagnes, est d'environ la capacité du litre.

Rapport de la pinte au litre	0,9518
Multiplié par	144
	38072
	38072
	9518
Produit	137,0592

En retranchant les 4 derniers chiffres à droite, à cause de pareil nombre de parties décimales qui se trouve au multiplicande, on a pour résultat 137 litres et 5/100 que l'on peut négliger, comme étant de peu de valeur.

DEUXIÈME EXEMPLE.

On demande combien 500 litres ou pintes nouvelles valent de pintes anciennes.

Rapport du litre à la pinte	1,048
Multiplié par	500
Produit	524,000

En retranchant les 3 derniers chiffres à droite, à cause de pareil nombre de parties décimales qui se trouve au multiplicande, on voit que 500 litres ou pintes nouvelles valent 524 pintes anciennes.

Par la même méthode on peut savoir le prix du litre de vin par celui de la pinte, *et réciproquement.*

PREMIER EXEMPLE.

Quel serait le prix d'un litre de vin, celui de la pinte de 47 pouces cubes étant de 70 centimes (ou 14 sous)?

Opération.

Multiplier le rapport du litre à la pinte . . .	1,07375
Par le prix de la pinte	70
Produit	75,16250

En retranchant les 5 derniers chiffres à droite, à cause de pareil nombre de parties décimales qui se trouve au multiplicande, on voit que le prix du litre serait de 75 centimes, et d'une fraction que l'on néglige comme étant de très-faible valeur.

DEUXIÈME EXEMPLE.

On désire savoir quel serait le prix de la pinte ancienne aussi de 47 pouces cubes, celui du litre ou nouvelle pinte étant de 1 fr. 25 centimes.

Multiplier le rapport de la pinte au litre . .	0,9313
Par le prix du litre	1,25
	46565
	18626
	9313
Produit	1,164125

En retranchant 6 parties décimales, à cause de 4 qui se trouvent au multiplicande et 2 au multiplicateur, on voit que le prix de la pinte est de 1 franc 16 centimes : le surplus de la fraction doit être négligé comme étant de très-faible valeur.

TROISIÈME EXEMPLE.

Si le prix du litre était de 1 franc (ou 100 centimes), quel serait celui de la pinte de 48 pouces cubes ?

Multiplier le rapport de la pinte au litre . . .	0,9518
Par le prix du litre	100
Produit	95,1800

En retranchant 4 parties décimales, à cause de pareil nombre qui se trouve au multiplicande, on voit que le prix de la pinte est de 95 centimes (19 sous.)

TABLE IX. *Mesures de capacité pour les liquides.*

Mesures anciennes Septiers de 8 pintes de 384 pouces cubes.	MESURES NOUVELLES.			MESURES ANCIENNES.		
	Litres ou Pintes.	Centièmes de Litres.	Décalitres ou Veltes.	Septiers de 8 pintes de 384 pouc. cub.	Pintes de 48 pouces cubes.	Centièmes de Pintes.
1	7	61	1	1	2	48
2	15	23	2	2	4	96
3	22	85	3	3	7	44
4	30	46	4	5	1	92
5	38	38	5	6	4	40
6	45	70	6	7	6	88
7	53	31	7	9	1	36
8	60	93	8	10	3	84
9	68	54	9	11	6	32
10	76	16	10	13	0	80
11	83	77	11	14	3	88
12	91	39	12	15	5	76
13	99	00	13	17	0	24
14	106	62	14	18	2	72
15	114	24	15	19	5	20
16	121	85	16	20	7	68
17	129	47	17	22	2	16
18	137	08	18	23	4	64

Suite des Mesures de capacité pour les liquides.

Mesures anciennes. Septiers de 8 pintes de 384 pouces cubes.	MESURES NOUVELLES.			MESURES ANCIENNES.		
	Litres ou Pintes.	Centièmes de Litres.	Décalitres ou Veltes.	Septiers de 8 pintes de 384 pouc. cub.	Pintes de 48 pouces cubes.	Centièmes de Pinte.
19	144	70	19	24	7	12
20	152	32	20	26	1	60
21	159	93	21	27	4	08
22	167	55	22	28	6	56
23	175	16	23	30	1	04
24	182	78	24	31	3	52
25	190	40	25	32	6	00
26	198	01	26	34	0	48
27	205	63	27	35	2	96
28	213	24	28	36	5	44
29	220	86	29	37	7	92
30	228	48	30	39	2	40
31	236	09	31	40	4	88
32	243	71	32	41	7	36
33	251	32	33	43	1	84
34	258	94	34	44	4	32
35	266	56	35	45	6	80
36	274	17	36	47	1	28

Suite

Suite des Mesures de capacité pour les liquides.

Anciennes mesures. Septiers de 8 pintes de 384 pouces cubes.	NOUVELLES MESURES.			ANCIENNES MESURES.		
	Litres ou Pintes.	Centièmes de Litre.	Décalitres ou Veltes.	Septiers de 8 pintes de 384 pouces cubes.	Pintes de 48 pouces cubes.	Centièmes de Pinte.
37	281	79	37	48	3	76
38	289	40	38	49	6	24
39	297	02	39	51	0	72
40	304	63	40	52	3	20
41	312	25	41	53	5	68
42	319	86	42	55	0	16
43	327	48	43	56	2	64
44	335	10	44	57	5	12
45	342	71	45	58	7	60
46	350	33	46	60	2	08
47	357	94	47	61	4	56
48	365	56	48	62	7	04
49	373	18	49	64	1	52
50	380	79	50	65	4	00
51	388	41	51	66	6	48
52	396	02	52	68	0	96
53	403	64	53	69	3	44
54	411	26	54	70	6	32

Suite des Mesures de capacité pour les liquides.

Anciennes mesures. Septiers de 8 pintes de 384 pouces cubes.	NOUVELLES MESURES.			ANCIENNES MESURES.		
	Litres ou Pintes.	centièmes de Litre.	Décalitres ou Veltes.	Septiers de 8 pintes de 384 pouces cubes.	Pintes de 48 pouces cubes.	Centièmes de Pinte.
55	418	87	55	72	0	80
56	426	49	56	73	3	28
57	434	10	57	74	5	76
58	441	72	58	76	0	24
59	449	33	59	77	2	72
60	456	95	60	78	5	20
61	464	57	61	79	7	68
62	472	18	62	81	2	16
63	479	80	63	82	4	64
64	487	41	64	83	7	12
65	495	03	65	85	1	60
66	502	65	66	86	4	08
67	510	26	67	87	6	56
68	517	88	68	89	1	04
69	525	49	69	90	3	52
70	533	11	70	91	6	00
71	540	73	71	93	0	48
72	548	34	72	94	2	96

Suite des Mesures de capacité pour les liquides.

Anciennes mesures. Septiers de 8 pintes de 384 pouces cubes.	NOUVELLES MESURES.			ANCIENNES MESURES.		
	Litres ou Pintes.	Centièmes de Litre.	Décalitres ou Veltes.	Septiers de 8 pintes de 384 pouces cubes.	Pintes de 48 pouces cubes.	Centièmes de Pinte.
73	555	96	73	95	5	44
74	563	57	74	96	7	92
75	571	19	75	98	2	40
76	578	80	76	99	4	88
77	586	42	77	100	7	36
78	594	04	78	102	1	84
79	601	65	79	103	4	32
80	609	27	80	104	6	80
81	616	88	81	106	1	28
82	624	50	82	107	3	76
83	632	12	83	108	6	24
84	639	73	84	110	0	72
85	647	35	85	111	3	20
86	654	96	86	112	1	68
87	662	58	87	114	0	16
88	670	20	88	115	2	64
89	677	81	89	116	5	12
90	685	43	90	117	7	60

Suite des mesures de capacité pour les liquides.

Anciennes mesures. Septiers de 8 pintes de 384 pouces cubes.	NOUVELLES MESURES.			ANCIENNES MESURES.		
	Litres ou Pinte.	Centièmes de Litres.	Décalitres ou Veltes.	Septiers de 8 pintes de 384 pouces cubes.	Pintes de 48 pouces cubes.	Centièmes de pinte.
91	693	04	91	119	2	08
92	700	66	92	120	4	56
93	708	27	93	121	7	04
94	715	89	94	123	1	52
95	723	51	95	124	4	00
96	731	12	96	125	6	48
97	738	74	97	127	0	96
98	746	35	98	128	3	44
99	753	97	99	129	5	92
100	761	58	100	131	0	40
200	1523	17	200	262	0	00
300	2284	75	300	393	0	00
400	3046	34	400	524	0	00
500	3807	93	500	655	0	00
1000	7615	86	1000	1310	0	00

Suite des Mesures de capacité pour les liquides.

Le Pot d'Auvergne contenait 15 Pintes 1/2 de Paris; la Pinte de 48 pouces cubes; ce qui faisait 744 pouces cubes, qui correspondent à 14 décimètres cubes et 75 centièmes 1/2 cubes.

Anciennes mesures. Pots de 744 pouces cubes.	NOUVELLES MESURES.			ANCIENNES MESURES.		
	Litres ou Pintes.	Centièmes de Litre.	Décalitres ou Veltes.	Pots de 15 pintes 1/2 de 744 pouces cubes.	Pintes de 48 pouces cubes.	Centièmes de Pinte.
1/2	7	38				
1	14	75	1	0	10	48
2	29	51	2	1	5	46
3	44	27	3	2	0	44
4	59	02	4	2	10	92
5	73	78	5	3	5	90
6	88	53	6	4	0	88
7	103	29	7	4	11	36
8	118	04	8	5	6	34
9	132	80	9	6	1	32
10	147	56	10	6	11	80
11	162	31	11	7	6	78
12	177	07	12	8	1	76
13	191	82	13	8	12	24

Suite des Mesures de capacité pour les liquides.
Pots Auvergne.

Anciennes mesures Pots de 744 pouces cubes.	NOUVELLES MESURES.			ANCIENNES MESURES.		
	Litres ou Pintes.	Centièmes de Litre.	Décalitres ou Veltes.	Pots de 15 pint. 1/2 de 744 pouces cubes.	Pintes de 48 pouces cubes.	Centièmes de Pinte.
14	206	58	14	9	7	22
15	221	33	15	10	2	20
16	236	09	16	10	12	68
17	250	85	17	11	7	66
18	265	60	18	12	2	64
19	280	36	19	12	13	12
20	295	11	20	13	8	10
21	309	87	21	14	3	08
22	324	63	22	14	13	56
23	339	38	23	15	8	54
24	354	14	24	16	3	52
25	368	89	25	16	14	00
6	383	65	26	17	8	98
27	398	40	27	18	3	96
28	413	16	28	18	14	44
29	427	91	29	19	9	42
30	442	67	30	20	4	40

Suite des Mesures de capacité pour les liquides.
Pots Auvergne.

Anciennes mesures. Pots de 744 pouces cubes.	NOUVELLES MESURES.			ANCIENNES MESURES.		
	Litres ou Pintes.	Centièmes de Litre.	Décalitres ou Veltes.	Pots de 15 pint. 1/2 de 744 pouces cubes.	Pintes de 48 pouces cubes.	Centièmes de Pinte.
40	590	23	40	27	0	70
50	737	78	50	33	12	50
60	885	34	60	40	8	80
70	1032	90	70	47	5	10
80	1180	46	80	54	1	40
90	1328	01	90	60	13	20
100	1475	57	100	67	9	50
200	2951	14	200	135	3	50
300	4426	72	300	202	13	00
400	5902	29	400	270	7	00
500	7377	86	500	338	1	00
1000	14755	72	1000	676	2	00

TABLE VIII. *Mesures de capacité pour les liquides.*

Anciennes Pintes de 47 pouces cubes.	NOUVELLES MESURES.		ANCIENNES MESURES.		
	Litres ou Pintes.	Centièmes de Litre.	Litres ou Pintes.	Pintes de 47 pouces cubes.	Centièmes de Pinte.
1	0	93	1	1	07
2	1	86	2	2	14
3	2	79	3	3	22
4	3	72	4	4	29
5	4	65	5	5	37
6	5	58	6	6	44
7	6	51	7	7	51
8	7	45	8	8	59
9	8	38	9	9	66
10	9	31	10	10	74
11	10	24	11	11	81
12	11	17	12	12	88
13	12	10	13	13	96
14	13	30	14	15	03
15	13	97	15	16	11
16	14	90	16	17	18
17	15	83	17	18	25
18	16	76	18	19	33
19	17	69	19	20	40
20	18	62	20	21	47

Suite des Mesures de capacité pour les liquides.

Anciennes Pintes de 47 pouces cubes.	NOUVELLES MESURES.			ANCIENNES MESURES.	
	Litres ou Pintes.	Centièmes de Litre.	Litres ou Pintes.	Pintes de 47 pouces cubes.	Centièmes de Pinte.
21	19	55	21	22	55
22	20	38	22	23	62
23	21	32	23	24	70
24	22	25	24	25	77
25	23	18	25	26	84
26	24	11	26	27	92
27	25	04	27	28	89
28	25	97	28	30	06
29	26	90	29	31	14
30	27	83	30	32	21
31	28	77	31	33	28
32	29	70	32	34	36
33	30	63	33	35	43
34	31	56	34	36	51
35	32	49	35	37	58
36	33	42	36	38	65
37	34	35	37	39	73
38	35	29	38	40	80

Suite des Mesures de capacité pour les liquides.

Anciennes Pintes de 47 pouces cubes.	NOUVELLES MESURES.		ANCIENNES MESURES.		
	Litres ou Pintes.	Centièmes de Litre.	Litres ou Pintes.	Pintes de 47 pouces	Centièmes
39	36	22	39	41	87
40	37	15	40	42	95
41	38	08	41	44	02
42	39	01	42	45	09
43	39	94	43	46	17
44	40	87	44	47	24
45	41	80	45	48	31
46	42	74	46	49	38
47	43	67	47	50	46
48	44	60	48	51	53
49	45	53	49	52	61
50	46	46	50	53	68
60	55	77	60	64	42
70	65	09	70	75	16
80	74	40	80	85	89
90	83	71	90	96	63
100	93	03	100	107	37
200	186	06	200	214	75

Suite des Mesures de capacité pour les liquides.

Septiers de huit pintes de 376 pouces cubes.	DECALITRES OU VELTES.			ANCIENNES MESURES.			
	Décalitr. ou Veltes.	Litres ou Pintes.	centièm. de Litre.	Décalitr. ou Veltes.	Septiers de huit Pintes. de 376 p. cubes.	Pintes de 376 pouces cubes.	Centièm. de Pinte.
1	0	7	45	1	1	2	74
2	1	4	90	2	2	5	47
3	2	2	35	3	4	0	21
4	2	9	80	4	5	2	95
5	3	7	25	5	6	5	69
6	4	4	70	6	8	0	42
7	5	2	15	7	9	3	16
8	5	9	60	8	10	5	90
9	6	7	05	9	12	0	63
10	7	4	50	10	13	3	37
11	8	1	95	11	14	6	11
12	8	9	40	12	16	0	85
13	9	6	85	13	17	3	58
14	10	4	30	14	18	6	32
15	11	1	75	15	20	1	06
16	11	9	20	16	21	3	80
17	12	6	65	17	22	6	53
18	13	4	10	18	24	1	27

Suite des Mesures de capacité pour les liquides.

Septiers de huit pintes de 376 pouc cubes.	DÉCALITRES OU VELTES.			ANCIENNES MESURES.			
	Décalitr. ou Veltes.	Litres ou Pintes.	centièm. de Litre.	Décalits. ou Veltes.	Septiers de huit pintes de 376 pouc cubes.	Pintes de 47 pouc' cubes.	centièm. de Pinte.
19	14	1	55	19	25	4	01
20	14	9	00	20	26	6	75
21	15	6	45	21	28	1	48
22	16	3	90	22	29	4	22
23	17	1	35	23	30	6	96
24	17	8	80	24	32	1	70
25	18	6	25	25	33	4	43
26	19	3	70	26	34	7	17
27	20	1	15	27	36	1	91
28	20	8	60	28	37	4	65
29	21	6	05	29	38	7	38
30	22	3	20	30	40	2	12
31	23	0	95	31	41	4	86
32	23	8	40	32	42	7	60
33	24	5	85	33	44	2	33
34	25	3	30	34	45	5	07
35	26	0	75	35	46	7	81
36	26	8	20	36	48	2	55

Suite des Mesures de capacité pour les liquides.

Septiers de huit pintes de 376 pouc cubes.	DECALITRES OU VELTES.				ANCIENNES MESURES.		
	Décalitr. ou Veltes.	Litres ou Pintes.	centièm. de Litre.	Décalitr. ou Veltes.	Septiers de huit pintes de 376 pouc cubes.	Pintes de 47 po. cubes.	centièm. de Pinte.
37	27	5	65	37	49	5	28
38	28	3	10	38	51	0	02
39	29	0	55	39	52	2	76
40	29	8	00	40	53	5	50
41	30	5	45	41	55	0	23
42	31	2	90	42	56	2	97
43	32	0	35	43	57	5	71
44	32	7	80	44	59	0	45
45	33	5	25	45	60	3	18
46	34	2	70	46	61	5	92
47	35	0	15	47	63	0	66
48	35	7	60	48	64	3	40
49	36	5	05	49	65	6	13
50	37	2	50	50	67	0	87
60	44	6	00	60	80	4	25
70	52	1	50	70	93	7	62
80	59	6	00	80	107	3	00
90	67	0	50	90	120	6	37

Suite des Mesures de Capacité pour les liquides.

Septiers de huit pintes de 376 pouc. cubes.	DECALITBES OU VELTES.			ANCIENNES MESURES.			
	Décalitr. ou Veltes.	Litres ou Pintes.	centièm. de Litre.	Décalitr. ou Veltes.	Septiers de huit pintes de 376 pouc cubes.	Pintes le 47 po. cubes.	centièm. de Pintes.
100	74	5	00	100	134	1	75
200	149	0	00	200	268	3	50
300	223	5	00	300	402	5	25
400	298	0	00	400	536	7	00
500	372	5	00	500	671	0	75
600	447	0	00	600	805	2	50
700	521	5	00	700	939	4	25
800	596	0	00	800	1073	6	00
900	670	5	00	900	1207	7	75
1000	745	0	00	1000	1342	1	50

MESURES DE CAPACITÉ

Pour les grains et matières sèches qui étaient en usage à Paris.

Le muid de blé était de 12 septiers ;

Le septier de 12 boisseaux ;

Le boisseau de 26 litrons.

La capacité du boisseau était de 655 pouces 8/10 cubes ; il était le même pour toutes les denrées sèches ; mais le minot variait depuis trois jusqu'à huit boisseaux ; après le minot il n'y avait plus de variation dans le rapport des mesures supérieures ; la mine était constamment de deux minots, le septier de deux mines, et le muid de 12 septiers, excepté pour le charbon de bois, dont le muid n'était que de 10 septiers.

Le muid d'avoine contenait le double du muid de blé, et était composé de 12 septiers, mais chaque septier était de 24 boisseaux.

Le muid de sel contenait 12 septiers, chaque septier contenait 4 minots, le minot 4 boisseaux.

Le muid de charbon de bois était de 16 mines ; la mine contenait 2 minots ; et le minot 2 boisseaux. *Le muid ou la voie de charbon de terre* était de 15 minots ; le minot de 6 boisseaux.

Le muid de chaux contenait 48 minots ; le minot 3 boisseaux.

Le muid de plâtre contenait 3 voies ; la voie 12 sacs ; le sac 2 boisseaux.

Le muid ancien n'était qu'un mode d'évaluation, et non un instrument de mesure ; il en est de même du *kilolitre ou muid nouveau*, il n'y a point d'instrument de mesure nouvelle appelée kilolitre ou muid, parce que cet instrument serait trop grand et trop lourd à manier, mais *l'hectolitre ou septier nouveau*, sa moitié et son double, remplaceront désormais ce qu'on appelait mine, minot et septier anciens.

Rapports des anciennes mesures de matières sèches aux nouvelles, et celui des nouvelles mesures aux anciennes.

Le rapport du litron au litre est comme
ci . . . . 1, à 0,8125

Le rapport du boisseau au décalitre ou boisseau nouveau, est comme
ci . . . . 1, à 1,300

Le rapport du septier ancien de 12 boisseaux à l'hectolitre ou septier nouveau, est comme
ci . . . . 1, à 1,560

Le rapport du muid de 12 septiers anciens au kilolitre ou muid nouveau, est comme
ci. . . . . 1 à 1,872

Le rapport du litre ou pinte nouvelle au litron, est comme
ci . . . . 1, à 1,2308

Le rapport du décalitre ou boisseau nouveau au boisseau ancien, est comme
ci . . . . 1, à 0,7692

Le rapport de l'hectolitre ou septier nouveau au septier ancien, est comme
ci . . . . 1, à 0,6410

Le rapport du kilolitre ou muid nouveau au muid ancien, est comme
ci. . . . . 1, à 0,5342

Pour réduire les anciennes mesures en nouvelles, il faut multiplier les rapports des anciennes aux nouvelles par le nombre des anciennes à réduire;

Et pour réduire les nouvelles mesures en anciennes, il faut multiplier les rapports des nouvelles mesures aux anciennes par le nombre des nouvelles à réduire.

PREMIER EXEMPLE.

On veut savoir combien 16 litrons valent de litres ou de pintes nouvelles.

Rapport du litron au litre	0,8125
Multiplié par	16
	48750
	8125
Produit	13,0000

Comme il y a quatre parties décimales au multiplicande, on a pour résultat 13 litres ou pintes nouvelles.

SECOND

SECOND EXEMPLE.

On désire savoir combien 12 boisseaux anciens valent de décalitres ou boisseaux nouveaux.

Rapport du boisseau au décalitre	1,300
Multiplié par	12
	2600
	1300
Produit	15,600

En retranchant les 3 derniers chiffres à droite à cause de pareil nombre de parties décimales qui se trouve au multiplicande, on a pour résultat 15 décalitres, plus 6 litres ou nouvelles pintes juste.

TROISIÈME EXEMPLE.

On demande combien 10 septiers de 12 boisseaux anciens valent d'hectolitres ou septiers nouveaux.

Rapport du septier à l'hectolitre	1,560
Multiplié par	10
Produit	15,600

En retranchant les 3 derniers chiffres à droite comme au précédent exemple, on a pour résultat 15 hectolitres ou septiers nouveaux, plus 6 décalitres ou boisseaux.

QUATRIÈME EXEMPLE

On veut réduire en septiers et partie de septiers anciens, 55 hectolitres ou septiers nouveaux.

Rapport de l'hectolitre au septier.	0,6410
Multiplié par	55
	32050
	32050
Produit	35,2550

En retranchant les 4 derniers chiffres à droite, à cause de pareil nombre de parties décimales qui se trouve au multiplicande, on a pour résultat 35 unités et 25 centièmes qui font 35 septiers, plus 3 boisseaux environ.

CINQUIÈME EXEMPLE.

On veut savoir combien 45 décalitres ou boisseaux nouveaux font de boisseaux anciens.

Rapport du décalitre au boisseau	0,7692
Multiplié par.	45
	38460
	30768
Produit	34,6140

En retranchant les 4 derniers chiffres à droite, comme dans l'exemple précédent, on a pour résultat 34 boisseaux anciens, plus environ 61 centièmes, équivalant à environ 10 litrons.

Prix des nouvelles mesures déterminé par celui des anciennes, et réciproquement.

EXEMPLE.

On demande quel serait le prix d'un décalitre ou boisseau nouveau, celui d'un boisseau ancien étant de 36 sous ou 1 franc 80 centimes.

Il faut multiplier le rapport du décalitre au boisseau	0,7692
Par le prix du boisseau	1,80
	615360
	7692
Produit	1,384560

En retranchant 6 parties décimales à cause de 4 qui se trouvent au multiplicande, et 2 au multiplicateur, on a pour résultat 1 franc 38 centimes; on néglige les autres fractions.

Ainsi on voit que le prix du décalitre ou boisseau nouveau, serait de 1 fr. 38 cent. équivalant à 27 sous 3 centièmes ancienne monnaie.

AUTRE EXEMPLE.

Si on a acheté du blé froment, à raison de 20 francs l'hectolitre ou septier nouveau, on demande à combien reviendra le septier ancien de 12 boisseaux.

Il faut multiplier le rapport du septier ancien à l'hectolitre 1,560
Par le prix de l'hectolitre 20
Produit 31,200

En retranchant les 3 derniers chiffres a droite, à cause de pareil nombre de décimales qui se trouve au multiplicande, on voit que le prix du septier ancien de 12 boisseaux, serait de 31 francs 20 centimes.

On ne croit pas devoir multiplier d'avantage les exemples, ceux qui viennent d'être donnés étant plus que suffisans pour indiquer la manière d'opérer dans tous lës cas semblables.

Le boisséau de Paris était réellement de 655 pouces cubes et 8 dixièmes, ainsi qu'il vient d'être dit, il était composé de 16 litrons, et le litron se rapporte à-peu-près à 81 centièmes de décimètre cube.

Cette valeur sert de base aux tableau et tables suivantes. Voici la manière de s'en servir :

EXEMPLE.

On veut réduire en mesures nouvelles, 7 septiers 5 boisseaux et 8 litrons.

Il faut chercher dans la première colonne

1°. la valeur de 7 septiers . . . . , ...	1092 litres
2°. la valeur de 5 boisseaux	65 litres
3°. celle de 8 litrons	6 litr. 5/10
Total, 7 sep. 5 boiss. 8 lit. valent	1163 litr. 5/10

On voit que la valeur en mesures nouvelles est de 11 hectolitres 63 litres 5/10.

AUTRE EXEMPLE.

On veut savoir qu'elle est la valeur en mesures anciennes de 50 hectolitres ou septiers nouveaux, 6 décalitres ou boisseaux nouveaux, et 6 litres ou pintes nouvelles.

En cherchant dans la deuxième colonne

1°. la valeur de	50 hectolitres	32 sept.	0 boiss.	9 litrons	86
2°. celle de. . .	6 décalitres	0	4	9	84
3°. celle de. . .	6 litres	0	0	7	38
Total	566 litres	32 sept.	5 boiss.	11 litrons	08

TABLE X.

litron	Litres ou Pintes nouvelles.		Litrons,	Boiss.	Décalitres ou Boisseaux nouveaux.		Boisseaux.
1	0,8125	1	1,2308	1	1,300	1	0,7692
2	1,6250	2	2,4615	2	2,600	2	1,5385
3	2,4375	3	3,6923	3	3,900	3	2,3077
4	3,2500	4	4,9231	4	5,200	4	3,0769
5	4,0625	5	6,1538	5	6,500	5	3,8461
6	4,8750	6	7,3846	6	7,800	6	4,6154
7	5,6875	7	8,6154	7	9,100	7	5,3846
8	6,5000	8	9,8462	8	10,400	8	6,1538
9	7,3125	9	11,0769	9	11,700	9	6,9231
Setier de 12 Boiss.	Hectolitres ou Setiers nouveaux.		Setiers de 12 Boisseaux.	Muid de 12 Setier	Kilolitres ou Muids nouveaux.		Muids de 12 Setiers.
1	1,560	1	0,6410	1	1,872	1	0,5342
2	3,120	2	1,2820	2	3,744	2	1,0684
3	4,680	3	1,9231	3	5,616	3	1,6026
4	6,240	4	2,5641	4	7,488	4	2,1367
5	7,800	5	3,2051	5	9,360	5	2,6709
6	9.360	6	3,8461	6	11,232	6	3,2051
7	10,920	7	4,4872	7	13,104	7	3,7393
8	12,480	8	5,1282	8	14,976	8	4,2735
9	14,040	9	5,7692	9	16,848	9	4,8077

MESURES DE PARIS.

Anciens noms.	Pour les Grains.		Pour l'Avoine.		Pour le Sel.		Pour le Charbon.	
	Anciens.	Nouv.	Anc.	Nouv.	Anc.	Nouv.	Anc.	Nouv.
Boisseau.	De 16 Litrons.	13 Litr.	De 16 litrons.	13 Litr.	De 16 litrons.	13 Litr.	De 16 litrons.	13 Litr.
Minot.	De 3 Boisseau	39 Litr.	De 6 Boiss.	78 Litr.	De 4 Boiss.	52 Litr.	De 8 Boiss.	104 Litr.
Mine.	De 2 Minots.	78 Litr.	De 2 Minots	156 Litr.	De 2 Minots	104 Litr.	De 2 Minots	208 Litr.
Septier.	De 2 Mines.	156 Litr.	De 2 Mines.	312 Litr.	De 2 Mines.	208 Litr.	De 2 Mines.	416 Litr.
Muid.	De 12 Septiers.	1872 Litr.	De 12 Septi[er]	3744 Litr.	De 12 Septi[er]	2496 Litr.	De 10 Septi[er]	4160 Litr.

Mesures de Capacité pour les grains, réduites en unité et centièmes d'unité.

Litrons anciens de Paris.	LITRES OU PINTES.			ANCIENNES MESURES.	
	Litres ou Pintes.	Centièmes de Litres.	Litres ou Pintes.	Litrons de Paris.	Centièmes de Litrons
1	0	81	1	1	23
2	1	62	2	2	46
3	2	43	3	3	69
4	3	25	4	4	92
5	4	06	5	6	15
6	4	87	6	7	38
7	5	68	7	8	61
8	6	50	8	9	84
9	7	31	9	11	07
10	8	12	10	12	30
11	8	93	11	13	55
12	9	75	12	14	78
13	10	56	13	16	01
14	11	37	14	17	24
15	12	18	15	18	47
16	13	00	16	19	70
17	13	81	17	20	93

Suite des Mesures de Capacité pour les grains.

Litrons anciens de Paris.	LITRES OU PINTES.			ANCIENNES MESURES.	
	Litres ou Pintes.	Centièmes de litres.	Litres ou Pintes.	Litrons de Paris.	Centièmes de Litrons.
18	14	62	18	22	15
19	15	43	19	23	38
20	16	25	20	24	61
21	17	06	21	25	84
22	17	87	22	27	07
23	18	68	23	28	30
24	19	50	24	29	53
25	20	31	25	30	77
30	24	37	30	36	92
40	32	50	40	49	22
50	40	62	50	61	53
60	48	75	60	73	83
70	56	87	70	86	15
80	65	00	80	98	45
90	73	12	90	110	76
100	81	25	100	123	07
200	162	50	200	246	14
300	243	75	300	369	22
500	406	25	500	615	36

Suite des Mesures de Capacité pour les grains.

Boisseaux anciens de 16 litrons.	DÉCALITRES OU BOISSEAUX.			ANCIENNES MESURES.		
	Décalitres ou Boisseaux.	Litres ou Pintes.	Décalitres ou Boisseaux.	Boisseaux de 16 litrons.	Litrons de Paris.	Centièmes de Litrons.
1	1	3	1	0	12	30
2	2	6	2	1	8	61
3	3	9	3	2	4	92
4	5	2	4	3	1	23
5	6	5	5	3	13	53
6	7	8	6	4	9	84
7	9	1	7	5	6	15
8	10	4	8	6	2	46
9	11	7	9	6	14	76
10	13	0	10	7	11	07
11	14	3	11	8	7	38
12	15	6	12	9	3	69
13	16	9	13	10	0	0
14	18	2	14	10	12	30
15	19	5	15	11	8	61
16	20	8	16	12	4	92
17	22	1	17	13	1	23
18	23	4	18	13	13	53

Suite des Mesures de Capacité pour les grains.

Boisseaux anciens de 16 litrons.	DÉCALITRES OU BOISSEAUX.			ANCIENNES MESURES.		
	Décalitres ou Boisseaux.	Litres ou Pintes.	Décalitres ou Boisseaux.	Boisseaux de 16 Litron.	Litrons de Paris.	Centièmes de Litrons.
19	24	7	19	14	9	84
20	26	0	20	15	6	15
21	27	3	21	16	2	46
22	28	6	22	16	14	76
23	29	9	23	17	11	07
24	31	2	24	18	7	38
25	32	5	25	19	3	69
26	33	8	26	20	0	0
27	35	1	27	20	12	30
28	36	4	28	21	8	61
29	37	7	29	22	4	92
30	39	0	30	23	1	23
31	40	3	31	23	13	53
32	41	6	32	24	9	84
33	42	9	33	25	6	15
34	44	2	34	26	2	46
35	45	5	35	26	14	77
36	46	8	36	27	11	07
37	48	1	37	28	7	38

Suite des Mesures de Capacité pour les grains.

Boisseaux anciens de 16 litrons.	DECALITRES ou BOISSEAUX.		ANCIENNES MESURES.			
	Décalitres ou Boisseaux.	Litres ou Pintes.	Décalitres ou Boisseaux.	Boisseaux de 16 litrons.	Litrons de Paris.	Centièmes de Litrons.
38	49	4	38	29	3	69
39	50	7	39	30	0	0
40	52	0	40	30	12	30
41	53	3	41	31	8	61
42	54	6	42	32	4	92
43	55	9	43	33	1	23
44	57	2	44	33	13	53
45	58	5	45	34	9	84
46	59	8	46	35	6	15
47	61	1	47	36	2	46
48	62	4	48	36	14	77
49	63	7	49	37	11	07
50	65	0	50	38	7	38
51	66	3	51	39	3	69
52	67	6	52	40	0	0
53	68	9	53	40	12	30
54	70	2	54	41	8	61
55	71	5	55	42	4	92
56	72	8	56	43	1	23

Suite des Mesures de capacité pour les grains.

Boisseaux anciens de 16 litrons.	Décalitres ou Boisseaux.			Anciennes mesures.		
	Décalitres ou Boisseaux.	Litres ou Pintes.	Décalitres ou Boisseaux.	Boisseaux de 16 litrons.	Litrons de Paris.	Centièmes de Litron.
57	74	1	57	43	13	53
58	75	4	58	44	9	84
59	76	7	59	45	6	15
60	78	0	60	46	2	46
61	79	3	61	46	14	77
62	80	6	62	47	11	07
63	81	9	63	48	7	38
64	83	2	64	49	3	69
65	84	5	65	50	0	0
66	85	8	66	50	12	30
67	87	1	67	51	8	61
68	88	4	68	52	4	92
69	89	7	69	53	1	23
70	91	0	70	53	13	53
71	92	3	71	54	9	84
72	93	6	72	55	6	15
73	94	9	73	56	2	46
74	96	2	74	56	14	77
75	97	5	75	57	11	07
76	98	8	76	58	7	38

Suite des Mesures de capacité pour les grains.

Anciens boisseaux de 16 litrons.	DÉCALITRES OU BOISSEAUX.		ANCIENNES MESURES.			
	Décalitres ou boisseaux.	Litres ou Pintes.	Décalitres ou boisseaux.	Boisseaux de 16 litrons.	Litrons de Paris.	Centièmes de litron.
77	100	1	77	59	3	69
78	101	4	78	60	0	00
79	102	7	79	60	12	30
80	104	0	80	61	8	61
81	105	3	81	62	4	92
82	106	6	82	63	1	23
83	107	9	83	63	13	53
84	109	2	84	64	9	84
85	110	5	85	65	6	15
86	111	8	86	66	2	46
87	113	1	87	66	14	77
88	114	4	88	67	11	07
89	115	7	89	68	7	38
90	117	0	90	69	3	69
91	118	3	91	70	0	00
92	119	6	92	70	12	30
93	120	9	93	71	8	61
94	122	2	94	72	4	92

Suite des Mesures de capacité pour les grains.

Anciens boisseaux de 16 litrons.	DÉCALITRES OU BOISSEAUX.		ANCIENNES MESURES.			
	Décalitres ou Boisseaux.	Litres ou Pintes.	Décalitres ou Boisseaux.	Boisseaux de 16 Litrons.	Litrons de Paris.	Centièmes de Litrons.
95	123	5	95	73	1	23
96	124	8	96	73	13	53
97	126	1	97	74	9	84
98	127	4	98	75	6	15
99	128	7	99	76	2	46
100	130	0	100	76	14	77
110	143	0	110	84	9	84
120	156	0	120	92	4	91
130	169	0	130	100	0	00
140	182	0	140	107	11	05
150	195	0	150	115	6	12
200	260	0	200	153	13	54
300	390	0	300	230	12	31
400	520	0	400	307	11	08
500	650	0	500	384	9	85
1000	1300	0	1000	769	3	70
5000	6500	0	5000	3846	2	50
10,000	13,000	0	10,000	7692	5	00

Suite des Mesures de Capacité pour les grains.

Anciens Septiers de 12 boisseaux.	HECTOLITRES OU SEPTIERS.		ANCIENNES MESURES.				
	Hectolitres ou Septiers.	Litres ou pintes.	Hectolitres ou Septiers.	Septiers de 12 Boiss.	Boisseaux de 16 litrons	Litrons de Paris.	Centième de Litron.
1	1	56	1	0	7	11	07
2	3	12	2	1	3	6	15
3	4	68	3	1	11	1	23
4	6	24	4	2	6	12	30
5	7	80	5	3	2	7	38
6	9	36	6	3	10	2	46
7	10	92	7	4	5	13	53
8	12	48	8	5	1	8	61
9	14	04	9	5	9	3	69
10	15	60	10	6	4	14	77
11	17	16	11	7	0	9	85
12	18	72	12	7	8	4	92
13	20	28	13	8	4	0	0
14	21	84	14	8	11	11	08
15	23	40	15	9	7	6	16
16	24	96	16	10	3	1	23
17	26	52	17	10	10	12	31

Suite des Mesures de Capacité pour les grains.

Anciens Septiers de 12 boisseaux.	HECTOLITRES OU SEPTIERS.			ANCIENNES MESURES.			
	Hectolitres ou Septiers.	Litres ou pintes	Hectolitres ou Septiers.	Septiers de 12 Boiss.	Boisseaux de 16 litrons	Litrons de Paris:	Centième du Litron.
18	28	08	18	11	6	7	39
19	29	64	19	12	2	2	46
20	31	20	20	12	9	13	55
21	32	76	21	13	5	8	61
22	34	32	22	14	1	3	70
23	35	88	23	14	8	14	78
24	37	44	24	15	4	9	85
25	39	00	25	16	0	4	92
30	46	80	30	19	2	12	32
40	62	40	40	25	7	11	09
50	78	00	50	32	0	9	86
60	93	60	60	38	5	8	63
70	109	20	70	44	10	7	40
80	124	80	80	51	3	6	17
90	140	40	90	57	8	4	94
100	156	00	100	64	1	3	71
500	780	00	500	320	6	2	55
1000	1560	00	1000	641	1	5	10

Suite des Mesures de Capacité pour les Grains.

Anciens muids de 12 septiers	KILOLITRES OU MUIDS. Kilolitres ou Muids.	Hectolitres ou septiers.	Litres ou Pintes.	Kilolitres ou Muids.	Anciennes Mesures. Muids de 12 septiers.	Septiers de 12 boisseaux.	Boisseaux de 16 litrons.	Litrons de Paris.	Centièmes de litron.
1	1	8	72	1	0	6	4	14	77
2	3	7	44	2	1	0	9	13	54
3	5	6	16	3	1	7	2	12	31
4	7	4	88	4	2	1	7	11	08
5	9	3	60	5	2	8	0	9	85
6	11	2	32	6	3	2	5	8	62
7	13	1	04	7	3	8	10	7	39
8	14	9	76	8	4	3	3	6	16
9	16	8	48	9	4	9	8	4	93
10	18	7	20	10	5	4	1	3	70
20	37	4	40	20	10	8	2	7	40
30	56	1	60	30	16	0	3	11	10
40	74	8	80	40	21	4	4	14	80
50	93	6	00	50	26	8	6	2	50
60	112	3	20	60	32	0	7	6	20
70	131	0	40	70	37	4	8	9	90
80	149	7	60	80	42	8	9	13	60
90	168	4	80	90	48	0	11	1	30
100	187	2	00	100	53	5	0	5	00
1000	1872	0	00	1000	534	2	3	2	00

Suite des Mesures de capacité pour les charbons de bois.

La mine, le sac, ou la voie de charbon de bois, mesure ancienne de Paris, valait 16 boisseaux de 16 litrons chacun, ce qui répond à 2 hectolitres ou setiers, plus 8 litres ou pintes, mesures nouvelles.

Anciennes voies ou sacs.	HECTOLITRES OU SETIERS.			MESURES ANCIENNES.		
	Hectolitres ou setiers.	Litres ou Pintes.	Hectolitres ou setiers.	Voies ou Sacs.	Boisseau de 16 litrons.	Litrons de Paris.
1	2	08	1	0	7	11
2	4	16	2	0	15	6
3	6	24	3	1	7	1
4	8	32	4	1	14	12
5	10	40	5	2	6	7
6	12	48	6	2	14	2
7	14	56	7	3	5	13
8	16	64	8	3	13	8
9	18	72	9	4	5	3
10	20	80	10	4	12	14
11	22	88	11	5	4	9
12	24	96	12	5	12	4
13	27	04	13	6	3	15
14	29	12	14	6	11	10
15	31	20	15	7	3	5

Suite des Mesures de Capacité pour le charbon de bois.

Anciennes Voies de 16 boisseaux.	HECTOLITRES OU SETIERS.			ANCIENNES MESURES.		
	Hectolitres ou Septiers.	Litres ou Pintes.	Hectolitres ou Septiers.	Voies de 16 boisseaux.	Boisseaux de 16 litrons.	Litrons de Paris.
16	33	28	16	7	11	0
17	35	36	17	8	2	11
18	37	44	18	8	10	6
19	39	52	19	9	2	1
20	41	60	20	9	9	12
30	62	40	30	14	6	10
40	83	20	40	19	3	8
50	104	00	50	24	0	6
60	124	80	60	28	13	4
70	145	60	70	33	10	2
80	166	40	80	38	7	0
90	187	20	90	43	3	14
100	208	00	100	48	0	12
500	1040	00	500	240	3	12
1000	2080	00	1000	480	7	8

Suite des Mesures de Capacité pour la Chaux.

Le muid de chaud était composé de 20 minots, le minot de 3 boisseaux, le boisseaux de 16 litrons, lesquels se réduisent ensemble à 7 hectolitres ou septiers, et 80 litres ou pintes, nouvelles mesures.

Anciens minots de 3 boisseaux.	HECTOLITRES OU SEPTIERS.			ANCIENNES MESURES.			
	Hectolitres ou Septiers.	Litres ou Pintes.	Hectolitres ou Septiers.	Minots de 3 boisseaux.	Boisseaux de 16 litrons	Litrons de Paris.	Centièmes de Litron.
1	0	39	1	2	1	11	07
2	0	78	2	5	0	6	15
3	1	17	3	7	2	1	22
4	1	56	4	10	0	12	30
5	1	95	5	12	2	7	38
6	2	34	6	15	1	2	46
7	2	73	7	17	2	13	53
8	3	12	8	20	1	8	61
9	3	51	9	23	0	0	69
10	3	90	10	25	1	14	75
15	5	85	15	38	1	6	13
20	7	80	20	51	0	13	50

Suite des Mesures de Capacité pour la Chaux.

Anciens Muids de 20 Minots.	HECTOLITRES OU SEPTIERS.		ANCIENNES MESURES.			
	Hecto-litres ou Septiers.	Litres ou Pintes.	Hecto-litres ou Septiers.	Muids de 20 Minots.	Minots de trois boisseaux.	Litrons de Paris.
1	7	80	1	0	2	27
2	15	60	2	0	5	6
3	23	40	3	0	7	33
4	31	20	4	0	10	12
5	39	00	5	0	12	39
6	46	80	6	0	15	18
7	54	60	7	0	17	45
8	62	40	8	1	0	24
9	70	20	9	1	3	3
10	78	00	10	1	5	30
20	156	00	20	2	11	12
30	234	00	30	3	16	42
40	312	00	40	5	2	24
50	390	00	50	6	8	6
60	468	00	60	7	13	36
70	546	00	70	8	19	18
80	624	00	80	10	5	0
90	702	00	90	11	10	30
100	780	00	100	12	16	12

Suite des Mesures de Capacité pour les Plâtres cuits.

Le muid de plâtre était composé de 3 voies, la voie de 12 sacs, le sac de 2 boisseaux, le boisseau de 16 litrons; le muid vaut donc 36 sacs, lesquels se réduisent à 9 hectolitres ou septiers, et 36 litres ou pintes, nouvelles mesures.

Anciennes	HECTOLITRES OU SEPTIERS.		ANCIENNES MESURES.			
Voies de 12 sacs.	Hectolitres ou Septiers.	Litres ou Pintes.	Hectolitres ou Septiers.	Voies de 12 sacs.	Sacs de 2 boisseaux.	Litrons de Paris.
1	3	12	1	0	3	27
2	6	24	2	0	7	22
3	9	36	3	0	11	17
4	12	48	4	1	3	12
5	15	60	5	1	7	7
6	18	72	6	1	11	2
7	21	84	7	2	2	29
8	24	96	8	2	6	24
9	28	08	9	2	10	19
10	31	20	10	3	2	14
11	34	32	11	3	6	9
12	37	44	12	3	10	4

Suite des Mesures de capacité pour les Plâtres.

Anciens muids de 36 sacs ou 3 voies.	HECTOLITRES OU SEPTIERS.			ANCIENNES MESURES.			
	Hectolit. ou Septiers.	Litres ou Pintes.	Hectolit. ou Setiers.	Muids de 36 sacs.	Voies de 12 sacs.	Sacs de 2 boiss.	Litrons de Paris.
1	9	36	1	0	0	3	27
2	18	72	2	0	0	7	12
3	28	08	3	0	0	11	17
4	37	44	4	0	1	3	12
5	46	80	5	0	1	7	7
6	56	16	6	0	1	11	2
7	65	52	7	0	2	2	29
8	74	88	8	0	2	6	24
9	84	24	9	0	2	10	19
10	93	60	10	1	0	2	14
20	187	20	20	2	0	4	28
30	280	80	30	3	0	7	10
40	374	40	40	4	0	9	24
50	468	00	50	5	1	0	6
60	561	60	60	6	1	2	20
70	655	20	70	7	1	5	2
80	748	80	80	8	1	5	16
90	842	40	90	9	1	9	30
100	936	00	100	10	2	0	12

CHAPITRE VI.

DES POIDS.

Les poids anciens se comptaient par milliers, cents ou quintaux, livres, marcs, onces, gros et grains.

Le millier contenait 10 quintaux;

Le quintal 100 livres;

Le demi-quintal ou demi-cent, 50 livres;

La livre 16 onces ou 2 marcs.

L'once 8 gros;

Le gros 3 deniers ou 72 grains;

Le denier 24 grains;

Le grain 24 primes.

Il y avait en France plusieurs sortes de poids; mais en général on se servait de la livre poids de marc, composée de 16 onces.

Poids des Pierreries, Or et Argent.

Le marc était une demi-livre, et était composé de 1152 karats ou de 4608 grains; il contenait 8 onces ou 64 gros;

L'once contenait 8 gros ou 576 grains ou 144 karats;

Le karat était de 4 grains, et se partageait en demi, quart, huitième, seizième et trente-deuxième partie du karat;

24 karats faisaient la qualité de l'or le plus fin; il était même très-rare d'en trouver à ce titre.

Lorsqu'il n'était qu'à 18 karats, il n'y avait que trois-quarts d'or et un quart d'alliage.

Le marc d'argent fin se divisait en 12 deniers, et le denier en 24 grains.

12 deniers exprimaient le titre de l'argent le plus fin, et lorsqu'on disait que l'argent était à 9 deniers, il n'y avait que trois quarts d'argent et un quart d'alliage.

L'unité de poids du nouveau système est exempte de tous les défauts de l'ancienne unité; elle n'a rien d'arbitraire, toutes ses divisions sont uniformes, et toujours indiquées par leurs dénominations systématiques et françaises ; on a choisi pour sa base le poids d'un volume d'eau, et pour fixer ce volume, une mesure de capacité déduite du mètre, l'eau a été préférée comme étant la substance la plus commune, et sur-tout la plus facile à obtenir pure.

Voici comment on est parvenu à une détermination exacte de l'unité de poids :

On a pris de l'eau distilée, réduite à la température de la glace fondante, parce que dans ces circonstances son poids et son volume sont l'un et l'autre constans ; on y a plongé un cylindre ou vase cubique dont les dimensions étaient exactement la centième partie du *mètre*, et qui avait été pesé préalablement dans l'air, et on a observé la quantité qu'il perdait de son poids dans l'eau ; cette quantité a donné le poids d'un volume d'eau égal à celui du cylindre, et afin d'avoir celui qui aurait lieu dans le vide, on y a ajouté le poids d'un volume d'air égal.

Enfin du poids absolu du volume d'eau égal au cylindre, on a conclu par le calcul le poids absolu d'un centimètre cube d'eau, qu'on a désigné sous le nom de *gramme*, et qui a été adopté pour unité principale des poids.

On est convenu de borner l'échelle ascendante du kilogramme ou livre nouvelle qui répond à 2 livres 5 gros 35 grains 15/100 anciens poids à 3 termes, savoir :

1°. le *kilogramme* ou livre nouvelle ;

2°. le *quintal* qui vaut 100 kilogrammes ou livres qui répond à 204 livres 4 onces 4 gros 59 grains ;

3°. le *millier* qui vaut 1000 kilogrammes ou livres nouvelles, poids du tonneau de mer qui répond à 2042 livres 14 onces 14 grains anciens poids de marcs.

Ces trois termes suffisent pour toutes les grosses pesées,

Et pour l'échelle descendante, on est convenu que le kilogramme ou livre nouvelle, serait divisé en quatres parties, désignées par les noms ci-après, savoir :

1°. l'*hectogramme* ou *once nouvelle*, dixième du kilogramme, lequel répond à 3 onces 2 gros 10 grains 715/1000 ;

2°. le *décagramme* ou *gros nouveau*, dixième de l'hectogramme ou once, lequel répond à 2 gros 44 grains 27150/100,000 ;

3°. le *gramme* ou *denier nouveau*, dixième du décagramme ou gros, lequel répond à 18 grains 827150/1,000,000 ;

4°. le *décigramme* ou *grain nouveau*, dixième du gramme ou denier, lequel répond à 1 grain 882715/1,000,000.

Ces quatre termes de l'échelle descendante suffisent pour les pesées ordinaires et communes.

Si on avait de l'or, des diamans ou autres effets précieux à peser, on pourrait obtenir une plus grande précision, en se servant des sous-multiples du gramme au-dessous du décigramme, qui sont : le centigramme, dixième du décigramme ou du grain nouveau, et le milligramme, dixième du centigramme, dont les noms systématiques n'ont point de synonymes, mais qui sont les plus petits poids qu'il soit possible de fabriquer.

En consultant les Tables suivantes, on connaîtra facilement les différences qui existent entre les anciens et les nouveaux poids pour tel objet ou quantité que ce soit.

OBSERVATIONS.

Les poids en fer sont des pyramides hexagonales tronquées : chaque poids est garni d'un anneau qui, en s'abattant, retombe dans une rainure, de sorte que plusieurs poids peuvent s'empiler les uns sur les autres sans vaciller et sans perdre d'espace. La série de ces poids s'étend depuis le double myriagramme (20 livres nouvelles) jusqu'au demi-hectogramme (demi-once nouvelle).

Les poids en cuivre sont de deux sortes : les uns ont la figure d'un cylindre surmonté d'un bouton ; leur diamètre égale les deux tiers de la hauteur du cylindre, ou la moitié de la hauteur totale du poids. La série de ces poids s'étend autant que celle des poids en fer, et peut même descendre jusqu'au gramme.

Les autres poids en cuivre, destinés principalement à remplacer les anciennes piles de figure conique, ont la forme de parallélipipède tellement combinée, que leur aggrégation produit aussi un parallélipipède, et que le rapport de deux poids consécutifs se découvre aisément par celui de leurs dimensions. La série de ces poids s'étend depuis le kilogramme jusqu'au gramme.

Les fractions de gramme jusqu'à la centième ou millième partie, sont de petites plaques de métal qu'on peut faire rondes ou carrées.

TABLE XI. RÉDUCTION DES NOUVEAUX POIDS EN POIDS ANCIENS AVEC LEURS SOUS-DIVISIONS ET DÉNOMINATIONS SYSTEMATIQUES.

DÉNOMINATION SYSTÉMATIQUE DES POIDS NOUVEAUX	1.					2.					3.					4.					5.				
	Livres.	Onces.	Gros.	Grains.	Fractions.	Livres.	Onces.	Gros.	Grains.	Fractions.	Livres.	Onces.	Gros.	Grains.	Fractions.	Livres.	Onces.	Gros.	Grains.	Fractions.	Livres.	Onces.	Gros.	Grains.	Fractions.
MILLIGRAMME.	»	»	»	»	1,882,715/100,000,000	»	»	»	»	3,765,430/100,000,000	»	»	»	»	5,648,145/100,000,000	»	»	»	»	7,530,860/100,000,000	»	»	»	»	9,413,575/100,000,000
CENTIGRAMME.	»	»	»	»	1,882,715/10,000,000	»	»	»	»	3,765,430/10,000,000	»	»	»	»	5,648,145/10,000,000	»	»	»	»	7,530,860/10,000,000	»	»	»	»	9,413,575/10,000,000
DÉCIGRAMME OU GRAINS.	»	»	»	1	882,715/1,000,000	»	»	»	3	765,430/1,000,000	»	»	»	5	648,145/1,000,000	»	»	»	7	530,860/1,000,000	»	»	»	9	413,575/1,000,000
GRAMME. OU DENIER.	»	»	»	18	82,715/100,000	»	»	»	37	65,430/100,000	»	»	»	56	48,145/100,000	»	»	1	3	30,860/100,000	»	»	1	22	13,575/100,000
DÉCAGRAMME. OU GROS.	»	»	2	44	2,715/10,000	»	»	5	16	5,430/10,000	»	»	7	60	8,145/10,000	»	1	2	33	860/10,000	»	1	5	5	3,575/10,000
HECTOGRAMME. OU ONCE.	»	3	2	10	715/1,000	»	6	4	21	430/1,000	»	9	6	32	145/1,000	»	13	»	42	860/1,000	1	»	2	53	575/1,000
KILOGRAMME. OU LIVRE.	2	»	5	35	15/100	4	1	2	70	30/100	6	2	6	33	45/100	8	2	5	68	60/100	10	3	3	31	75/100
MYRIAGRAMME. OU DIX LIVRES.	20	6	6	63	5/10	40	13	5	55	»/»	61	4	4	46	5/10	81	11	3	38	»/»	102	2	2	29	5/10

DÉNOMINATION SYSTÉMATIQUE DES POIDS NOUVEAUX	6.					7.					8.					9.					10.				
	Livres.	Onces.	Gros.	Grains.	Fractions.	Livres.	Onces.	Gros.	Grains.	Fractions.	Livres.	Onces.	Gros.	Grains.	Fractions.	Livres.	Onces.	Gros.	Grains.	Fractions.	Livres.	Onces.	Gros.	Grains.	Fractions.
MILLIGRAMME.	»	»	»	»	11,296,290/100,000,000	»	»	»	»	13,179,005/100,000,000	»	»	»	»	15,061,720/100,000,000	»	»	»	»	16,944,435/100,000,000	»	»	»	»	18,827,150/100,000,000
CENTIGRAMME.	»	»	»	1	1,296,290/10,000,000	»	»	»	1	3,179,005/10,000,000	»	»	»	1	5,061,720/10,000,000	»	»	»	1	6,944,435/10,000,000	»	»	»	1	8,827,150/10,000,000
DÉCIGRAMME OU GRAINS.	»	»	»	11	296,290/1,000,000	»	»	»	13	179,005/1,000,000	»	»	»	15	61,720/1,000,000	»	»	»	16	944,435/1,000,000	»	»	»	18	827,150/1,000,000
GRAMME. OU DENIER.	»	»	1	40	96,290/100,000	»	»	1	59	79,005/100,000	»	»	2	6	61,720/100,000	»	»	2	25	44,435/100,000	»	»	2	44	27,150/100,000
DÉCAGRAMME. OU GROS.	»	1	7	49	6,290/10,000	»	2	2	21	9,005/10,000	»	2	4	66	1,720/10,000	»	2	7	38	4,435/10,000	»	3	2	10	7,150/10,000
HECTOGRAMME. OU ONCE.	1	3	4	64	290/1,000	1	6	7	3	5/1,000	1	10	1	13	720/1,000	1	13	3	24	435/1,000	2	»	5	35	150/1,000
KILOGRAMME. OU LIVRE.	12	4	»	66	90/100	14	4	6	30	5/100	16	5	3	65	20/100	18	6	1	28	35/100	20	6	6	63	50/100
MYRIAGRAMME. OU DIX LIVRES.	122	9	1	21	»/»	143	»	»	12	5/10	163	6	7	4	»/»	183	13	5	67	5/10	204	4	4	59	»/»

Suite des Poids.

NOUVEAUX POIDS.	LEUR RÉDUCTION EN ANCIENS. Millier.	Quintal.	Livres.	Gros.	Onces.	Grains.	Fractions de grains.
Décigramme ou grain nouveau. 1	»	»	»	»	»	1	882,715/1,000,000
2	»	»	»	»	»	3	765,430/1,000,000
3	»	»	»	»	»	5	648,145/1,000,000
4	»	»	»	»	»	7	530,860/1,000,000
5	»	»	»	»	»	9	413,673/1,000,000
6	»	»	»	»	»	11	296,290/1,000,000
7	»	»	»	»	»	13	179,095/1,000,000
8	»	»	»	»	»	15	61,720/1,000,000
9	»	»	»	»	»	16	944,435/1,000,000
10 id. équivalent à un gramme ou 1 denier.	»	»	»	»	»	18	827,15/100,000
2	»	»	»	»	»	37	65,430/100,000
3	»	»	»	»	»	56	48,145/100,000
4	»	»	»	»	1	3	50,860/100,000
5	»	»	»	»	1	22	13,575/100,000
6	»	»	»	»	1	40	96,290/100,000
7	»	»	»	»	1	59	79,005/100,000
8	»	»	»	»	2	6	61,720/100,000
9	»	»	»	»	2	25	44,435/100,000
10 id. équivalent à un décigramme ou à 1 gros.	»	»	»	»	2	44	2,715/100,000

Suite des Poids.

NOUVEAUX POIDS.	LEUR RÉDUCTION EN ANCIENS.						
	Millier.	Quintal.	Livres.	Onces.	Gros.	Grains.	Fractions de grains.
Décagramme ou gros nouveau.							
2	»	»	»	»	5	16	450/10,000
3	»	»	»	»	7	60	8,145/10,000
4	»	»	»	1	2	33	860/10,000
5	»	»	»	1	5	5	3,575/10,000
6	»	»	»	1	7	49	6,290/10,000
7	»	»	»	2	2	21	9,005/10,000
8	»	»	»	2	4	66	1,720/10,000
9	»	»	»	2	7	38	4,435/10,000
10 id. équivalent à un hectogramme once nouvelle.	»	»	»	3	2	10	715/1,000
2	»	»	»	6	4	21	430/1,000
3	»	»	»	9	6	32	145/1,000
4	»	»	»	13	»	42	860/1,000
5	»	»	1	»	2	53	575/1,000
6	»	»	1	3	4	64	290/1.000
7	»	»	1	6	7	3	5/1,000
8	»	»	1	10	1	13	720/2,000
6	»	»	1	13	3	24	455/1,000
10 id. équivalent à un kilogramme ou livre nouvelle.	»	»	2	»	5	35	150/1,000

Suite des Poids.

NOUVEAUX POIDS.	LEUR RÉDUCTION EN ANCIENS.						
	Millier.	Quintal.	Livres.	Onces.	Gros.	Grains.	Fractions de grains.
• Kilogramme ou livre nouvelle.							
2	»	»	4	1	2	70	30/100
3	»	»	6	2	»	33	45/100
4	»	»	8	2	5	68	60/100
5	»	»	10	3	3	31	75/100
6	»	»	12	4	»	66	90/100
7	»	»	14	4	6	30	5/100
8	»	»	16	5	3	65	20/100
9	»	»	18	6	1	28	35/100
10	»	»	20	6	6	63	50/100
11	»	»	22	7	4	26	65/100
12	»	»	24	8	1	61	80/100
13	»	»	26	8	7	24	95/100
14	»	»	28	9	4	60	10/100
15	»	»	30	10	2	23	25/100
16	»	»	32	10	7	58	40/100
17	»	»	34	11	5	21	55/100
18	»	»	36	12	2	56	70/100
19	»	»	38	13	»	19	85/100
20	»	»	40	13	5	55	»/»

Suite des Poids.

NOUVEAUX POIDS.	LEUR RÉDUCTION EN ANCIFNS.						
	Millier.	Quintal.	Livres.	Onces.	Gros.	Grains.	Fractions de grains.
Kilogr. ou liv. nouv. 21	«	»	42	14	3	18	15/100
22	»	»	44	15	»	53	30/100
23	»	»	46	15	6	16	45/100
24	»	»	49	»	3	51	60/100
25	»	»	51	1	1	14	75/100
26	»	»	53	1	6	49	90/100
27	»	»	55	2	4	13	5/100
28	»	»	57	3	1	48	20/100
29	»	»	59	3	7	11	35/100
30	»	»	61	4	4	46	50/100
31	«	»	63	5	2	9	65/100
32	»	»	65	5	7	44	80/100
33	»	»	67	6	5	7	95/100
34	»	»	69	7	2	43	10/100
35	»	»	71	8	»	6	25/100
36	»	»	71	8	5	41	40/100
37	»	»	75	9	3	4	55/100
38	»	»	77	10	»	39	70/100
39	»	»	79	10	6	2	85/100
40	»	»	81	11	3	38	»/«

Suite des Poids.

NOUVEAUX POIDS.	LEUR RÉDUCTION EN ANCIENS.						
	Millier.	Quintal.	Livres.	Onces.	Gros.	Grains.	Fractions de Grains.
Kilogr. ou liv. nouv. 41	»	»	83	12	1	1	15/100
42	»	»	85	12	6	36	30/100
43	»	»	87	13	3	71	45/100
44	»	»	89	14	1	34	60/100
45	»	»	91	14	6	69	75/100
46	»	»	93	15	4	32	90/100
47	»	»	96	»	1	68	5/100
48	»	»	98	»	7	31	20/100
49	»	1	»	1	4	64	35/100
50	»	1	2	2	2	29	50/100
51	»	1	4	2	7	64	65/100
52	»	1	6	3	5	27	80/100
53	»	1	8	4	2	62	95/100
54	»	1	10	5	»	26	10/100
55	»	1	12	5	5	61	25/100
56	»	1	14	6	3	24	40/100
57	»	1	16	7	»	59	55/100
58	»	1	18	7	6	22	70/100
59	»	1	20	8	3	57	85/100
60	»	1	22	9	1	21	»/»

Suite des Poids.

NOUVEAUX POIDS.	LEUR RÉDUCTION EN ANCIENS.						
	Millier.	Quintal.	Livres.	Onces.	Gros.	Grains	Fractions de Grains.
Kilogr. ou liv. nouv. 61	»	1	24	9	6	56	15/100
62	»	1	26	10	4	19	30/100
63	»	1	28	11	1	54	45/100
64	»	1	30	11	7	17	60/100
65	»	1	32	12	4	52	75/100
66	»	1	34	13	2	15	90/100
67	»	1	36	13	7	51	5/100
68	»	1	38	14	5	14	20/100
69	»	1	40	15	2	49	35/100
70	»	1	43	»	»	12	50/100
71	»	1	45	»	5	47	65/100
72	»	1	47	1	3	10	80/100
73	»	1	49	2	»	45	95/100
74	»	1	51	2	6	9	10/100
75	»	1	53	3	3	44	25/100
76	»	1	55	4	1	7	40/100
77	»	1	57	4	6	42	55/100
78	»	1	59	5	4	5	70/100
79	»	1	61	6	1	40	85/100
80	»	1	63	6	7	4	»/»

NOUVEAUX

Suite des Poids.

NOUVEAUX POIDS.	LEUR RÉDUCTION EN ANCIENS.						
	Millier.	Quintal.	Livres.	Onces.	Gros.	Grains.	Fractions de Grains.
Kilogramme ou livre nouvelle. 81 livres.	»	1	65	7	4	39	15/100
82	»	1	67	8	2	2	30/100
83	»	1	69	8	7	37	45/100
84	»	1	71	9	5	»	60/100
85	»	1	73	10	2	35	75/100
86	»	1	75	10	7	70	90/100
87	»	1	77	11	5	34	5/100
88	»	1	79	12	2	69	20/100
89	»	1	81	13	»	32	35/100
90	»	1	83	13	5	67	50/100
91	»	1	85	14	3	30	65/100
92	»	1	87	15	»	65	80/100
93	»	1	89	15	6	28	95/100
94	»	1	92	»	3	64	10/100
95	»	1	94	1	1	27	25/100
96	»	1	96	1	6	62	40/100
97	»	1	98	2	4	25	55/100
98	»	2	»	3	1	60	70/100
99	»	2	2	3	7	23	85/100
Un quintal ou 100 livres.	»	2	4	4	4	59	»/»

Suite des Poids.

NOUVEAUX POIDS.	LEUR RÉDUCTION EN ANCIENS.						
	Millier.	Quintal.	Livres.	Onces.	Gros.	Grains.	Fractions de Grains.
Deux Quintaux ou 200	»	4	8	9	1	46	»/»
300	»	6	12	13	6	33	»/»
400	»	8	17	2	3	20	»/»
500	1	»	21	7	»	7	»/»
600	1	2	25	11	4	66	»/»
700	1	4	30	»	1	53	»/»
800	1	6	34	4	6	40	»/»
900	1	8	38	9	3	27	»/»
Un millier ou 1,000	2	»	42	14	»	14	»/»
2,000	4	»	85	12	»	28	»/»
3,000	6	1	28	10	»	42	»/»
4,000	8	1	71	8	»	56	»/»
5,000	10	2	14	6	»	70	»/»
10,000	20	4	28	12	1	68	»/»
20,000	40	8	57	8	3	64	»/»
30,000	61	2	86	4	5	60	»/»
40,000	81	7	15	»	7	56	»/»
50,000	102	1	43	13	1	52	»/»
100,000	204	2	87	10	3	32	»/»

Suite des Poids.

Réduction de l'ancienne livre poids de marc en kilogrammes ou livres nouvelles et parties décimales de la livre nouvelle.

Livres ancienn.	Livres nouvelles.	Onces ancienn.	Livres nouvelles.	Gros anciens.	Livres nouvelles.	Grains anciens.	Livres nouvelles.
1	0,4895058	1	0,0305941	1	0,0038242	1	0,0000531
2	0,9790117	2	0,0611882	2	0,0076485	2	0,0001062
3	1,4685175	3	0,0917823	3	0,0114728	3	0,0001593
4	1,9580234	4	0,1223765	4	0,0152971	4	0,0002125
5	2,4475292	5	0,1529706	5	0,0191213	5	0,0002656
6	2,9370351	6	0,1835647	6	0,0229456	6	0,0003187
7	3,4265409	7	0,2141588	7	0,0267698	7	0,0003718
8	3,9160468	8	0,2447529			8	0,0004249
9	4,4055526	9	0,2753470			9	0,0004780
10	4,89 centie.	10	0,3059412			10	0,0005311
11	5,38	11	0,3365353			20	0,0010625
12	5,87	12	0,3671294			30	0,0015934
13	6,36	13	0,3977235			40	0,0021246
14	6,85	14	0,4283176			50	0,0026557
15	7,34	15	0,4589117			60	0,0031869
16	7,83					70	0,0037180

Livres ancienn.	Livres nouvelles.	Livres anciennes.	Livres nouvelles.
17	8,32	27	13, 21 centièm.
18	8,81	28	13, 70
19	9,30	29	14, 19
20	9,79	30	14, 68
21	10,28	31	15, 17
22	10,77	32	15, 66
23	11,25	33	16, 15
24	11,75	34	16, 64
25	12,23	35	17, 12
26	12,72	36	17, 62

Suite des Poids.

LIVRES ANCIENNES.	LIVRES NOUVELLES. Centièmes		LIVRES ANCIENNES	LIVRES NOUVELLES. Centièmes.	
37	18,	11	63	30,	83
38	18,	60	64	31,	32
39	19,	09	65	31,	81
40	19,	58	66	32,	30
41	20,	07	67	32,	78
42	20,	56	68	33,	27
43	21,	05	69	33,	76
44	21,	54	70	34,	25
45	22,	03	71	34,	74
46	22,	51	72	35,	23
47	23,	00	73	35,	72
48	23,	49	74	36,	20
49	23,	98	75	36,	69
50	24,	47	76	37,	18
51	24,	96	77	37,	67
52	25,	45	78	38,	16
53	25,	94	79	38,	65
54	26,	43	80	39,	14
55	26,	92	81	39,	63
56	27,	40	82	40,	12
57	27,	89	83	40,	61
58	28,	38	84	41,	10
59	28,	87	85	41,	59
60	29,	36	86	42,	08
61	29,	85	87	42,	57
62	30,	34	88	43,	06

Suite des Poids.

LIVRES ANCIENNES.	LIVRES NOUVELLES.		LIVRES ANCIENNES	LIVRES NOUVELLES.	
		Centièmes.			Centièmes
89	43,	55	700	342,	58
90	44,	04	800	391,	52
91	44,	53	900	440,	46
92	45,	02	1000	489,	40
93	45,	51	2000	979,	80
94	46,	00	3000	1468,	20
95	46,	49	4000	1957,	60
96	46,	98	5000	2447,	00
97	47,	47	10,000	4894,	00
98	47,	96	20,000	9788,	00
99	48,	45	30,000	14682,	00
100	48,	94	40,000	19576,	00
110	53,	82	50,000	24470,	00
120	58,	70	100,000	48940,	00
130	63,	60	200,000	97880,	00
140	68,	48			
150	73,	39			
160	78,	28			
170	83,	18			
180	88,	08			
190	92,	97			
200	97,	88			
300	146,	82			
400	195,	76			
500	244,	70			
600	293,	64			

Pour réduire les anciens poids en nouveaux, il faut multiplier le rapport des anciens aux nouveaux par le nombre des anciens à réduire.

Et pour réduire les nouveaux en anciens, il faut multiplier le rapport des nouveaux aux anciens par le nombre des nouveaux à réduire.

PREMIER EXEMPLE.

On désire savoir combien 25 livres anciennes valent de kilogrammes ou livres nouvelles.

Rapport de la livre au kilogramme . . .	0,489506
Multiplié par.	25
	2447530
	979012
Produit	12,237650

Retranchant 6 parties décimales, à cause de pareil nombre qui se trouve au multiplicande, on a pour résultat 12 kilogrammes ou livres nouvelles, et 23 ou 24 centièmes de livres; on néglige le surplus des autres fractions; on prononcera 12 kilogrammes 2 hectogrammes 3 décagrammes 7 grammes 6 décigrammes et 5 centièmes.

DEUXIÈME EXEMPLE.

On demande combien 50 kilogrammes ou livres nouvelles valent de livres anciennes et parties de livres.

Rapport du kilogramme à la livre. . . .	2,04288
Multiplié par.	50
Produit.	102,14400

Retranchant les 5 derniers chiffres, à cause de pareil nombre de décimales qui se trouve au multiplicande, on a pour résultat 102 livres 144 millièmes, faisant 102 livres 2 onces 2 gros 29 grains environ.

On opère de la même manière pour réduire les hectogrammes ou onces nouvelles en onces anciennes, les décagrammes ou gros nouveaux en gros anciens, et le gramme ou grain nouveau en grains anciens.

Prix des nouveaux poids déterminé par celui des anciens, et le prix des anciens déterminé par celui des nouveaux.

PREMIER EXEMPLE.

On veut savoir ce que vaudrait un décagramme ou gros nouveau d'or, le prix du gros ancien étant à 10 francs 80 centimes.

Il faut multiplier le rapport du décagramme ou gros nouveau au gros ancien. 2,6149
Par le prix du gros 1080

2091920
261490

Produit 28,240920

Retranchant 6 parties décimales, à cause de 4 qui se trouve au multiplicande et 2 au multiplicateur, on a pour résultat 28 fr. 24 centimes, et une fraction que l'on néglige.

OBSERVATIONS.

La nouvelle division des poids et mesures en parties décimales offre cet avantage, que le seul déplacement d'une virgule fait connaître le prix de chaque division; par exemple, le prix du décagramme étant connu, on voit à l'instant quel est celui du gramme et de ses divisions.

Opération.

Prix du décagramme ou gros. . . .	28 fr.	24 cent.
Prix du gramme ou grain.	2	824
Prix du décigramme	0	2824
Prix du centigramme.	0	02824

Si au contraire on veut savoir quel serait le prix de l'hectogramme ou once nouvelle, celui du kilogramme ou livre nouvelle d'après celui du décagramme, il faut déplacer la virgule en sens contraire, ce qui opère le même effet que si on multipliait par 10, par 100 ou par 1000.

Opération.

Prix du décagramme	28 fr.	24 cent.
Prix de l'hectogramme ou once . .	282	4
Prix du kilogramme ou livre . . .	2824	
Prix du myriagramme	28240	

DEUXIÈME EXEMPLE.

Un kilogramme ou livre nouvelle de marchandise, a coûté 25 francs, on désire savoir quel serait le prix de la livre ancienne.

Multiplier le rapport de la livre au kilogramme, qui est de 0. 489506

Par le prix du kilogramme. 25

2447530
979012

Produit 12,237650

Retranchant les 6 derniers chiffres à droite, à cause de pareil nombre de décimales qui se trouve au multiplicande, on a pour résultat 12 francs 23 ou 24 centimes, on néglige le surplus de la fraction.

CHAPITRE VII.

Monnaies, Poids et Titres des Monnaies.

Le poids et le titre des monnaies républicaines sont fixés conformément au nouveau système métrique, le *centime* en cuivre pèse deux grammes, et le *franc* en argent cinq grammes; le poids des autres pièces, et en proportion de leur valeur, ainsi la pièce de 5 centimes pèse dix grammes celle de 5 francs 25 grammes.

Le titre des monnaies d'or et d'argent est de neuf parties de métal pur et d'une d'alliage.

Les monnaies étant l'équivalent de toutes les valeurs, en même tems que leurs signes, forment la branche la plus importante du système métrique; elles sont le but de toutes les appréciations du commerce; elles entrent par conséquent sans cesse dans les calculs relatifs aux autres mesures, il était donc nécessaire de les bien coordonner au reste du système.

D'abord pour faciliter le calcul de l'or et de l'argent pur contenus dans les pièces de monnaies, on a fixé l'alliage qui peut y entrer au dixième de leurs poids; ensuite on a décidé que leurs poids seraient des multiples exacts du gramme ou denier, et qu'en conséquence l'unité monétaire serait une pièce d'argent de 5 grammes ou deniers, au titre ci-dessus, c'est-à-dire de neuf parties d'argent pur sur 10, et on l'a appelé franc.

On a adopté le poids de 5 grammes ou deniers, comme étant celui qui donnait une valeur plus rapprochée de celle de la livre tournois, et par ce que le nombre 5 est en même tems un diviseur de 10. La valeur du franc est à celle de la livre tournois comme 81 est à 80, c'est-à-dire qu'elle est plus grande d'environ 1. 1/4 pour 0/0.

Le franc, ainsi que toutes les unités de mesures, a été divisé par 10, mais ses décimales n'ont point reçues de noms composés; sa première décimale s'appelle simplement un décime, et sa deuxième centime;

Enfin le nom de franc est resté à l'unité monétaire qu'on désignait indifféremment par ce nom, ou par celui de *livre tournois*.

Dans les usages ordinaires on négligera ce qui est au-dessous du centime, comme on négligeait autrefois les fractions de denier ; cependant lorsqu'on voudra faire les calculs plus exactement ou lorsqu'on aura lieu de craindre que les erreurs ne s'accumulent, on pourra diviser le centime en autant de parties qu'on voudra ; mais il conviendra pour la facilité des calculs de supposer que ses parties sont décimales. L'exemple suivant est calculé jusqu'à la précision des centièmes de centimes. Il servira à trouver très-facilement la valeur en nouvelles monnaies de toutes sommes données en livres, sous et deniers.

Opération.

Si l'on veut trouver en nouvelles monnaies la valeur de 12,734 livres 17 sous 10 deniers, la table faite avec une grande précision donnerait les valeurs de chacun des chiffres du nombre proposé comme il suit :

		fr.	centimes	centièmes.
Pour	10000 liv.	9876	54	32
	2000	1975	30	86
	700	691	35	80
	30	29	62	96
	4	3	95	06
	. . . . . 17 sous.	0	83	95
	. . . . 10 den.	0	04	12
	Total. . . .	12,577	67	07

La valeur cherchée est donc 12,577 fr. 67 centimes et une fraction qu'on peut négliger ; mais on peut faire le même calcul sans tenir compte des fractions de centimes, alors il faut avoir soin d'augmenter d'un, le nombre des centimes dans tous les cas où la fraction surpasse 1/2 ou 50 centièmes.

Voici comment il faut opérer.

		fr.	centim.
Pour	10000 liv.	9876	54
	2000	1975	31
	700	691	36
	38	29	63
	4	3	95
	. . . . . 17 s.	0	84
	. . . . . 0 10 d. . . .	0	4
		12,577	67

Même résultat que ci-devant.

Pour faire l'opération inverse, c'est-à-dire pour convertir les francs, décimes et centimes en livres, sous et deniers, il suffit d'ajouter au nombre donné sa 80e. partie, ce qui se fera commodément en l'augmentant de 1. 1/4 pour cent.

Ainsi le nombre donné étant	12577 fr.	67 cent.
Son centième est	125	78
Et le quart du centième	31	44
Total.	12734	89

La somme est de 12734 liv. 89 centièmes ; cette fraction étant multipliée par 20, pour en faire des sous, donne 17 sous 80 cent. ; et la fraction de sous multipliée par 12, pour en faire des deniers donne 9 deniers. 60 centièmes ou un nombre rond 10 deniers. On retrouve donc les 12734 liv. 17 sous 10 deniers, qui sont l'équivalent de la somme proposée.

Utilité du nouveau système monétaire.

Le système monétaire de la république est destiné par sa simplicité, à devenir le système monétaire de tous les peuples de l'Europe, ou au moins à leur servir d'échelle commune de comparaison ; indépendamment de l'avantage qu'auront les monnaies républicaines de faciliter et d'abréger considérablement tous les calculs, elles auront celui de pouvoir servir de poids dans une infinité de circonstances. En effet, de ce que la pièce d'un franc pèse 5 grammes ou deniers nouveaux, on peut tirer les combinaisons suivantes :

La pièce d'un franc pèse 5 grammes ;

La pièce de deux francs pèse 10 grammes ou deniers ou un decagramme ou gros nouveau ;

La pièce de 5 francs pèse 25 grammes ou deniers nouveaux.

Quatre pièces de cinq francs pèsent 100 grammes ou deniers, ou un hectogramme ou once nouvelle ;

Quarante pièces de cinq francs fesant une somme de 200 fr., pèsent dix hectogrammes ou onces, ou un kilogramme ou livre nouvelle ;

Deux cent pièces de cinq francs ou un sac de mille francs pèsent 5 kilogrammes ou livres nouvelles ;

Quatre cent pièces de cinq francs ou une somme de 2000 fr. pèsent un myriagramme ou 10 livres nouvelles ;

Les monnaies de cuivre fournissent aussi des poids qui quoique moins exacts, peuvent néanmoins être utiles dans la pratique ; ainsi non seulement il sera bien facile de vérifier par les poids les sacs de monnaies républicaines, comme cela se fesait autrefois pour les monnaies d'argent ; mais les monnaies elles-mêmes pourront servir dans nombre d'occasions pour vendre, acheter ou vérifier les poids des marchands.

Pour réduire des livres tournois en francs, il faut multiplier le

Deniers.	Centime	Fraction
1	00	41
2	00	82
3	01	23
4	01	65
5	02	06
6	02	47
7	02	88
8	03	29
9	03	70
10	04	12
11	04	53

TABLEAU

Comparatif de la Livre tournois au Franc de la République française.

Sous et Livres.		Francs.	Centim.	Livres.	Francs.	Centim.	Livres.	Francs.	Centim.	Livres.	Francs.	Centim.	Livres.	Francs.	Centim.	Livres.	Francs.	Centim.
Sous	1	»	5	9	8	89	36	35	56	63	62	22	90	88	89	9,000	8,888	89
	2	»	10	10	9	88	37	36	54	64	63	21	91	89	88	10,000	9,876	54
	3	»	15	11	10	86	38	37	53	65	64	20	92	90	86	20,000	19,753	09
	4	»	20	12	11	85	39	38	52	66	65	19	93	91	85	30,000	29,629	63
	5	»	25	13	12	84	40	39	51	67	66	17	94	92	84	40,000	39,506	17
	6	»	30	14	13	83	41	40	49	68	67	16	95	93	83	50,000	49,382	72
	7	»	35	15	14	81	42	41	48	69	68	15	96	94	81	60,000	59,259	26
	8	»	40	16	15	80	43	42	47	70	69	14	97	95	80	70,000	69,135	80
	9	»	44	17	16	79	44	43	46	71	70	12	98	96	79	80,000	79,012	35
	10	»	49	18	17	78	45	44	44	72	71	11	99	97	78	90,000	88,888	89
	11	»	54	19	18	77	46	45	43	73	72	10	100	98	77	100,000	98,765	43
	12	»	59	20	19	75	47	46	42	74	73	9	200	197	53	200,000	197,530	86
	13	»	64	21	20	74	48	47	41	75	74	07	300	296	30	300,000	296,296	30
	14	»	69	22	21	73	49	48	40	76	75	06	400	395	6	400,000	395,061	73
	15	»	74	23	22	72	50	49	38	77	76	05	500	493	83	500,000	493,827	16
	16	»	79	24	23	70	51	50	37	78	77	04	600	592	59	600,000	592,592	59
	17	»	84	25	24	69	52	51	36	79	78	02	700	691	36	700,000	691,358	02
	18	»	89	26	25	68	53	52	35	80	79	01	800	790	12	800,000	790,123	46
	19	»	94	27	26	67	54	53	33	81	80	00	900	888	89	900,000	888,888	89
Livres	1	»	99	28	27	65	55	54	32	82	80	99	1,000	987	65	1,000,000	987,654	32
	2	1	98	29	28	64	56	55	31	83	81	98	2,000	1,975	31	2,000,000	1,975,308	64
	3	2	96	30	29	63	57	56	30	84	82	96	3,000	2,962	96	3,000,000	2,962,962	96
	4	3	95	31	30	62	58	57	28	85	83	95	4,000	3,950	62	4,000,000	3,950,617	28
	5	4	94	32	31	60	59	58	27	86	84	94	5,000	4,938	27	5,000,000	4,938,271	60
	6	5	93	33	32	59	60	59	26	87	85	93	6,000	5,925	93	etc......		
	7	6	91	34	33	58	61	60	25	88	86	91	7,000	6,913	58			
	8	7	90	35	34	57	62	61	23	89	87	90	8,000	7,901	23			

La livre monétaire, ou le franc, vaut 240 deniers, ou 100 centimes, le centime vaut 2 deniers 2/5; mais l'argent en francs vaut un quart pour cent de plus que l'argent en livres, c'est-à-dire que 80 francs égalent 81 livres, et un franc est autant qu'une livre 3 deniers.

rapport de la livre au franc par le nombre des livres à réduire.

Et pour réduire des francs en livres tournois, il faut multiplier le rapport du franc à la livre par le nombre des francs à réduire.

EXEMPLE.

On désire savoir combien 1250 livres tournois valent de francs,

Rapport de la livre au franc	0,9877
Multiplié par	1250
	493850
	19754
	9877
Produit	1234,6250

En retranchant les quatre derniers chiffres, à cause de pareil nombre de décimales qui se trouve au multiplicande, on voit que 1250 livres tournois ne valent que 1234 francs 62 ou 63 centimes, à cause du chiffre 5 qui est une demi-unité.

Si au contraire on veut savoir ce que 1000 francs valent de livres tournois, il faut multiplier le rapport du franc à la livre

tournois qui est de	1,01251
Par	1000
Produit	1012,51000

On voit que 1000 francs valent 1012 livres tournois, plus 51 centièmes de livre tournois ou 10 sous.

NOTIONS EXPÉRIMENTALES DE GÉOMÉTRIE PRATIQUE.

DEUXIÈME PARTIE.

AVERTISSEMENT.

Nous n'avons pas la prétention de traiter cette partie avec la supériorité de talens qui distingue les géomètres célèbres dont nous admirons les ouvrages; mais celui que nous mettons sous les yeux du public, sans être aussi lumineux, pourra lui être d'autant plus utile, qu'il est proportionné aux facultés intellectuelles de tous ceux qui ont habituellement des transactions commerciales à faire, ou exercent des professions qui nécessitent l'usage continuel du mesurage et des calculs.

Il est bien des personnes qui sont assez exercées sur le mécanisme des calculs, et qui cependant se trouvent arrêtées par la plus petite difficulté d'une opération pratique, et même purement arithmétique : il en est d'autres qui se trouvent rebutées par le tems qu'exige un cours suivi de mathématiques, et qui, malgré leur désir d'être instruites de cette science, n'en connaissent aucuns principes. Néanmoins comme c'est aux nombres qu'il faut ramener les résultats de toute espèce de calcul, et comme il est nécessaire de connaître la manière dont on doit opérer; nous espérons leur faciliter cette intelligence, par l'exposé des principes pratiques contenus dans cet ouvrage.

Nous l'avons divisé en trois sections : dans la première, nous exposerons l'utilité et la méthode du calcul décimal; dans la deuxième nous donnerons quelques définitions des termes et des propositions dont les géomètres et les jaugeurs font usage; et la troisième traitera des opétions de la géométrie pratique, qui seront suivies de l'exposition des méthodes de jaugeage les plus simples et les plus expéditives.

Ce travail est le résultat des expériences que nous avons faites : et s'il a quelque mérite, c'est au citoyen Dergny, membre de l'Athénée des Arts et professeur de mathématiques à l'Institution nationale des Colonies, à qui nous le devons, nous ayant beaucoup excité à nous y livrer. (1).

Les méthodes que nous avons adoptées, sont les mêmes que celles qu'on trouve dans les ouvrages des illustres savans à qui on doit l'invention du Nouveau Système métrique, et notamment dans ceux des citoyens Legendre et Lacroix, membres de l'Institut national; en sorte que ceux qui voudront avoir des connaissances plus étendues sur cette matière, pourront recourir à leurs *Elémens de Géométrie*.

---

(1) C'est d'après le rapport que le citoyen Dergny fit au Lycée des Arts, (à présent l'Athénée des Arts) le 17 Vendémiaire an 9, sur la jauge, que j'ai assujétie au système métrique, et dont j'aurai occasion de parler dans la suite, qu'il me fut décerné une mention honorable. (*Note du Cit. Bazaine*).

NOTIONS

NOTIONS EXPÉRIMENTALES DE GÉOMETRIE PRATIQUE.

DEUXIÈME PARTIE.

LA géométrie est ou spéculative ou pratique ; la géométrie spéculative est celle qui a pour objet la démonstration ; et la géométrie pratique est celle qui est occupée à opérer et à exécuter ; à l'une appartiennent les théorêmes, à l'autre les problêmes

On distingue dans la géométrie pratique deux objets, savoir :

1°. Le calcul, 2°. les opérations.

Dans le calcul il y a deux sortes de méthodes : 1°. le calcul décimal ; 2°. le calcul logarithmique.

Nous nous occuperons seulement du calcul décimal, comme étant le seul qui soit propre à notre objet.

PREMIÈRE SECTION.

Utilité du Calcul décimal.

La plupart des personnes qui connaissent ce que l'on appelle communément les quatre règles de l'arithmétique, c'est-à-dire, l'addition, la soustraction, la multiplication et la division, n'opèrent que difficilement lorsqu'elles se trouvent compliqués par des fractions ou par des sous-espèces diversement combinéees.

Un des avantages les plus précieux du calcul décimal, est de

10

faire disparaître cette complication en ramenant tous les calculs à la même méthode que ceux des nombres entiers ou nombres simples.

Chacun est intéressé à connaître ce calcul, sur-tout ceux qui ont habituellement des transactions commerciales à faire ou exercent des professions qui nécessitent l'usage continuel des calculs.

Il y a d'ailleurs une grande facilité à l'apprendre et à retenir aisément les quatre règles simples auxquelles cette connaissance est réduite, et qui suffiront aux besoins les plus ordinaires de de la vie.

Nous aurions pu exposer les principes du calcul décimal, indépendamment de toute application particulière : mais dans les circonstances actuelles, nous avons cru utile de lier cette exposition avec le système des poids et mesures, qui seront désormais d'un usage général et obligatoire dans toute la République, en vertu de la loi du 1er. vendémiaire an 4, et de l'arrêté des *Consuls du 13 brumaire an 9*.

Chacun a donc besoin d'employer le calcul décimal; c'est pourquoi il est très-important de se le rendre familier. On y réussira pour peu qu'on en ait la volonté, car c'est une chose très-simple en elle-même.

Quand on saura opérer pour un genre de mesures, on le saura également pour toutes, puisque leurs divisions sont toutes dans un ordre semblable; en un mot on sera amplement dédommagé de la peine qu'on aura prise dans cette étude par la commodité et les avantages que procure la réformation des mesures anciennes.

Exposition de la Méthode des Décimales.

On appelle *décimales* ou fractions *décimales* les parties d'un tout divisé en dixièmes, centièmes, millièmes, dix-millièmes, etc.

Les nouvelles mesures sont décimales, parce que si l'on considère celles d'un même genre rangées par ordre de décroissement, chacune est dix fois plus petite que celle qui la précède immédiatement, et dix fois plus grande que celle qui la suit.

En parcourant les tables, on a dû remarquer que les nombres qui expriment la valeur d'une ancienne mesure en nouvelle, ou d'une nouvelle en ancienne, sont composés de deux parties séparées par un point placé à la droite des chiffres qui leur sont propres.

Lorsque l'on opère, si l'on écrit une suite de chiffres semblables, par exemple 33.333, chacun de ces chiffres est sous-décuple de celui qui le précède immédiatement, c'est-à-dire, qu'il en résulte la dixième partie.

Si les chiffres sont différens, comme 5238, chacun exprime des unités dix fois plus petites que celles du chiffre précédent.

Ainsi dans notre exemple, 8 signifie 8 unités, dont chacune est dix fois plus petite que celles du nombre 3.

Les unités de 8 sont aussi cent fois plus petites que celles du nombre 2 qui est de deux rangs en avant, et mille fois plus petites que celles du chiffre 5. La raison en est sensible ; ce sont les principes même de la numération.

Pour écrire des décimales plus petites que les quantités que l'on considère comme unités simples dans un nombre entier, on écrit le nombre qui en exprime les décimales à la suite du nombre entier en plaçant entre deux un point ou une virgule pour signe de la séparation ; ainsi quarante-deux vingt-cinq centièmes, s'écrivent 42.25.

Il vaut mieux marquer la séparation des décimales par un point que par une virgule, cette dernière étant fréquemment employée dans les comptes de finances ou autres, pour faciliter l'énonciation des sommes considérables.

Cette séparation, lorsqu'il s'agira de mesures et même de monnaies, pourra être encore caractérisée par la lettre initiale de l'espèce de mesure placée au-dessus de la ligne des chiffres, et vis-à-vis le point.

Par exemple, 250 mètres 53 centièmes se marqueraient ainsi : 250^{m}53.

De même 45 litres 50 centièmes s'écriraient 45^{l}50.

Et 4 stères 4 dixièmes s'écriraient 4st4.

Si la quantité ne contient que des décimales sans nombre entier, elles s'écrivent après un zéro qui tient la place des entiers, et le point qui fait la séparation comme à l'ordinaire ; ainsi 0.19 signifie 19 centièmes. Il pourrait n'y avoir pas de dixièmes dans les fractions à exprimer comme dans huit centièmes, alors on mettrait 0.08. Neuf millièmes s'écriraient 0.009, et cinq dix-millièmes s'écriraient 0.0005.

Les zéros que l'on ajoute à la droite des décimales, n'en changent aucunement la valeur ; ainsi 0.5. — 0.50. — 0.500 sont absolument la même chose ; on conçoit en effet que cinquante centièmes équivalent à cinq dixièmes, ou a 500 millièmes.

Dans l'usage des nouveaux poids mesures, il faudra faire en sorte de n'avoir jamais plus de deux décimales à considérer, c'est-à-dire, qu'il ne faudra pas employer de fractions plus petites que les centièmes. Cela sera possible dans tous les cas, parce que l'on peut choisir à volonté la mesure à employer comme *unité*, et faire ce choix de manière qu'un centième de plus ou de moins ne soit d'aucune importance, soit dans les quantités des matières, soit par rapport à leur prix.

Les nouvelles mesures étant toutes exactement divisibles par 10; et chaque multiple ou sous-multiple ayant un nom qui lui est propre, il s'en suit qne tous les chiffres d'un nombre qui exprime une quantité de mesures nouvelles, peuvent à volonté devenir des unités dont les autres chiffres sont en allant de droite à gauche des dixaines, des centaines, des milles, etc.; et en allant de gauche à droite des dixièmes, des centièmes, des millièmes, etc.

EXEMPLE.

La lieue ancienne de 25 au degré, peut s'exprimer indifféremment d'après la table des rapports :

En myriamètres ou lieues nouvelles, par. . .	$0^{m\cdot}4444$
En kilomètres ou milles, par.	$4^{km\cdot}444$
En hectomètres, par	$44^{hm\cdot}44$
En décamètres ou perches, par	$444^{dm\cdot}4$
Et en mètres, par	$4444^{m\cdot}$

Cette transformation immédiate est encore l'un des plus précieux avantages du système métrique.

On doit, autant qu'il est possible, n'employer qu'une seule dénomination de mesure pour exprimer une quantité de quelque nombre de chiffres qu'elle soit composée; ainsi, si l'on a cette quantité $718^{m\cdot}34$, on ne dira pas sept hectomètres, un décamètre, huit mètres, trois décimètres, quatre centimètres, mais seulement sept-cent-dix-huit mètres trente-quatre centièmes, Par la même raison, que pour exprimer un nombre abstrait composé des mêmes chiffres, on ne dirait pas 7 centaines 1 dixaine 8 unités 3 dixièmes 4 centièmes, mais seulement sept-cent-dix-huit et trente-quatre centièmes.

Les nombres qui sont à gauche du signe indicatif de l'unité se nomment *entiers*. Ceux qui sont à droite se nomment *chiffres décimaux*, *fractions décimales*, ou simplement *décimales*; un nombre qui contient 4 décimales est celui dans lequel il se trouve 4 chiffres à la droite de l'unité.

Les chiffres décimaux en quelque nombre qu'ils soient ne, valent pas un entier, et conséquemment on peut les supprimer entièrement sans diminuer le nombre d'une quantité égale à l'unité, mais comme chaque chiffre décimal, peut lui-même être considéré comme unité par rapport à ceux qui le suivent, il s'ensuit encore qu'on peut supprimer autant de décimales que l'on veut, sans diminuer le nombre donné d'une quantité égale à l'une des unités de la dernière décimale conservée.

De là est déduite cette règle, que, toutes les fois qu'on n'a pas besoin d'une exactitude rigoureuse, on peut réduire les décimales à un petit nombre. D'usage est de n'en conserver que deux ou trois tout au plus. Il est certain en effet, que lorsqu'on a une quantité déterminée à quelques millièmes près, on peut fort bien la regarder comme exacte dans la pratique.

Les instrumens dont on se sert pour mesurer ou pour peser ne donnent pas une plus grande précision.

Il faut cependant observer que si le premier des chiffres que l'on veut supprimer, est un 5 suivi de quelques autres chiffres significatifs ou un chiffre plus grand que 5, comme dans ce cas il exprime une quantité plus grande que la moitié d'une unité du degré supérieur, il faut augmenter d'une unité le dernier des chiffres que l'on conserve.

Par exemple, si l'on avait les nombres suivans: 3.2317, 8.75354, 53,0809, en réduisant les décimales à trois, on en fera ceux-ci: 3.232, 8.754, 53.081.

Nous avons dit que les zéros que l'on met à la suite des chiffres décimaux, ne changent en rien leur valeur; il y a seulement cette différence que la dénomination est toute autre; ainsi, si au nombre 0.74, qui signifie 74 centièmes, on ajoute un zéro, on en fait 0.740, c'est-à-dire, 740 millièmes; si on y ajoute deux zéros, on fait le nombre 0.7400 qui signifie 7400 dix millièmes, mais la valeur sera toujours la même.

Mais pourquoi, dira-t-on, ajouter à des chiffres décimaux des zéros qui n'en changent point la valeur, tandis que le plus souvent on supprime plusieurs de ces mêmes chiffres?

Nous aurons bientôt lieu d'exprimer quels sont les cas où il est nécessaire d'ajouter des zéros à un nombre décimal, et qu'elle en est l'utilité.

On verra sans doute avec plaisir que par cette méthode, toutes les opérations de l'arithmétique, vulgairement appelées les quatre règles, sont simples et faciles, plus abrégées et moins sujettes à erreur que celle d'opérer sur des nombres complexes (1), et qu'en l'adoptant, l'étude de l'arithmétique se trouve dépouillée de tout ce qu'elle avait de fastidieux et d'embarrassant.

L'addition et la soustraction des décimales ou des nombres accompagnés de décimales, se fait de la même manière que si ces nombres ne contenait que des entiers. Il faut seulement avoir l'attention d'écrire ces nombres les uns sous les autres; en sorte que les unités de même espèce, et par conséquent les décimales de même ordre, se correspondent dans une même

---

(1) On appelle ainsi les nombres composés de différentes sortes d'unités, tels que 25 pieds 5 pouces 6 lignes: 13 livres 3 onces 2 gros, etc., leur calcul était sujet à des difficultés particulières qui n'auront pas lieu dans le nouveau système.

colonne verticale, il suffira pour en donner une idée de faire voir les deux exemples suivans :

Addition.

44 fr.	50 cent.
232	60
684	25
8	36
27	44
997 fr.	15 cent.

Soustraction.

6245 fr.	34 cent.
846	45
5398 fr.	89 cent.

Le résultat de l'addition est . . . . 997 fr. 15 cent.
Et celui de la soustraction de 5398 89

Si le nombre dont on veut soustraire un autre nombre, ne contenait que des dixièmes, tandis que celui à soustraire porterait des centièmes, on écrirait dans le premier nombre un zéro à côté des dixièmes, ce qui, comme on l'a vu, n'altérerait nullement sa valeur, et la soustraction se ferait ensuite comme dans les autres cas.

Ainsi la différence de 7. 1 à 0. 25 se trouvera en ajoutant un zero au chiffre décimal 1. et en faisant la soustraction à l'ordinaire :

7.	10
0.	25
6.	85

Avant d'expliquer la multiplication et la division en général, il est bon de faire connaître une des propriétés précieuses des décimales.

On sait que pour multiplier un nombre entier par 10, il suffit d'écrire un zéro à la suite de ce nombre ; ainsi 33 multiplié par 10 donne 330 ; de même pour le multiplier par cent, on écrirait 3300 ; en les multipliant par mille 33,000 et ainsi de suite.

Pour multiplier par 10 un nombre qui contient des décimales, l'opération est encore plus simple, il suffit de reculer le point décimal d'un chiffre vers la droite. Si l'on veut rendre le nombre cent fois, mille fois plus grand, on reculera le point de deux ou trois chiffres.

Ainsi 2. 354, multiplié par 10, donne. . . . 23. 54
par 100. . . . . . 235. 4
par 1000. . . . . 2354.

Par la raison contraire, un nombre est rendu dix fois, cent fois, mille fois plus petit, si on sépare par le point décimal, un, deux ou trois chiffres, par la droite, en avançant successivement le point, d'après la même règle.

Ainsi 37 divisé successivement par 10, par 100, par 1000, deviendra 3. 7, 0. 37, 0. 037; c'est-à-dire 3 et 7 dixièmes, 37 centièmes, 37 millièmes.

Personne n'ignore que suivant la méthode ancienne, lorsqu'on voulait multiplier un nombre qui était terminé par des zéros, on se contentait de multiplier les chiffres significatifs l'un par l'autre, sans faire attention aux zéros, et l'on ajoutait ensuite au produit autant de zéros qu'il y en avait dans le multiplicande et dans le multiplicateur.

On suit une méthode à peu près semblable pour la multiplication des nombres accompagnés de décimales; on opère comme si les nombres étaient entiers, sans faire attention au point décimal, et l'on sépare ensuite dans le produit autant de chiffres vers la droite qu'il y avait de décimales dans le multiplicande, et dans le multiplicateur pris ensemble.

Supposons que l'on ait à multiplier 52. 417 par 15. 63, on opérera comme s'il était question de multiplier 52417 par 1563, ce qui donnera pour produit 81927771; on séparera par le point décimal les cinq derniers chiffres vers la droite, parce qu'il y a trois décimales au multiplicande, et deux au multiplicateur; le résultat de l'opération sera conséquemment 819. 27771.

Mais comme dans les calculs relatifs aux mesures, on n'a pas besoin d'une précision plus grande que les centièmes, on retranchera les 3 derniers chiffres de ce produit, et attendu qu'ils sont plus grands que la moitié d'un centième, on augmentera le dernier chiffre restant d'une unité; et l'on aura 819. 28.

Si deux nombres sont à diviser l'un par l'autre, et que l'un seulement soit accompagné de décimales, il faut distinguer deux cas, selon que les deux nombres ont ou n'ont pas la même quantité de décimales.

Si les deux nombres ont la même quantité de décimales, on supprimera le point dans chacun, et on opérera comme sur des nombres entiers. Ainsi pour diviser 120. 62 par 35. 15, on opérera comme s'il s'agissait de diviser 12062 par 3515.

S'il y a plus de décimales dans un nombre que dans l'autre, on les égalisera en ajoutaot des zéros aux décimales les moins nombreuses, ce qui, comme on l'a vu, n'en altère pas la valeur; et l'on supprimera ensuite de part et d'autre le point décimal. Si l'on a 247. 2 à diviser par 57. 83, on ajoutera un zéro au dividende, et l'on opérera comme pour diviser 24720 par 5783, s'il s'agit de diviser 2000 par 14. 25, on opérera comme si l'on avait à diviser 200000 par 1425.

L'opération se réduit, comme l'on voit, à faire la division d'un nombre entier, par un nombre entier.

Mais il est rare qu'une division se fasse exactement et sans reste ; dans l'usage ancien ce reste donnait une fraction souvent composée de plusieurs chiffres, et dont il était fort difficile d'apprécier la valeur.

Dans la méthode décimale la division se continue sur les restes comme sur les nombres entiers ; et si on ne parvient pas à la faire sans reste, on peut du moins la pousser jusqu'à une précision si grande que, que le dernier reste étant de nulle valeur, peut être négligé sans inconvénient.

Lorsqu'on a épuisé les chiffres du dividende et qu'il se trouve un reste, on ajoute à ce reste autant de zéros que l'on veut et l'on continue la division, observant seulement de poser un point après le dernier chiffre du quotient déjà obtenu, pour le séparer de celui que va procurer la continuation de la division. Un exemple suffira pour faire comprendre ce que nous venons de dire.

On a acheté pour 2000 francs d'une étoffe à 14 francs 25 centimes le mètre, on demande combien on en doit avoir de *mètres*. Il faut pour cela diviser 2000 ou 2000. 00 par 14. 25, ce qui se réduit à diviser 200000 par 1425. On trouve d'abord pour quotient 140, c'est-à-dire 140 mètres ; et il reste 500 qui étant un nombre plus petit que 1425, ne peut donner que des fractions.

200000	1425
5780	
500	140

Pour savoir qu'elle est la valeur de ces fractions, voici comment on doit opérer.

Supposons qu'on ne veuille pas aller plus loin que les centièmes de mètre, ce qui en effet est toute la précision désirable pour le mesurage des étoffes. Ajoutez deux zéros à 500, et continuez la division, observant de séparer les nouveaux chiffres que vous aurez au quotient par le point décimal ; vous trouverez comme on le voit ici que le quotient vrai, ou la réponse à la question proposée, est 140 mètres et 35 centièmes.

200000	
5750	1425
500,00	
72 50	140. 35
1 25	

Il suffit de dire pour compléter la connaissance à donner des décimales, relativement aux usages les plus familiers, que la conversion des fractions ordinaires, ou des sous-espèces des anciennes mesures en décimales, n'est autre chose qu'une division à faire et à pousser à telle exactitude que l'on désire.

Ainsi la fraction 5/6 indique la division de 5 par 6 ; et comme elle ne peut pas se faire en nombre entier, on ajoutera à 5 autant de zéros que l'on voudra ; par exemple, deux ; et l'on fera la division comme elle est ici.

500	6
20	
2	0. 83

Le résultat est 83 centièmes. En effet le nombre 5 ne contenant point le nombre 6, on a dû mettre au quotient un zéro à la place des entiers, et le séparer par le point décimal des autres chiffres qu'a produits au quotient l'addition de deux zéros au dividende. Il ne s'en faut pas d'un centième que l'exactitude de cette nouvelle fraction 83 centièmes, ne soit rigoureuse.

De même si on voulait convertir 3 onces en parties décimales de la livre ancienne, on dirait que 3 onces sont la même chose que 3/16 de livre.

Il n'y a donc qu'à diviser 3 par 16, on marquera au quotient la place des entiers par un zéro; et en ajoutant deux zéros au dividende 3, on aura pour quotient 18 centièmes de livre.

300	16
140	
12	0. 18

Mais comme le reste 12, multiplié par 10, est devenu 120, puis divisé par 16 donnerait 7 au quotient, il sera plus exact de dire que 3 onces égalent 187 millièmes de livre ou plutôt 19 centièmes, en supprimant le dernier chiffre et en ajoutant une unité à celui qui le précède.

300	16
140	
120	0. 187

La division peut se faire sans reste, lorsque la fraction à convertir en fraction décimale a pour dénominateur les nombres 2 ou 5, ou un nombre qui ne se divise que par 2 ou 5; mais dans le cas où la fraction proposée a pour dénominateur tout autre nombre, on ne peut avoir une fraction décimale qui lui soit rigoureusement égale; on en approche seulement d'autant plus qu'on emploie un plus grand nombre de décimales; par exemple, il n'y a pas de fraction décimale qui soit exactement égale à la fraction 1/3; mais les fractions décimales 0.3, 0.33, 0.333, 0.3333, etc. peuvent la remplacer, en observant d'ajouter d'autant plus de 3 qu'on a besoin d'une plus grande précision.

Au reste, si l'unité de mesures a été bien choisie, deux ou trois décimales sont toujours suffisantes.

Par la conversion des fractions ordinaires en fractions décimales, on les réduit au même dénominateur; ce qui donne la facilité de les comparer. Il y a peu de personnes qui pourraient dire sur le champ le rapport qui se trouve entre un demi, un tiers, un quart, un cinquième. Cette difficulté disparaît lorsque toutes les fractions étant réduites en centièmes, on voit qu'elles sont entre elles comme les nombres 50. 33. 25. 20. au moins à très-peu de chose près

C'est ce qui se pratique depuis long-tems dans le commerce, où l'on a substitué l'usage des fractions centésimales aux fractions ordinaires. On ne dit pas qu'on a gagné ou perdu dans une affaire 1/4, 1/5, 1/8, 1/10 de sa mise, on dit 25, 20, 12, 1/2, 10 pour cent; on considère son capital comme divisé en centièmes, et l'on rapporte tous les calculs à cette division; la seule différence, c'est qu'on a recours aux fractions ordinaires pour subdiviser les centièmes, au lieu que dans le calcul décimal si la division en centièmes n'a pas suffi, on a recours à la division en millièmes; et si celle-ci est encore insuffisante, on peut la pousser au-delà, mais toujours suivant la même loi.

Il importe de se familiariser avec les fractions décimales qui représentent les fractions ordinaires les plus usitées, afin de les avoir présentes à l'esprit, sans avoir recours aux tables, ou sans être obligé de les chercher par calcul; on saura donc que o. 5, c'est-à-dire cinq dixièmes, est la même chose qu'un demi : que o. 25, c'est-à-dire 25 centièmes, est la même chose qu'un quart; que o. 33, ou plus exactement o. 333 est la même chose qu'un tiers, o. 75 la même chose que trois quarts, o. 667 la valeur très-approchée de 2/3, etc.

Une fraction décimale peut être considérée comme une fraction ordinaire, qui a pour numérateur les chiffres qui l'expriment, et pour dénominateur l'unité de l'ordre ou du degré, jusqu'auquel la division a été poussée; ainsi o. 56 est la même chose que 56/100; o. 804 est la même chose que 804/1000, etc.

Notre objet dans toutes ces explications est premièrement de confirmer les moyens que nous avons donnés de comparer les anciennes mesures aux nouvelles; secondement de justifier ce que nous avons annoncé sur l'avantage inappréciable de l'application du calcul décimal au nouveau système métrique, en simplifiant les calculs qui y sont relatifs, de faire connaître combien cette méthode fait disparaître de difficultés; et enfin de préparer le lecteur à l'intelligence des opérations de Géométrie pratique que nous allons exposer.

Or, pour faciliter cette intelligence nous allons donner les définitions des termes les plus usités parmi les Géomètres et les Jaugeurs.

DEUXIÈME SECTION.

Définitions des termes dont les Géomètres et les Jaugeurs font usage.

A.

Abaisser une perpendiculaire, (c'est d'un point donné, tirer une ligne qui tombe perpendiculairement sur une autre).

Acutangle : se dit d'un triangle dont tous les angles sont aigus : on l'appelle aussi, mais très-rarement, *Oxigone*.

Addition : c'est ainsi que se nomme la première opération de l'arithmétique, c'est-à-dire celle au moyen de laquelle on ajoute plusieurs nombres.

Additionner : c'est faire la somme de plusieurs nombres.

Aigu : (angle) se dit d'un angle qui est moins ouvert que l'angle droit.

Aire : se dit de la surface d'une figure quelconque, en tant qu'elle est comparée à une autre figure.

Algèbre : science des grandeurs en général.

Alterne : on appelle *angles alternes* les angles qu'une ligne, appellée *sécante*, forme de deux côtés différens avec deux parallèles qu'elle coupe.

Amblygone : Voyez *Obtusangle*.

Angle : c'est ainsi qu'on appelle l'écartement de deux lignes qui se rencontrent en un point.

Angulaire : qui a un ou plusieurs angles.

Antécédent : il se dit du premier des deux termes d'un rapport par opposition à *conséquent* qui est le second.

Aplomb (ligne) : ligne perpendiculaire à l'horizon.

Apothême : c'est la perpendiculaire menée du centre d'un polygone régulier sur un de ses côtés.

Arc signifie une portion de la circonférence.

Arrête : on dit d'une pièce de bois comme d'une poutre, d'une solive, qu'elle est taillée à vive arrête, pour dire qu'on l'a bien équarrie, qu'on n'y a laissé ni écorce ni aubier, et que tous les angles en sont bien marqués.

Are : unité de mesures pour les terrains ou d'arpentage : c'est l'équivalent d'un décamètre carré ou de 100 mètres carrés : on peut l'appeler *perche carrée*.

Aubier : le bois tendre et blanchâtre qui est entre l'écorce et le corps de l'arbre.

Axe : l'axe d'une courbe, l'axe d'un cône, d'une pyramide, etc., est la ligne perpendiculaire qui partage la courbe, le cône, la pyramide, etc. en deux parties égales et semblables.

B.

Baptême, en terme de jaugeur, signifie la désignation des cantons où les tonneaux ont été construits : il se donne d'après leur forme et leur contenance.

Billion : terme d'arithmétique (mille millions).

Boisseau : sorte de mesure servant à mesurer des matières sèches, mot ancien remplacé par décalitre, mesure de dix litres.

Bondon : cheville de bois grosse et courte dont on bouche le trou par où l'on remplit le tonneau.

Bouge, en terme de jaugeur, se dit du milieu de la futaille dans la partie la plus élevée.

Calcul : supputation, compte.

Capacité : en parlant des choses, signifie la profondeur et la largeur de quelque chose, considérée comme contenant ou pouvant contenir.

Caractère ou *signe* : empreinte, marque pour les figures dont on se sert pour distinguer les divisions et les côtés de la jauge qui conviennent aux futailles que l'on mesure.

Carne : l'angle extérieur d'une pierre, d'une table, etc.

Carré : figure à quatre côtés et quatre angles droits; on appelle racine carrée, le nombre qui multiplié par lui-même, produit un nombre carré.

Centiare : mesure agraire qui vaut un mètre carré.

Centime : pièce de monnaie de cuivre ; il vaut 1/10 de décime, et 1/100 de franc ; il remplace le *liard* et le *denier*, espèces de monnaie ancienne.

Centimètre ou *doigt* : c'est le 1/10 d'un décimètre et le 1/100 du mètre. Le centimètre carré vaut un dix-millième du mètre carré, et un centimètre cube, un millionième de mètre cube.

Centilitre : c'est la centième partie du litre.

Centigramme : petit poids qui vaut le 1/100 d'un *gramme* ou *denier.*

Centre : le milieu, le point du milieu d'un cercle ou d'une sphère : il se dit aussi d'une figure carrée, ovale, etc.

Cercle : figure plane qui est comprise dans une seule ligne courbe qu'on nomme *circonférence*, et dont tous les points sont à égale distance du point du milieu, c'est-à-dire du centre.

Chiliogone : figure plane et régulière de mille côtés et d'autant d'angles.

Circonférence : voyez *cercle*.

Circonscrire : on dit circonscrire un cercle à une figure, c'est-à-dire, décrire un cercle autour d'une figure, de manière que tous les angles de la figure touchent la circonférence.

Circulaire : rond; il se dit aussi de ce qui va en rond.

Coïncider : s'ajuster l'un sur l'autre.

Colonne : sorte de pilier de forme ronde pour soutenir ou pour orner un bâtiment.

Commensurable : il se dit de deux grandeurs qui ont entre elles un rapport de nombre à nombre, ou ce qui revient au même, de deux grandeurs qui ont une mesure commune.

Comparer : examiner le rapport qu'il y a entre une chose et une autre.

Compartiment : assemblage de plusieurs figures disposées avec symétrie.

Compas : instrument composé de deux pièces qu'on appelle branches ou jambes, lesquelles étant jointes par une charnière, à l'une des extrémités du compas, peuvent s'ouvrir et se resserrer, pour mesurer quelque chose et pour décrire des cercles ou des portions de cercles. On appelle *compas de proportion*, un instrument de mathématiques, composé de deux règles plattes, jointes par un bout, qui peuvent s'ouvrir et se resserrer, et sur lesquelles sont marquées des lignes avec des chiffres pour servir à divers usages de géométrie.

Complément d'un angle ou d'un arc : l'excès de 100 degrés sur cet angle ou sur cet arc.

Complexe (nombre), c'est-à-dire composé d'unités de différentes espèces, mais toutes fractions les unes des autres.

Concave : il se dit d'une surface ou d'une courbe prise du côté qu'elle est capable de contenir quelque chose : il est opposé à *convexe*.

Concentrer : réunir à un même centre.

Concentrique : il se dit de divers cercles qui ont un même centre.

Cône, pyramide ronde : corps ou solide dont la base est un cercle et qui se termine en pointe.

Configuration : forme extérieure ou surface qui borne les corps et leur donne une figure particulière.

Conique : qui a la figure d'un cône, qui appartient à un cône.

Conoïde : corps ou solide qui tient de la figure d'un cône et dont le sommet est arrondi.

Conséquence : conclusion tirée d'une ou de plusieurs propositions.

Conséquent : c'est le deuxième terme d'une raison ou d'un rapport : dans la raison ou dans le rapport de 3 à 4 ; 3 est l'antécédent, et 4 est le conséquent.

Constantes (quantités) : elles demeurent toujours les mêmes par opposition aux quantités variables qui changent continuellement.

Construction : il se dit de la figure qu'on trace, des lignes qu'on tire pour résoudre un problème.

Construire : on dit : *construire* une figure ; *construire* un problême avant que de le démontrer.

Contenance : voyez *Capacité*.

Contigu : on dit que deux côtés sont contigus lorsqu'ils se touchent, sans qu'il y ait rien entre eux deux.

Contour : on dit le contour d'une colonne, d'un dôme, etc.

Convergent, ente ; on donne ce nom à des lignes pui vont en s'approchant l'une de l'autre.

Convèxe : il se dit de la surface extérieure de tout ce qui est courbé : il est opposé à *concave*.

Corollaire, s. m. On entend par corollaire une conséquence qu'on tire d'une proposition qu'on vient de démontrer.

Corps : substance que l'on conçoit étendue en longueur, largeur, profondeur, hauteur ou épaisseur.

Corrélation : relation commune et réciproque entre deux choses.

Côté : on appelle *côtés* d'une figure les lignes qui en forment le contour.

Courant : on disait une muraille à tant de toises courantes, pour exprimer sa mesure en longueur sans avoir égard à sa hauteur : on dira maintenant : une muraille a tant de mètres de longueur.

Courbe : qui n'est pas droit et qui approche de la forme d'un arc.

Courber : rendre courbe.

Courbure : inflexion, pli, état d'une chose courbe.

Cubature ou *cubation* d'un solide : c'est l'art ou l'action de mesurer l'espace que comprend un solide.

Cube, s. m. Solide qui a six faces carrées égales : il est aussi adj. car on dit mètre cube, décimètre cube, etc.

Cuber : réduire en cube.

Cubique : on dit la racine *cubique* d'un nombre pour exprimer le nombre qui, multiplié trois fois par lui-même, reproduit le premier nombre.

Curticône, s. m. Cône dont on a retranché le sommet par un plan parallèle à la base : on l'appelle plus communément et mieux : *cône tronqué*.

Curviligne : qui est formé par quelques lignes courbes.

Cuve : grand vaisseau qui n'a qu'un fond et dont on se sert ordinairement pour fouler la vendange, pour faire de la bière et pour divers autres usages.

Cyclométrie : c'est l'art de mesurer des cercles ou des figures circulaires.

Cylindre, s. m. Corps de figure longue et ronde et d'égale grosseur par-tout.

D.

Décimal, ale : on appelle calcul décimal, l'art de calculer sur des nombres entiers décimaux ou accompagnés de fractions décimales : et l'on appelle *fractions décimales*, des parties de l'unité de dix en dix fois plus petites.

Décimètre ou *Palme* : la dixième partie du mètre : *le double décimètre* est une mesure de poche qui remplace le pied ancien.

Défalquer : retrancher, faire soustraction.

Degré, s. m. On appelle ainsi la quatre centième partie de la circonférence d'un cercle quelconque.

Dégustation : essai qu'on fait des liqueurs en les goûtant.

Demi, ie : qui contient une des parties d'un tout divisé en deux parties.

Démontrer, v. a. C'est faire voir une chose d'une manière évidente et convaincante par une suite de principes évidens et incontestables.

Denier, s. m. C'était une espèce de monnaie et de poids anciens; maintenant c'est un petit poids qui vaut un gramme, c'est-à-dire un centimètre cube d'eau, la millième partie du kilogramme ou livre nouvelle.

Dénominateur : on appelle ainsi dans une fraction le nombre qui est au-dessous ; c'est celui qui marque en combien de parties l'unité est partagée. On le nomme dénominateur parce que c'est lui qui donne son nom à la fraction ; ainsi dans la fraction 5/6, 6 est le dénominateur.

Diagonale : ligne qui va d'un angle d'une figure à un autre angle opposé.

Diamètre, s. m. Ligne droite qui passant par le centre . aboutit à deux points de la circonférence et partage cette circonférence en deux parties égales.

Divergent, *ente*, adj. m. et f. On dit que deux lignes sont *divergentes*, lorsque ces lignes vont en s'écartant de plus enplus l'une de l'autre.

Diviseur, s. m. Nombre par lequel un autre nombre plus grand est divisible.

Dodécagone, s. m. Figure terminée par douze côtés.

Dodécaèdre, s. m. Solide régulier dont la surface est formée de douze pentagones réguliers égaux.

Douve, s. f. Planche servant à la construction des tonneaux.

E.

Enéagone, s. m. : figure de neuf côtés et d'autant d'angles.

Eptagone, s. m. : figure de sept côtés et de sept angles.

Equarrissage, s. f. : état d'une chose taillée à angles droits.

Equerre, s. m. : instrument qui sert à tracer des angles droits.

Equiangle, adj. : on dit que deux figures quelconques, que deux triangles, par exemple, sont *équiangles*, pour exprimer que ces deux triangles ont tous leurs angles égaux chacun à chacun.

Equicrural, adj. : il se dit d'un triangle dont deux côtés sont égaux ; mais on l'emploie très-rarement ; et l'on dit plus communément : *triangle isoscèle*.

Equilatéral, adj. : il se dit d'un triangle qui a tous ses côtés égaux.

Espace, s. m. : étendue de lieu depuis un certain terme jusqu'à un autre.

Externe (angle) : on appelle *angles externes*. les angles de toute figure rectiligne qui n'entrent point dans sa formation, mais qui sont formés par ses côtés prolongés au dehors.

Extraction, s. f. Opération au moyen de laquelle on détermine les diverses racines des nombres.

Extrême, s. et adj. : on appelle *extrêmes* d'une proportion le premier et le quatrième termes.

F.

Facteur, s. m. : on appelle *facteur* chacune des quantités dont un produit se forme.

Fausset, s. m. : petite brochette de bois servant à boucher le trou qu'on fait à un tonneau pour goûter la liqueur qu'il renferme.

Figure, s. m. Forme extérieure d'une chose matérielle : on appelle *figure*, l'aspect extérieur sous lequel se présente un corps.

Flèche, s. f. : on appelle *flèche* d'un arc la ligne qui passe par le milieu de cet arc, et qui est perpendiculaire à la corde.

Forêt, s. m. : petit instrument de fer avec lequel on perce un tonneau.

Futaille, s. f. : espèce de tonneau qui sert à contenir du vin ou d'autres liqueurs.

G.

Générateur, trice, adj. : il se dit de ce qui engendre quelque ligne, quelque surface ou quelque solide par son mouvement.

Géodésie, s. f. : partie de la géométrie qui enseigne à mesurer et à diviser les terres.

Géométrie : science qui a pour objet la mesure de l'étendue.

Globe, s. m. : corps sphérique.

Graphomètre, s. m. : instrument qui sert à mesurer les angles sur le terrain : il consiste en un demi-cercle divisé en dégrés et porté sur un pied.

Grume, s. f. : on dit qu'un arbre coupé est en grume, lorsque cet arbre est non équarri et qu'il a encore son écorce.

H.

Hectare, s. m. : arpent métrique, mesure de 100 ares.

Hémi : ce mot entre dans la composition de quelques termes des sciences et des arts ; il signifie *demi* : ainsi *hémisphère* signifie une moitié de sphère.

Hexaëdre, s. m. : corps compris sous six faces ; on le dit particulièrement d'un corps régulier dont chaque face est un carré : on l'appelle aussi *cube*.

Hexagone, s. m. : figure qui a six angles et six côtés.

Homologue, adj. : il se dit des côtés qui dans des figures semblables se correspondent et sont opposés à des angles égaux.

Hypothénuse, s. f. : le côté qui est opposé à l'angle droit dans un triangle rectangle.

I.

Jable, s. m. : rainure qu'on fait aux douves des tonneaux pour arrêter les pièces du fond.

Jarre, s. f. : grand vaisseau de terre où l'on met de l'eau afin de la conserver, particulièrement sur les vaisseaux. On appelle aussi

aussi *jarre* les fontaines de terre cuite dont on se sert dans les maisons.

Jauge, s. f. : on appelle ainsi la verge ou tringle de bois ou de fer divisée d'après la solidité d'un cylindre donné avec laquelle on mesure la futaille.

Jauger, v. a. : mesurer un vaisseau, déterminer sa contenance.

Icosaëdre, s. m. : corps, solide qui a vingt faces : il se dit principalement d'un corps régulier dont la surface est composée de vingt triangles équilatéraux.

Inclinaison, s. f. : on entend par l'*inclinaison* de deux lignes ou de deux plans, l'angle que ces lignes ou ces plans forment entre eux.

s'Incliner, v. réfl. : on dit qu'un plan, par exemple, s'incline de plus en plus sur un autre plan, pour dire que par son mouvement il vient à former avec l'autre plan, un angle plus aigu que celui qu'il formait auparavant.

Incommensurable, adj. : on dit que deux quantités sont *incommensurables*, pour dire qu'elles n'ont point de commune mesure.

Incomplexe, adj. : on dit qu'un nombre est *incomplexe*, lorsque ce nombre n'est composé que d'une seule espèce d'unités.

Inscrire, v. a. : inscrire une figure dans une autre, c'est tracer une figure dans une autre, de manière que tous les angles de la première touchent les côtés de la deuxième.

Interne (angle) : on appelle ainsi un angle formé en dedans d'une figure.

Intersection, s. f. : lorsque deux lignes se rencontrent, le point où elles se coupent s'appelle l'*intersection* de ces deux lignes; lorsque ce sont deux plans, la ligne où ils se coupent se nomme l'*intersection* de ces deux plans, etc.

Inverse, adj. de t. g. : il se dit d'une proportion, d'un théorême, d'une raison ou d'un rapport, etc. pris dans un ordre renversé, relativement à la proportion, au théorême ou au rapport qu'on vient de considérer.

Irrationnel, elle, adj. : on appelle *quantités irrationnelles* celles qui n'ont aucune mesure commune avec l'unité.

Isocèle, adj. : un triangle est *isocèle* lorsqu'il a seulement deux côtés égaux.

Isopérimètre, adj. de t. g., terme relatif dont on se sert pour signifier des figures dont les contours ou dont les *périmètres* sont égaux.

L.

Lemme, s. m. : proposition auxiliaire dont la démonstration est nécessaire pour la démonstration de la proposition suivante.

Ligne, s. f. : trait simple considéré comme n'ayant ni largeur ni profondeur.

Limbe, s. m. : on dit le *limbe* d'un instrument pour dire le bord d'un instrument.

Linéaire, adj. de t. g., qui a rapport aux lignes, qui se fait par des lignes.

Litre, s. m. : unité principale des mesures de capacité : sa grandeur est d'un décimètre cube : il remplace la pinte ancienne et le litron qui servaient pour le mesurage des boissons et des grains.

Longimétrie, s. f. : l'art de mesurer les longueurs.

Losange, s. m. : figure dont les côtés sont égaux sans que les angles soient droits.

M.

Mathématiques, s. f. : science qui a pour objet la grandeur en général ; et comme on entend par *grandeur* tout ce qui est susceptible d'augmentation et de diminution, on peut dire avec raison que les mathématiques sont une science qui a pour objet tout ce qui est susceptible d'augmentation et de diminution, et qui en considère les propriétés.

Maximum, s. m. : on s'en sert pour exprimer le plus haut degré auquel une grandeur peut atteindre.

Mesure : ce qui sert de règle pour déterminer une grandeur quelconque.

Mesurer, v. a. : déterminer une quantité au moyen d'une mesure.

Mètre, s, m. : unité fondamentale des poids et mesures, la dix-millionième partie du quart du méridien terrestre, composée de dix décimètres, le décimètre de dix centimètres, et le centimètre de dix millimètres. On appelle seulement *mètre*, la mesure en longueur d'une règle et d'une ligne qui a dix décimètres ou cent centimètres ou mille millimètres, etc. On appelle *mètre carré* une étendue carrée qui a dix décimètres en tout sens, et on appelle *mètre cube* ou *stère* un corps qui a dix décimètres en longueur, autant en largeur et autant en profondeur *ou hauteur.*

Métrique (Système) : assemblage des principes qui ont déterminé l'uniformité des poids et mesures.

Milliard, s. m. : voyez *Billion.*

Millième : on appelle millièmes des parties telles qu'il en faut mille pour former une unité.

Million, s. m. : dix fois cent mille.

Minimum, s. m. : signifie le degré le plus bas d'une grandeur quelconque.

Mixtiligne, adj. de t. g. : il se dit des figures terminées en partie par des lignes droites, en partie par des lignes courbes.

Multiple, adj. : on dit qu'un nombre est multiple d'un autre nombre, pour exprimer que ce nombre peut être produit par la multiplication du deuxième, par un autre nombre quelconque ; ainsi 12 est multiple de 4, parce que 12 est égal à 4 par 3.

Multiplicande, s. m. : nombre à multiplier.

Multiplicateur, s. m. : nombre par lequel on multiplie un autre nombre.

Mutiplication, s. f. : opération au moyen de laquelle on répète un nombre autant de fois qu'il y a d'unités dans un autre.

N.

Nombre, s. m. : collection de plusieurs unités.

Normale, s. f. : une ligne est appelée *normale* lorsqu'elle est perpendiculaire.

Numérateur, s. m. : c'est celui des deux termes de la fraction qui est au-dessus ; il désigne combien l'on a pris de parties en lesquelles se partage l'unité ; ainsi dans la fraction 5/6, 5 est le numératenr.

Numération, s. f. : l'art d'énoncer les nombres et de les écrire.

Numérique, adj. : qui appartient aux nombres.

O.

Obliquangle, adj. : on appelle en général *triangles obliquangles*, ceux dont les angles sont obliques, c'est-à-dire aigus ou obtus.

Oblong, ongue, adj. : qui est beaucoup plus long que large.

Obtus : on appelle *angle obtus* un angle plus grand qu'un angle droit.

Obtusangle : on dit qu'un triangle est *obtusangle* lorsqu'il a un angle obtus.

Octaëdre, s. m. : corps solide à huit faces ; il se dit plus particulièrement d'un corps solide régulier dont les faces font huit triangles équilatéraux.

Octogone, adj. : figure qui a huit angles et huit côtés.

Ovale, adj. de t. g. : qui est de figure ronde et oblongue, à-peu-près semblable à un œuf.

P.

Palme, s. m. : espèce de mesure commune en Italie, qui est de l'étendue de la main, et par l'arrêté des Consuls du 13 brumaire an 9, peut être substituée au décimètre.

Parallèle, adj. de t. g. : il se dit d'une ligne ou d'une surface également distante d'une autre ligne ou d'une autre surface dans toute son étendue.

Parallélipipède, s. m. : corps solide terminé par six parallélogrammes dont les opposés sont parallèles entre eux.

Parallélisme, s. m. : état de lignes ou de plans parallèles.

Parallélogramme, s. m. : figure dont les côtés opposés sont parallèles.

Parois, s. f. : on dit les parois d'un vase, d'un tube, d'un tonneau, d'un bassin, etc.

Penté-décagone, s. m. : figure de 15 côtés et d'autant d'angles.

Pentagone, s. m. : figure qui a cinq angles et cinq côtés.

Périmètre, s. m. : contour d'une figure.

Perpendiculaire, s. f. : une ligne est *perpendiculaire* lorsqu'elle ne penche pas plus d'un côté que d'un autre.

Perpendicule, s. f. : qui tombe à-plomb. On appelle la perpendicule d'un niveau de mathématiques, le filet qui tombe en bas au moyen du plomb qui y est attaché.

Pile, s. f. : Amas élevé de bois, de charbon, de pierres, etc., ou de plusieurs choses entassées avec quelque ordre.

Pinte, s. f. : sorte de mesures anciennes dont on se servait pour mesurer les vins et autres liqueurs : l'arrêté des Consuls du 13 brumaire an 9, permet de la substituer au nom de litre.

Pipe, s. f. : sorte de grande futaille propre à contenir du vin ou de l'eau de vie ; elle contient depuis environ 450 litres ou pintes métriques jusqu'à 800, suivant les cantons.

Plan, s. m. : surface unie. Il est aussi adj., car on dit un angle plan, pour dire un angle tracé sur un plan ; une surface plane, pour designer un plan, etc.

Planimétrie, s. f. : l'art de mesurer les surfaces planes.

Polyèdre, s. m. : corps solide à plusieurs faces.

Polygone, s. m. : figure qui a plusieurs angles et plusieurs côtés ; il se dit de toutes les figures qui ont plus de trois côtés.

Prismatique, adj. de t. g. : on dit un corps prismatique, pour dire un corps qui a la figure d'un prisme.

Prisme, s. m. : corps solide terminé par deux bases polygonales, égales et parallèles, et par autant de parallélogrammes que chaque base a de côtés.

Problème, s. m. : proposition par laquelle il s'agit de résoudre une question ou d'exécuter une opération dans des conditions données.

Profondeur, s. f. : La dimension d'un corps considéré de haut en bas.

Progression, s. f. : on dit que des grandeurs sont en progression, quand la première et la deuxième, la deuxième et la troisième, etc. gardent toujours le même rapport, soit arithmétique, soit géométrique.

Proportion, s. f. : assemblage de deux rapports égaux, c'est-à-dire que quatre quantités sont en proportion, quand la première est à la deuxième comme la troisième est à la quatrième.

Puissance, s. f. : les puissances d'une quantité, sont les divers produits de cette quantité multipliée par elle-même un certain nombre de fois : si la quantité est multipliée une fois par elle-même, le produit est la seconde puissance de cette quantité ; si elle est multipliée deux fois par elle-même, le produit est la troisième puissance de la quantité, ainsi de suite, etc.

Pyramide, s. f. : corps solide de plusieurs côtés qui s'élève en diminuant toujours, et qui se termine en pointe.

Q.

Quadrangulaire, adj. : qui a 4 angles : il n'est en usage que dans cette phrase, figure *quadrangulaire*.

Quadrature, s. f. : réduction géométrique de quelque figure à un carré. (La première syllabe se prononce *coua*).

Quadrilatère, s. m. (On prononce *coua*) : Figure de quatre côtés.

Quantité, s. f. : il se dit de tout ce qui peut être nombré ou mesuré.

Quart, s. m. : la quatrième partie d'un tout.

Quart de cercle : instrument de mathématiques qui est la quatrième partie d'un cercle divisé par degrés, minutes et secondes.

Quotient, s. m. : nombre qui résulte de la division d'un nombre par un autre.

R.

Racine, s. f. : on appelle racine carrée d'un nombre proposé, le nombre qui, multiplié par lui-même, a produit le nombre : l'on appelle racine cubique, le nombre qui, multiplié par son carré, a produit le nombre proposé, etc.

Rapport ou *Raison* : relation que deux grandeurs ont entre elles.

Rapporteur, s. m. : instrument destiné à lever des angles, et dont on se sert pour lever des plans.

Rationnel, *elle*, adj. : on appelle quantité rationnelle toute quantité dont on peut assigner le rapport avec l'unité.

Rayon, s. m. : on appelle ainsi toute ligne menée du centre à un des points de la circonférence.

Rectangle, s. m. : espèce de parallélogramme dont tous les angles sont droits ; il est aussi adj., car on dit un *triangle rectangle*, pour désigner un triangle qui a un angle droit.

Rectangulaire, adj. de t. g. : on appelle *figures rectangulaires*, des figures à angles droits.

Rectiligne, adj. de t. g. : on nomme *figures rectilignes*, celles qui sont terminées par des lignes droites.

Règle, s. f. : instrument de mathématiques long, droit et plat, fait de bois ou de métal, et qui sert à tirer des lignes droites.

Régulier, *ière*, adj. : on appelle *figures régulières*, celles dont les côtés et tous les angles sont égaux entre eux, et *corps réguliers*, les cinq polyèdres dont les surfaces sont des polygones réguliers égaux entre eux.

Résoudre, v. a. : décider une difficulté, une question.

Rhombe, ou losange, voyez *Losange*.

Rhomboïde, s. m. : figure rectiligne qui a deux angles aigus et deux obtus et quatre côtés, dont il n'y a que ceux qui sont parallèles qui soient égaux.

Rond, *onde*, adj. : une figure est ronde lorsqu'elle est telle que toutes les lignes tirées de son centre à tous les points de sa circonférence sont égales : il se dit des surfaces comme des solides.

S.

Saillant, *ante* : qui avance en dehors.

Saillie, s. f. : signifie l'avance des douves d'un tonneau en dehors des fonds.

Scalène, adj. : on dit qu'un triangle est *scalène* lorsque ses trois côtés sont inégaux.

Scholie, s. m. : remarque qui a rapport à la proposition qu'on vient d'établir.

Seau, s. m. : vaisseau propre à puiser et à porter de l'eau.

Sécante, s. f. : ligne qui coupe deux autres lignes ou toute autre figure.

Seconde, s. f. : la centième partie d'une minute. Elle faisait autrefois la soixantième partie d'une minute d'heure ou de degré.

Secteur, s. m. : la partie du cercle qui est comprise entre deux rayons quelconques et l'arc qu'ils comprennent.

Segment, s. m. : partie d'un cercle comprise entre un arc quelconque et sa corde.

Semblable, adj. de tout genre : on appelle figures *semblables*, celles dont tous les angles sont égaux chacun à chacun et dont les côtés homologues sont proportionnels.

Sens, s. m. : signifie le côté d'une chose, d'un corps. On dit : tournez cela dans ce sens là ; c'est-à-dire qu'il faut tourner la chose proposée du côté que l'on indique. On dit aussi cela a tant de décimètres et de centimètres en tous sens ; pour dire que la chose indiquée a tant de décimètres et de centimètres de tous côtés.

Solide, s. m. : corps, volume ayant les trois dimensions longueur, largeur et hauteur ou profondeur.

Solive, s. f. : c'est la dixième partie d'un stère, qu'on nomme aussi *décistère*.

Solution, s. f. : dénouement d'une difficulté.

Somme, s. f. : on appelle ainsi la réunion de plusieurs nombres en un seul : c'est le résultat que donne l'addition.

Sommet, s. m. : le haut, la partie la plus élevée.

Sous-tendante ou *corde*, s. f. : on appelle sous-tendante ou corde d'un arc, la ligne droite menée d'une des extrémités de l'arc à l'autre extrémité.

Soustraction, s. f. : opération par laquelle on ôte un nombre d'un autre nombre : on dit soustraire, pour retrancher un nombre d'un autre nombre.

Sphère, s. f. : corps solide tel que toutes les lignes menées du centre à la circonférence sont égales.

Stéréométrie, s. f. : l'art de mesurer les solides.

Superficie, s. f. : c'est longueur et largeur sans profondeur.

Superposition, s. f. : action de poser une ligne, une surface, un corps sur un autre.

Surface, s. f. : superficie : c'est l'étendue considérée en longueur et en largeur.

Symétrie, s. f. : proportion et rapport d'égalité ou de ressemblance que les parties d'un corps ont entre elles.

Système, s. m. : assemblage de plusieurs propositions, de plusieurs principes liés ensemble et des conséquences qu'on en a tirées.

T.

Tangente, s. f. : ligne droite qui touche la circonférence d'un cercle en un point.

Terme, s. m. : on appelle *terme* d'un rapport, d'une proportion, d'une progression, chacune des quantités qui entrent dans le rapport, la proportion, la progression.

Tête, s. f. : se dit du sommet des arbres : on appelle *tête* d'un compas le sommet de l'angle que les deux jambes du compas font en s'écartant.

Tétraëdre, s. m. : corps régulier formé par quatre triangles égaux et équilatéraux.

Théorème, s. m. : proposition qu'il s'agit de démontrer.

Tierçon, s. m. : petit tonneau qui contient environ 90 litres ou pintes métriques.

Tierce, s. f. : signifie la centième partie d'une seconde.

Tiers, s. m. : partie telle qu'il en faut trois semblables pour former une unité.

Tinette, s, f. : petite cuve. Vaisseau de bois qui n'est pas couvert et qui est ordinairement plus large au fond qu'à l'ouverture.

Toise, s. f. : mesure ancienne qui était composée de 6 pieds ; le pied de 12 pouces ; le pouce de 12 lignes, etc. : on appelait *toise carrée* une étendue qui avait 6 pieds en tous sens, et *toise cube* un corps qui avait six pieds en longueur, autant en largeur, autant en profondeur. *Le mètre, nouvelle mesure, remplace la toise.*

Tombereau, s. m. : sorte de charrette garnie de planches de sapin ou de chêne, servant à porter du plâtre, de la chaux, du sable, des pierres : il peut être considéré comme un parallelipipède.

Tonneau, s. m. : grand vaisseau de bois de forme à peu près cylindrique, mais renflé dans son milieu, à deux bases planes rondes et égales, construit de planches ou douves arcboutées et contenues dans des cerceaux, et fait pour contenir des liquides ou pour renfermer des matières sèches. Les tonneaux sont d'une contenance plus ou moins grande, selon la différence des cantons ou lieux où on les construit.

Total : voyez *Somme.*

Trapèze, s. m. : figure de quatre côtés dans laquelle il y a au moins deux côtés opposés qui ne sont pas parrallèles.

Trapezoïde, s. m. : figure de quatre côtés dont deux sont parallèles, et les deux autres ne le sont pas.

Triangle, s. m. : figure qui a trois côtés et trois angles.

Triangulaire, adj. : qui a trois angles.

Trigonométrie, s. f : partie de la géométrie qui comprend l'art de mesurer les triangles.

Trilatère, voyez *Triangle.*

Trillion, s. m. ; mille billions.

Tringle, s. f. : baguette équarrie et longue qui sert à mesurer et jauger, lorsqu'elle est marquée par des divisions de cylindre connu et adopté ; dans ce cas on l'appelle *Jauge.*

Trisection : action de diviser une chose en trois parties égales : il se dit principalement de la division d'un angle en trois angles partiels égaux.

Tronc, s. m. : le gros d'un arbre : sa tige considérée sans ses branches : on l'appelle *bois en grume.*

V.

Vaisseau, s. m. ; vase destiné à contenir des liquides.

Variables (quantités) : quantités qui varient de position par opposition à d'autres qui ne varient point et qu'on nomme *quantités constantes.*

Velte, s. f. : ancienne mesure pour les liquides ; elle contenait huit pintes : on l'appellait aussi septier : le *décalitre* la remplace.

Verge, s. f. : petite baguette longue et flexible qui a la figure d'une tringle. En certains pays on appelait *verge*, une mesure dont on se servait pour mesurer les terres. Le mètre carré la remplace.

Vidange, s. f. : état d'une chose qui est vide. Ainsi on dit d'un tonneau qui a du vide, qu'il est en vidange.

Unité, s. f. : principe des nombres et qui est opposée à la pluralité : plusieurs unités font un nombre ; le nombre est composé d'unités.

Volume, s. m. : la grosseur d'une masse, d'un corps, d'un paquet par rapport à l'espace qu'il tient.

SECTION III.

Des opérations de la Géométrie pratique.

Les opérations de la géométrie pratique, ont pour but de mesurer les différentes espèces de l'étendue.

L'étendue a trois dimensions *longueur*, *largeur et hauteur ou profondeur.*

Pour se diriger, il est nécessaire de connaître les mesures et de savoir les appliquer.

Nous parlerons donc 1°. des mesures, 2°. de l'usage, et de l'application des mesures.

CHAPITRE Ier.

Des Mesures.

1°. On se sert pour se diriger dans ses opérations *de la règle et du compas.*

De la règle pour tracer et mesurer des lignes, *du compas* pour décrire le cercle, qui sert à mesurer les angles.

2°. Mais pour que la règle et le cercle deviennent des mesures pour les divers usages ; on les a divisés en des parties fixes et connues, tant pour le nombre que pour la grandeur.

ARTICLE Ier.

De la division de la règle.

La règle ou l'instrument de mesure qu'on a adopté définitivement après des travaux immenses, pour mesurer les longueurs, égale la dix-millionième partie du quart du méridien terrestre, on l'appelle *mètre* (c'est la mesure primordiale, la mesure par excellence ; c'est sur le mètre que s'appuie tout le nouveau système des poids et mesures). Il se divise en 10 décimètres (ou palmes) ; le décimètre en 10 centimètres (ou doigts) ; le centimètre en 10 millimètres (ou traits) : son usage consiste à l'appliquer en le portant sur toute la longueur d'une dimension quelconque de l'étendue, afin de trouver combien cette dimension contient de mètrès, de décimètres, de centimètres, de millimètres, etc.; ainsi par son moyen, on juge des longueurs, des distances, des hauteurs, largeurs, etc.

Les mesures qui ne sont que le résultat du mesurage, ou des modes d'évaluation, sont :

Pour les longueurs.

Le myriamètre (ou lieue métrique), distance de 10,000 mètres.
Le kilomètre (ou mille), distance de 1000 mètres.
Le hectomètre (100e. partie d'une lieue), distance de 100 mètres.
Le décamètre (ou perche), distance de 10 mètres.

Pour les superficies (1).

Le mètre carré, évaluation d'une surface, dont les dimensions donneraient un mètre de long et un mètre de large, comme chaque côté contient 10 décimètres, il est visible qu'en multipliant l'un par l'autre, le produit donnera 100 décimètres carrés.

Le Décimètre (ou Palme) carré, produit de la multiplication d'un décimètre par lui-même, vaut 100 centimètres carrés, ou un carré de 100 centimètres.

Le Centimètre (ou doigt) carré, valant 100 millimètres.

Le Millimètre (ou trait) carré.

L'Are (ou perche carrée métrique), superficie de terrain, formant un carré de 10 mètres de longueur, sur 10 de largeur.

L'Hectare (ou arpent métrique) superficie de terrain de cent ares, formant un carré ou réduite à un carré de cent mètres de côté.

Le Centiare, ou mètre carré, superficie d'un centième d'are, formant un carré, ou réduite à un carré d'un mètre de côté.

Le Myriamètre (ou lieue métrique) carrée, étendue de territoire formant un carré, ou réduite à un carré de 10,000 mètres de côté.

Pour les solides.

Le Stère, et le *Décistère* (ou solive) mesures d'évaluation de la solidité des bois, des pierres, des métaux, et qui sont le produit du mesurage de leurs différentes dimensions.

Le mot *Stère* énonce une masse solide dont les dimensions réduites à un cube, auraient un mètre en tous sens.

---

(1) Toutes les mesures de superficie et de solidité ne sont que des résultats de calculs trouvés par le moyen des dimensions mesurées *en longueur, largeur et hauteur.*

On peut se représenter le *Décistère* (*ou solive nouvelle*) *fig.* 26., comme un solide qui aurait un mètre carré de base, sur un décimètre de hauteur.

Art. II.

De la division du cercle.

1°. Une ligne circulaire, (*fig.* 1.) est une ligne courbe dont tous les points sont également éloignés du point commun C, que l'on nomme centre.

2°. L'espace compris et renfermé par la ligne circulaire s'appelle *cercle*, et la ligne circulaire s'appelle *circonférence* du cercle.

3°. Toute ligne droite C A, tirée du centre à un point quelconque de la circonférence, s'appelle *rayon*, le double rayon B D et en général toute ligne droite menée d'un point de la circonférence au point opposé, et qui passe par le centre, s'appelle *diamètre*.

4°. Dans le cercle, tous les rayons sont égaux, car ils mesurent la distance du *centre* à la *circonférence*, laquelle est par-tout la même, pareillement tous les diamètres sont égaux, puisqu'ils sont chacun le double du rayon.

5°. Les portions de la circonférence comprises entre deux rayons s'appellent *arcs* de circonférence.

6°. L'espace, l'ouverture, l'inclinaison plus ou moins grande qui est entre deux rayons ou lignes, s'appelle *angle*.

7°. Les rayons s'appellent les côtés de l'angle; le point C qui est au centre s'appelle le sommet de l'angle, l'arc compris entre les côtés, et décrit du sommet pris comme centre: s'appelle la mesure de l'angle.

8°. Toute circonférence, grande ou petite, peut être partagée en un égal nombre de parties semblables; car toutes les circonférences, grandes ou petites, ayant une courbure uniforme, peuvent toujours être supposées *concentriques*.

Division de la circonférence.

Jusqu'à ces derniers tems, les Géomètres s'étaient accordés à diviser la circonférence en 360 parties égales, appelées *degrés*, le degré en 60 minutes, la *minute* en 60 *secondes*, etc. etc. Ce mode présentait quelques facilités dans la pratique, à cause du grand nombre de diviseurs de 60 et de 360 : mais il était réellement sujet à l'inconvénient des nombres complexes, et il nuisait souvent à la rapidité du calcul.

Les Savans à qui on doit l'invention du nouveau système des poids et mesures, ont pensé qu'il y aurait un grand avantage à introduire la division décimale dans la mesure des angles, en conséquence, ils ont regardé comme unité principale, le quart de circonférence ou le *quadrans*, mesure de l'angle droit, et ils ont divisé cette unité en cent parties égales appelées *degrés*; le degré en 100 *minutes*, la minute en 100 *secondes*, la seconde en 100 *tierces*, etc. (1) Nous n'emploierons que la nouvelle division ou la division décimale de la circonférence. C'est celle qui convient le mieux à la nature de notre arithmétique, et qui est la plus propre à abréger les calculs.

Les arcs, et les angles sont exprimés indistinctement dans le calcul par des nombres de degrés, minutes et secondes. Ainsi nous désignerons l'angle droit ou le *quadrans*, par degrés ou 100°. Deux angles droits ou la demi-circonférence, par 200°. Quatre angles droits ou la circonférence entière par 400°., ainsi de suite.

L'angle est d'autant plus grand ou plus petit, que l'arc compris entre ses côtés, contient plus ou moins de *degrés*, *minutes* ou *secondes*, etc.

Tous les angles droits sont égaux, puisqu'ils sont mesurés chacun par le quart de la circonférence.

Art. III.

De l'assortiment des lignes ou des figures.

1°. Deux lignes, A B, A C, qui se rencontrent, (*fig.* 2.), forment un angle B A C : pour former une figure, il faut au moins trois lignes, qui par leur rencontre renferment un espace.

2°. Ces lignes qui se rencontrent, s'appellent les côtés de la figure; ces côtés par leur inclinaison forment des *angles*; des angles et des côtés pris ensemble, résultent les *figures*.

3°. Les figures prennent différens noms, suivant le nombre de leurs côtés,

Une figure de trois côtés s'appelle	*Triangle*, (*fig.* 3.)
De quatre côtés,	*Quadrilatère*, (*fig.* 4.)
De cinq côtés,	*Pentagone.*
De six côtés,	*Hexagone.*
De sept côtés.	*Eptagone.*
De huit côtés,	*Octogone.*
De neuf côtés,	*Ennéagone.*
De dix côtés,	*Décagone.*
De onze côtés,	*Undécagone.*
De douze côtés,	*Dodécagone*, etc.

En général, toute figure qui a plus de trois côtés, s'appelle

(1) Extrait des élémens de Géométrie du Cit. Legendre, membre de l'Institut national.

polygone; si elle a un nombre infini de côtés elle s'appelle *polygone infinitaire* ou *cercle*.

4. Comme toutes les lignes se rapportent à deux, savoir : *à la ligne droite* et à *la ligne courbe*; de même toutes les figures peuvent se rapporter à deux, savoir : *au triangle* et *au cercle*;

Au triangle, en diminuant le nombre des côtés de la figure; au cercle en augmentant le nombre des côtés.

Le triangle et le cercle sont donc les deux extrêmes de toutes les figures possibles, qui par cette raison participent, et des propriétés du triangle, et de celles du cercle.

C'est pourquoi nous allons parler des figures, 1°. *considérées par rapport au triangle*, 2°. *considérées par rapport au cercle.*

Des figures considérées par rapport au triangle.

1°. Le triangle prend différens noms, suivant la qualité de es côtés. et s'appelle :

S'il a trois côtés égaux. *équilatéral. Fig.* 5.
S'il a seulement deux côtés égaux, *isoscèle. Fig.* 6.
Enfin, s'il a ses trois côtés inégaux, *scalène. Fig.* 7.

2°. Le triangle prend encore différens noms, suivant la qualité de ses angles, et s'appelle :

S'il a un angle droit, *Rectangle. Fig.* 8.
S'il a tous ses angles aigus, *Acutangle. Fig.* 9.
S'il y a un angle obtus, *Obtusangle. Fig.* 10.

3°. *Le quadrilatère* prend aussi différens noms, suivant la qualité de ses angles et de ses côtés, et s'appelle :

Parallelogramme Lorsqu'il a ses côtés opposés égaux et parallèles. *Fig.* 11.

Trapèze, s'il n'a que deux côtés parallèles. *Fig.* 12.

Trapezoïde, ou simplement *quadrilatère*, s'il n'a aucun de ses côtés parallèles. *Fig.* 4.

Parallélogramme rectangle, ou simplement *rectangle*, s'il a tous ses angles droits. *Fin.* 13.

Carré, s'il a tous ses angles droits et tous ses côtés égaux. *Fig.* 14.

Losange ou *rhombe*, s'il a tous ses côtés égaux, ou seulement les angles opposés égaux. *Fig.* 15.

On appelle *hypothénuse* dans un triangle rectangle, le côté opposé a l'angle droit Ainsi A C (*fig.* 8.). est l'hypothénuse du triangle A B C.

4°. Dans une figure, l'angle formé par l'inclinaison de deux côtés adjacens, s'appelle *angle au périmètre.* L'angle formé par un côté, et le prolongement du côté adjacent (*fig.* 5), s'appelle *angle extérieur*; tout l'angle A C B formé par deux lignes A C, C B, tirées du centre de la figure à deux angles adjacens du périmètre, s'appelle *angle au centre*; et on appelle *centre* le point qui tient le juste milieu dans la surface de la figure.

6°. Toute ligne A E tirée du sommet (*fig* 16) d'un angle du périmètre à l'un des angles opposés, s'appelle *diagonale.*

Des figures considérées par rapport au cercle.

Les figures considérées par rapport au cercle, sont les figures considérées en tant qu'elles ont un *centre* et un *périmètre* ou *circonférence* autour de ce *centre*, et des propriétés relatives à ce centre et à cette circonférence.

1°. Une figure A B D E F G (*Fig.* 16.) est dite inscrite dans un cercle, lorsque tous ses angles ont leur sommet à la circonférence du cercle.

2°. Une figure est dite être réguliére lorsque tous ses côtés A B, B D, etc. (*Fig.* 16.) sont égaux, et que tous ses angles sont égaux.

CHAPITRE II.

Usage et application des Mesures.

L'usage et l'application des mesures se fait lorsqu'on veut connaître et déterminer les dimensions plus ou moins grandes des corps.

Dans le corps il y a trois dimensions, qui sont *la longueur*, *la largeur et la profondeur*, d'où naissent trois espèces d'étendue, qui sont *la ligne*, *la surface et le solide*; l'objet de la géométrie pratique, est de les assujétir à la mesure : delà naissent différens procédés qui peuvent tous se réduire à trois espèces analogues à celles de l'étendue, savoir :

La Longimètrie ou la mesure des lignes ;
La Planimétrie ou la mesure des surfaces ;
La Stéréométrie et *la Cyclométrie* ou la mesure des solides.

ARTICLE PREMIER.

La Longimétrie.

La longimétrie traite de la mesure des lignes, des angles et des figures ; elle donne l'art et la méthode de les tracer, de les diviser et de les comparer.

Du rapport des lignes.

1°. Les positions semblables des lignes, les divisions faites semblablement dans les lignes, mettent entre elles des rapports, des proportions, des proportionnalités, dont la connaissance fait découvrir dans les figures plusieurs propriétés : ces lignes s'appellent *proportionnelles*, et les figures auxquelles elles appartiennent, s'appellent figures semblables.

2°. On appelle *lignes proportionnelles*, des lignes qui sont telles que la première est à la seconde, comme la troisième est à la quatrième.

3°. Deux lignes sont dites être réciproquement proportionnelles à deux autres, lorsqu'elles sont entre elles, comme les deux autres, prises dans un ordre renversé.

4°. Deux lignes sont dites être réciproques à deux autres, lorsque les deux premières sont les extrêmes d'une proportion, dont les deux dernières sont les moyens.

CHAPITRE III.

CHAPITRE III.

La Planimétrie.

L'objet de la Planimétrie est la mesure des surfaces.

Pour mesurer une surface il faut souvent, surtout lorsqu'elle est irrégulière, la partager en triangles par des diagonales ou des rayons, ou autres lignes semblables, et la mesure de tous ces triangles donne la mesure totale de la surface.

Le but important dans la Planimétrie est donc de bien savoir mesurer les triangles.

On mesure aisément la surface d'un triangle dont on connaît la hauteur et la base; mais il est souvent impossible de déterminer ces deux dimensions, parce que l'on ne peut point y appliquer immédiatement la mesure. Dans ce cas, pourvu qu'il y ait de certaines conditions données, ou pourvu que des différentes parties qui composent le triangle, savoir trois côtés et trois angles, il y en ait un certain nombre de connues, on peut connaître et déterminer toutes les autres, par la méthode que l'on appelle *solution des triangles* ou *trigonométrie.*

La Trigonométrie en donnant la mesure des triangles, procure en même temps le moyen non seulement d'évaluer une surface quelconque donnée, mais aussi de déterminer des hauteurs, des distances inconnues, comme on peut s'en instruire dans les traités de *Trigonométrie* donnés par les citoyens *Legendre* et *Lacroix*, membres de l'Institut national.

ARTICLE PREMIER.

De la mesure des surfaces en général.

1°. Pour évaluer une surface plane, il faut multiplier l'un par l'autre, deux élémens ou deux lignes. Cette opération s'appelle *multiplication géométrique.*

ARTICLE II.

Le carré est la mesure la plus simple pour évaluer les *superficies* ou les *aires*. C'est pour cette raison qu'on évalue les surfaces *planes* en mètres, décimètres, centimètres et millimètres carrés, en multipliant la hauteur par la base, c'est-à-dire que si on multiplie une largeur de 30 centimètres par une longueur de 60 centimètres, l'aire ou la surface du parallélogramme qui en résultera, est dite avoir 1800 centimètres carrés, ou 18 parties égales, dont chacune aura un décimètre de largeur, et un décimètre de longueur.

ARTICLE III.

De la Formation des Carrés.

Une grandeur n'est proprement dite carrée, que lorsqu'elle est produite par une grandeur multipliée par elle-même, 16 est un nombre carré, parce qu'il peut être produit de 4 multiplié par lui-même, ainsi qu'on le voit, *fig.* 17 ABCD.

Les mesures des figures planes sont les unités qui les remplissent; ces unités peuvent être des carrés, des losanges, des triangles; ces mesures sont déterminées.

On appelle mesures déterminées, les unités carrées dont les côtés sont d'une quantité déterminée comme un mètre carré, un décimètre carré, un centimètre carré; etc. Ces sortes d'unités servent à mesurer la superficie.

Une figure plane (*fig.* 18) EFGH est égale au produit des deux lignes EGGH. Lorsque ayant divisé chacune d'elles en parties égales, le produit du nombre des parties de l'une multiplié par le nombre des parties de l'autre, donne un nombre d'unités carrées qui remplissent la figure.

Un rectangle est un carré long dont les côtés opposés sont égaux et parallèles, et dont les angles sont droits; un rectangle est égal au produit des deux côtés EG, GH, qui forment un angle droit EGH.

Supposons que EG, GH soient divisés en parties égales; en tirant par les divisions de EG des lignes parallèles à GH, et par les divisions de GH des lignes parallèles à EG, le rectangle sera divisé en autant de rangées d'unités que EG contiendra de parties; donc pour avoir la somme de ces unités, il faut multiplier le nombre de parties de EG par celui de parties de GH, et par conséquent le rectangle est égal au produit des deux côtés qui forment un angle droit.

Lorsque l'on multiplie un nombre par lui-même, le produit s'appelle *le carré de ce nombre*, et le nombre qui a été multiplié s'appellent *racine carrée* de ce carré. Dans l'exemple ci-dessus, 4 multiplié par lui-même donne 16 qui s'appelle le carré de 4, et 4 s'appelle la racine carrée de 16.

D'où il suit que pour avoir le carré d'un nombre, il faut multiplier ce nombre par lui-même, ainsi 64 est le carré de 8, parce 8 fois 8 font 64 : 81, est le carré de 9, parce que 9 fois 9 font 81 : 144 est le carré de 12, parce que 12 fois 12 font 144.

Le carré du plus grand nombre exprimé par un seul chiffre, n'en peut avoir que deux, car le plus grand nombre exprimé par un seul chiffre est 9 dont le carré 81 n'en a que deux.

Le carré d'un nombre composé de dixaines et d'unités ou qui a deux chiffres, est égal à la somme des produits suivans :

1°. Au carré des dixaines ;

2°. Au double produit des dixaines par les unités ;

3°. Au carré des unités.

EXEMPLE.

```
  27
  27
 ----
  49  = le carré des unités.
 14   = 1er. produit des dixaines par les unités.
 14   = 2e. produit des dixaines par les unités.
 4    = le carré des dixaines.
 ----
 729  = le carré de 27.
```

D'où il suit que lorsqu'on connaît un carré, pour trouver un carré immédiatement plus grand, c'est-à-dire, dont la racine soit plus grande d'une unité, il faut au carré donné ajouter deux fois la racine du carré donné plus 1.

```
Racine 8 . . . . . . . . .   64 carré donné.
                             16 deux fois la racine.
                              1 plus un.
                            ----
Racine 9 . . . . . . . . .   81 carré de 9.
                             18 deux fois la racine.
                              1 plus un.
                            ----
Racine 10 . . . . . . . . . 100 carré de 10.
```

ARTICLE IV.

De l'Extraction de la Racine carrée.

Soit proposé d'extraire la racine carrée du nombre 467856.

```
46,78,56 { 684
107,8    {-----
 128     {
--------
  545,6
  1364
--------
  0000
```

Après avoir partagé la somme par tranches de deux chiffres

en commençant par sa droite, on prend la racine carrée de la première tranche à gauche, qui est 6; on la porte à la racine on élève 6 au carré, ce qui donne 36, qui, retranché de 46, donnent pour reste 10, que l'on pose au dessous de 46.

On descend ensuite la tranche suivante 78, que l'on pose à côté de 10, reste de la première opération, et l'on sépare seulement le 8.

On double la racine trouvée 6, et on écrit son double sous 107. (il faut observer de laisser vide la place inférieure au dernier chiffre à droite, cette place étant destinée pour la racine qu'il convient de mettre.) On cherche combien de fois 12 est contenu dans 107, on trouve qu'il y est 8 fois; on porte le chiffre 8 à la racine à côté de 6, et on l'écrit aussi à côté de 12 double de la première racine, ce qui donnera 128.

On multiplie 128 par 8 et l'on retranche le produit de 1078; il reste 54, à côté duquel on abaisse la dernière tranche 56, dont on sépare le dernier chiffre 6. On double la racine trouvée 68; ce qui donne 136, que l'on porte au-dessous de 545, en observant de laisser la place sous le chiffre 6, pour la racine à mettre. On cherche cette racine, en divisant 545 par 136, et on trouve que c'est 4, que l'on porte à la racine à côté de 68, en ayant soin de l'écrire aussi à côté de 136, double de 68; on multiplie ensuite le nombre 1364 par le dernier chiffre mis à la racine, c'est-à-dire par 4, et on retranche le produit de 5456; ce qui donne 0 pour différence.

La racine carrée du nombre proposé est donc 684, et puisqu'il ne reste rien, le nombre proposé est un carré parfait.

Il faut observer : 1°. Que si, multipliant par la racine, les chiffres qui sont sous la tranche, le produit est trop fort pour être retranché du nombre supérieur, il faut diminuer la racine.

2°. Que si le double de la racine qui est sous une tranche, n'est pas renfermé dans le nombre de dessus, il faut porter un zéro à la racine, par la raison qu'il doit y avoir nécessairement à la racine autant de chiffres qu'il y a de tranches au nombre, dont il faut extraire la racine.

3°. Qu'il est fort facile de s'apercevoir, lorsque le reste d'une extraction de racine est trop fort; c'est lorsqu'il est égal ou plus grand que le double de la racine trouvée plus un; dans ce cas, on augmente le chiffre mit à la racine d'une unité.

Art. V.

Trouver l'aire (1) ou la surface d'un carré, d'un rectangle, d'un triangle, d'un parallélogramme.

DU CARRÉ.

L'aire d'un carré A B C D *est égal au produit d'un de ses côtés* C D *multiplié par lui-même* (fig. 17).

On mesure l'un des côtés du carré et on le multiplie par lui-même, le produit est l'aire ou la superficie du carré. Si le côté est de 40 centimètres, on aura 1600 centimètres carrés pour la surface, parce que 40 fois 40 font 1600.

Art. VI.

DU RECTANGLE.

L'aire d'un rectangle quelconque E F G H *est égale au produit de sa base* G H *par sa hauteur* E G (fig. 18).

S'il s'agit de mesurer la surface d'un rectangle on multiplie la base par la hauteur; c'est-à-dire la longueur par la largeur; et on a l'aire du rectangle. Si la longueur est de 6 décimètres et la largeur de 3, on aura 18 décimètres carrés pour la surface, parce que 3 fois 6 font 18.

Art. VII.

DU TRIANGLE.

L'aire d'un triangle A B C *est égale au produit de sa base* A C *par la moitié de sa hauteur* B D (2) fig. 3.

S'il s'agit de mesurer un triangle, on abaisse une perpendiculaire sur le côté opposé (que l'on regarde comme la base du triangle), et cette perpendiculaire sera la hauteur du triangle, on multiplie la base par la moitié de la hauteur, et le produit donne la surface du triangle. La base étant de 6 décimètres, et la hauteur de 4, la moitié de 4 est de 2, qui multiplié par 6 donnera 12 décimètres carrés pour la surface du triangle.

---

(1) L'aire ou la surface d'une figure sont des termes à peu-près synonimes. L'aire désigne plus particulièrement la quantité superficielle de la figure, en tant qu'elle est mesurée et comparée à d'autres surfaces.

(2) *La hauteur* d'un triangle est la perpendiculaire abaissée du sommet d'un angle sur le côté opposé qu'on appelle base.

ART. VIII.

DU PARALLÉLOGRAMME.

L'aire d'un parallélogramme quelconque est égale au produit de sa base par sa hauteur (1) figure 11.

Du sommet d'un des angles A du parallélogramme, abaissez une perpendiculaire sur le côté ou base opposé E, cette perpendiculaire sera la hauteur du parallélogramme, laquelle multipliée par sa base donnera sa superficie.

ART. IX.

DU TRAPÈZE.

L'aire d'un trapèze ABCD *est égale à sa hauteur* (2) *multipliée par la demi-somme des bases parallèles* AB, CD. (fig. 12).

Mesurez les deux bases parallèles du trapèze, prenez la demi-somme de ces mesures, et multipliez-la par la hauteur d'une perpendiculaire que vous abaisserez entre ces deux bases, le produit donnera sa superficie ou l'aire du trapèze. Si une des bases a 30 centimètres, l'autre 50, la demi-somme de 50 plus 30, est 40 centimètres ; si la hauteur est de 40 centimètres, la surface du trapèze sera de 2000 centimètres carrés.

ART. X.

Il est des objets tels que des ouvrages de menuiserie, peinture, maçonnerie, etc. dont on considère la surface en faisant abstraction de l'épaisseur : ces surfaces se mesurent en mètres ou décimètres carrés.

La valeur d'une surface étant le produit de deux dimensions, ce produit se trouve en multipliant la longueur par la largeur.

Ainsi le mètre linéaire étant composé de 10 décimètres, le mètre carré contient 100 décimètres, parce que dix fois dix font 100 ; par la même raison le décimètre carré contient 100 centimètres, et le centimètre carré 100 millimètres, etc.

S'il s'agissait de mesurer un parquet ou une cloison, on multiplierait la longueur du parquet ou de la cloison par sa largeur, le produit serait l'expression de la surface.

Si la longueur est de 45 décimètres et la largeur de 35, le produit 1575, exprimerait que la superficie serait de 15 mètres carrés et 75 décimètres carrés.

---

(1) *La hauteur* d'un parallélogramme est la perpendiculaire qui mesure la distance des deux côtés ou bases opposées.

(2) *La hauteur* du trapèze est la perpendiculaire menée entre ses deux bases parallèles.

Art. XI.

MESURES AGRAIRES.

Nous avons donné le détail ou définition des mesures agraires à l'article de leurs tables de comparaison.

Ici nous allons donner un moyen de se servir de ces mesures.

Art. XII.

S'il s'agit de mesurer *un pré*, *un champ ou une coupe de bois*, on se transporte sur les lieux avec un instrument qu'on nomme *décamètre* (ou perche mét ique) qui est une mesure de 10 mètres en forme de chaîne, qui est destinée à mesurer les surfaces, afin de ne faire que dix applications au lieu de 100, que le mètre simple exigerait.

Après avoir mesuré la longueur du terrain qu'on a à évaluer, on la multiplie par sa largeur, le produit donne des mètres carrés, que l'on exprime en *centiares* et que l'on réduit en *ares* (ou perches carrées métriques) et en *hectares* (ou arpens métriques).

Soit par exemple une pièce de terre qui aurait de longueur 100 décamètres, qui font 1000 mètres, et de largeur un décamètre ou 10 mètres; en multipliant 1000 par 10, le produit donnera 10,000 mètres carrés, qui font *un hectare* (ou nouvel *arpent*).

Si on divise par 100 l'hectare, on trouve que *l'are* (ou perche carrée) vaut cent centiares ou mètres carrés); et si on divise l'are de la même manière, on trouve que le centiare vaut un mètre carré.

Ce qui fait connaître que le centiare est, par rapport à l'are, ce que l'are est par rapport à l'hectare; qu'ils sont respectivement chacun à l'égard de l'ascendant dans le rapport de 1 à 100, et que *l'hectare* (ou arpent métrique) contient 100 *ares* (ou perches carrées métriques) et l'are 100 centiares ou mètres carrés.

AUTRE EXEMPLE.

S'il s'agissait de mesurer un pré qui eût 100 mètres en tous sens: ce pré serait alors un carré et la surface serait de même un *hectare* (ou arpent métrique).

Ainsi, pour mesurer quelque surface que ce soit, il faudra donc toujours prendre sa longueur que l'on multipliera par sa largeur, et le produit transformé en hectares, ares ou centiares, sera l'expression de la surface cherchée.

AUTRE EXEMPLE.

Supposons qu'on veuille savoir combien le jardin des Tuileries contient d'hectares ou nouveaux arpens.

Sa largeur d'une terrasse à l'autre, est de 27570 centimètres, et sa longueur à partir de l'angle du mur qui soutient la terrasse qui est vis-à-vis le bassin polygonal près de l'ancien pont tournant jusqu'au pied du Palais du Gouvernement, est de 54730 centimètres : multipliant la longueur 54730 centimètres par la largeur trouvée 27570 centimètres, le produit 1508906100 centimètres carrés exprimera la superficie. Séparant les quatre dernières décimales à droite à cause des quatre décimales qui se trouvent tant au multiplicande qu'au multiplicateur, l'on trouvera que la superficie cherchée est de 150890 centiares ou mètres carrés qui font 15 hectares, 8 ares et 90 centiares.

Si on veut séparer le bois du jardin en général, la largeur étant la même, il ne s'agit que de la multiplier par la longueur du bois, de 300 mètres : opérant donc la multiplication de 30000 centimètres par 27570 centimètres, le produit 8 hectares, 27 ares et 10 centiares, sera la superficie cherchée.

Il reste après cela pour le jardin 247 mètres 30 centimètres de longueur, qui multipliés par la largeur, donneront un produit de 6 hectares, 81 ares et 80 centiares, et une fraction qui est de peu de valeur ; ensorte que d'après cet exemple, il sera facile à chacun de mesurer son terrain.

Si l'on est curieux de connaître la superficie des bassins cylindriques qui sont dans le jardin, on n'a qu'à voir au chapitre de la *Cyclométrie*, la manière de mesurer les surfaces des cercles.

AUTRE EXEMPLE.

S'il s'agissait de mesurer un terrain qui ne serait pas régulier, qui aurait, par supposition, à un bout pour largeur.	250 mètres.
A quelque distance delà	300
Plus loin	320
Au milieu	360
A une autre dimension	340
Ensuite	320
Et à l'autre bout.	210
	2100
Comme on a pris 7 dimensions, on prendrait de la somme totale le 7e., et 300 mètres serait la largeur moyenne, si la longueur du terrain répond à	300 400 mètres.
Le produit sera de	120000 mètres carrés.

qui font 12 hectares (ou arpens métriques).

On pourrait, pour plus de précision, ajouter encore quelques dimensions à un pareil terrain, mais une exactitude si rigoureuse n'est pas nécessaire dans la pratique.

Soit un autre terrain qui aurait à un bout 200 mètres de largeur. Si la forme est celle d'un trapèze, et que l'autre bout soit de 6 mètres seulement de largeur, on prendra la demi-somme de 200 plus 6, et 103 mètres sera la largeur moyenne qu'on multipliera par la longueur qui serait, par supposition, de 400 mètres; le produit sera 412000 centiares ou mètres carrés, lesquels divisés par 10000 feront connaître que la surface du terrain proposé est de 4 hectares ou arpens métriques, et 12 ares ou perches carrées métriques.

Nous ne croyons pas nécessaire de donner des exemples plus étendus, pour d'autres terrains : il suffit de savoir qu'ils doivent être mesurés d'après les mêmes principes.

Nous allons de suite donner les définitions qui concernent la sphère, et les moyens de mesurer sa surface.

Art. XIII.

DE LA SPHÈRE.

Définitions.

La sphère (*fig.* 19) est un solide terminé par une surface courbe dont tous les points sont également distans d'un point intérieur qu'on appelle *centre*.

1. On peut imaginer que la sphère est produite par la révolution du demi-cercle autour du diamètre.

2. *Le rayon de la sphère* est une ligne qui part du centre de la sphère et va aboutir à un point de la surface : le *diamètre* ou *axe* est une ligne qui passant par le centre, va aboutir de part et d'autre à la surface.

Tous les rayons de la sphère sont égaux : donc les diamètres ou *axes* de la sphère, doubles du rayon, sont aussi égaux entre eux.

3. Toute section de la sphère faite par un plan est un cercle : on appelle *grand cercle*, la section qui passe par le centre; et *petit cercle*, celle qui n'y passe pas.

4. *Le pôle* d'un cercle de la sphère est un point de la surface également éloigné de tous les points de la circonférence de ce cercle; et tout cercle grand ou petit a toujours deux pôles.

Déterminons maintenant la surface de la sphère.

La surface de la sphère est quadruple de celle de l'un de ses grands cercles; c'est-à-dire qu'elle est égale à la surface convexe du cylindre qui lui est circonscrit. Pour avoir la surface d'un grand cercle, et en général d'un cercle quelconque, il faut multiplier la moitié de la circonférence par le rayon.

Le produit connu, on le multipliera par quatre, et le second produit sera la surface de la sphère, ou on multipliera la circonférence d'un des grands cercles de la sphère par son diamètre et on obtiendra le même résultat.

CHAPITRE IV.

DE LA STÉRÉOMÉTRIE.

Définitions.

1. La grandeur d'un solide, son volume ou son étendue, constituent ce qu'on appelle sa *solidité* ; et le mot de solidité est employé particulièrement dour désigner la mesure d'un solide.

2. Tout espace renfermé de tous côtés par des surfaces qui se rencontrent, s'appelle en général *corps* ou *solide*.

3. Lorsque toutes les faces qui enveloppent un corps sont des plans, il s'appelle *polyèdre* ; et si les faces d'un polyèdre sont des polygones réguliers, égaux et semblablement disposés, ce polyèdre est dit *régulier*. Le nombre de ces sortes de solides est fort limité.

4. Les corps qui sont terminés par des surfaces courbes, ou en partie plane et en partie courbes, ont des noms relatifs à la nature de ces surfaces, ou à la manière dont on imagine qu'ils sont engendrés : le nombre en est infini.

5. Parmi les *polyèdres*, le plus simple et celui dont la mesure sert de fondement à la mesure de tous les autres, est le *prisme* (*fig.* 20) solide terminé par deux polygones ABCDEF. GHILMN, parfaitement égaux et paralleles et par autant de faces parallélogrammiques qu'il a de côtés dans l'un ABCDEF des Polygones.

6. Le *prisme*, soit droit, soit oblique, prend sa dénomination du nombre de côtés du polygone qui en est la base.

Si cette base est un triangle (*fig.* 21), le *prisme* est *triangulaire*.

7. Si la base est un rectangle (*fig.* 22), le *prisme* s'appelle *parallélipipède* ; et si de plus le prisme est droit, il s'appelle *parallélipipède rectangle*.

8. Parmi les parallélipipèdes rectangles, le plus simple est le *cube* (*fig.* 23), qui est terminé par six côtés égaux et perpendiculaires entre eux ; ce solide que l'imagination se représente aisément, parce que toutes ses faces sont symétriques, et ne contiennent que des angles droits, sert d'unité dans la mesure des solides comme le carré dans la mesure des surfaces.

9. Si la base d'un *prisme* (*fig.* 20) est d'un hexagone, le prisme est hexagonal, et en général on emploie l'expression de *prisme polygonal* pour désigner un prisme dont la base est un polygone quelconque.

10. Lorsque les bases opposées d'un prisme sont des cercles, qu'on peut toujours regarder comme des polygones d'une infinité de côtés, le prisme (*fig.* 24) prend le nom de *cylindre*.

11. On appelle *pyramide* (*fig.* 25) un solide formé par plusieurs plans triangulaires partant d'un même point et terminés à un même plan polygonal.

Le polygone A B C D s'appelle la base de la pyramide; le point E au haut de la pyramide en est le sommet, et l'ensemble des triangles forme la surface convexe ou latérale de la pyramide.

12. La hauteur de la pyramide est une perpendiculaire E H abaissée du sommet sur le plan de la base prolongée s'il est nécessaire.

13. La pyramide est *triangulaire*, *quadrangulaire*, etc., selon que la base est un triangle, un quadrilatère, etc.

14. Une pyramide est régulière, lorsque la base est un polygone régulier, et qu'en même tems la perpendiculaire abaissée du sommet sur le plan de la base, passe par le centre de cette base. Cette ligne E H s'appelle alors l'*axe* de la pyramide. La partie A B C D Q M N O de la pyramide s'appelle pyramide *tronquée*.

15. On entend par *diagonale* d'un polyèdre, la ligne qui joint les sommets de deux angles solides non adjacens.

Ces définitions posées, venons à la mesure de la surface de la base et de la solidité des prismes.

ARTICLE PREMIER.

La solidité d'un prisme droit est égale au produit de sa base par sa hauteur ou son épaisseur.

Si l'on conçoit que le plan générateur ayant une épaisseur infiniment petite laisse partout des traces d'une même épaisseur, il est visible qu'il y aura autant de traces que l'épaisseur de ce plan est contenue de fois dans la hauteur; donc la solidité du *prisme droit* est égale au produit de sa base, multiplié par sa hauteur.

Si le prisme est oblique, c'est la même chose; car il est visible que ce prisme sera composé d'autant de tranches égales au plan générateur que l'épaisseur de ce plan sera contenu de fois dans la hauteur qui est égale à la ligne perpendiculaire que l'on mène entre les deux bases.

Ainsi, si le prisme est une muraille dont la longueur soit de 40 mètres, l'épaisseur de 2 mètres et la hauteur de 20 mètres, on aura en multipliant 40 par 2, la base qui sera de 80 mètres carrés; multipliant 80 par 20 le produit 1600 mètres cubes, donnera la solidité cherchée.

Si l'on demandait de mesurer une maçonnerie au mètre carré et au mètre cube sur une brique d'épaisseur, on opérerait plus simplement en multipliant la longueur par la hauteur, ce produit donnerait des mètres carrés pour la surface de la muraille, qu'on multiplierait ensuite par l'épaisseur quelle qu'elle soit, en la considérant comme un nombre abstrait qui indique combien de fois on doit prendre celui des mètres carrés de la surface pour former sa solidité.

EXEMPLE.

Soit une muraille qui aurait de longueur	50 mètres
et de hauteur	4
sa surface ou son aire sera	200 mètres
si l'épaisseur est de 3 décimètres ou 30 centimètres	30
le produit fait connaître que la solidité	60,00
est 60 mètres cubes.	

ARTICLE II.

La solidité d'un parallélipipède, et en général la solidité d'un prisme quelconque, est égale au produit de sa base par sa hauteur.

Car 1°. un parallélipipède quelconque est équivalent à un parallélipipède de même hauteur et de base équivalente : or la solidité de celui-ci est égale à sa base multipliée par sa hauteur : donc la solidité du premier est pareillement égale au produit de sa base par sa hauteur.

2°. Tout prisme triangulaire (*fig.* 21) est la moitié d'un parallélipipède de même hauteur et de base double : or la solidité de celui-ci est égale à sa base multipliée par sa hauteur ; donc celle du prisme triangulaire est égale au produit de sa base, moitié de celle du parallélipipède multipliée par sa hauteur.

3°. Un prisme quelconque peut être partagé en autant de prismes triangulaires de même hauteur qu'on peut former de triangles dans le polygone qui lui sert de base. Mais la solidité de chaque prisme triangulaire est égale à sa base multipliée par sa hauteur, et puisque la hauteur est la même pour tous, il s'ensuit que la somme de tous les prismes partiels sera égale à la somme de tous les triangles qui leur servent de bases, multipliés par la hauteur commune ; donc la solidité d'un prisme polygonal quelconque est égale au produit de sa base par sa hauteur (1).

ARTICLE III.

Mesure de la solidité des pyramides.

Puisque mesurer un corps n'est autre chose que chercher

(1) Voyez les démonstrations dans toute leur étendue dans les Elémens de Géométrie des citoyens Legendre et Lacroix, membres de l'Institut national.

combien de fois il contient un autre corps connu ou en général, chercher quel est son rapport avec un autre corps connu; il ne s'agit donc pour pouvoir mesurer les pyramides, que de trouver leur rapport avec les prismes; c'est ce que nous allons établir dans la proposition suivante.

1°. Une pyramide quelconque, est le tiers d'un prisme de même base et de même hauteur qu'elle.

Donc pour avoir la solidité d'une pyramide ou d'*un cône quelconque*, il faut multiplier la surface de la base par le tiers de la hauteur, ou multiplier le tiers de la surface de la base par la hauteur.

Et pour avoir cette surface, si elle est régulière, il faut multiplier le contour de sa base par la moitié de l'apothème, car tous les triangles étant de même hauteur, il suffit de multiplier la moitié de la hauteur commune par la somme de toutes les bases.

Si elle n'était pas régulière, il faudrait chercher séparément la surface de chacun des triangles qui la composeraient, et ajouter ces surfaces.

ARTICLE IV.

Trouver la solidité d'un vaisseau cubique ABCDEFGH (*fig.* 23).

S'il s'agit de trouver la capacité d'un vaisseau carré en tous sens, on mesure la largeur que l'on multiplie par la longueur; le produit donne l'aire ou le carré qui est ensuite multiplié par la profondeur ou hauteur du vaisseau.

EXEMPLE.

Soit un vaisseau qui aurait de largeur. .	50 centimètres
et de longueur	50
l'aire ou la superficie serait de	2500 cent. carrés.
Soit sa profondeur de	50 cent.
le résultat sera	125,000 centimètres

cubes.

Séparant 3 décimales, à cause qu'il faut 1000 centimètres cubes pour faire un litre, on voit que la contenance du vaisseau proposé serait de 125 litres.

ARTICLE V.

L'aire d'un Polygone régulier est égale à son périmètre multiplié par la moitié de l'apothème.

Soit proposé de mesurer le bassin polygonal placé à une des extrémités du jardin des Tuileries.

On remarque d'abord que ce bassin est octogonal, et que par conséquent, on peut le considérer comme un polygone régulier et comme un prisme dont la solidité est égale à sa base par sa hauteur.

Déterminons en premier lieu la surface de la base :

Pour cela on prend la mesure d'un des côtés ; ce côté se trouve être de 25 mètres 88 centimètres : or il y a huit côtés donc le périmètre , c'est-à-dire le contour du bassin, est égal à huit fois 25,88, ou à 207 mètres 04 centimètres ; ayant le périmètre il s'agit d'avoir la moitié de l'apothème. On mesure à cet effet au moyen d'un cordon bien tendu, la distance de la moitié d'un des côtés à la moitié du côté opposé correspondant. Cette distance est de 62 mètres 16 centimètres, on prend le quart de cette mesure qui est 15 mètres 54 centimètres, *moitié de l'apothème.*

Multipliant le périmètre 207 m. 54 cent. par la moitié 15 m. 54 cent. de l'apothème, le produit sera 3217 mètres carrés 40 décimètres carrés, et 16 centimètres carrés (qui font de superficie 32 ares 17 centiares, etc.), l'aire ou la surface de la base est donc de 32174016 centimètres carrés.

Multipliant cette surface par la hauteur ou profondeur moyenne du bassin, le produit 209131 1,040 centimètres cubes.

En retranchant les trois derniers chiffres à droite, on aura des décimètres cubes qui feront connaitre que la contenance du bassin polygonal proposé est de 20913 hectolitres 11 litres.

Article VI.

Trouver la capacité d'un vaisseau en forme d'un parallélipipède rectangle : (sous cette forme se présentent des tombereaux chargés de chaux, etc. *)*

S'il s'agit de trouver la capacité d'un vaisseau, *(fig.* 22 *)*, en forme d'un rectangle, on mesure la longueur que l'on multiplie par la largeur ; le produit est l'aire ou la superficie du vaisseau qu'on multiplie ensuite par sa profondeur. Le résultat est la capacité cherchée.

Article VII.

Trouver la solidité d'une Banne de charbon.

S'il s'agissait de trouver la solidité d'une banne de charbon, on mesurerait sa largeur à chaque bout et au milieu du fond ; on prendrait le tiers du produit, ensuite on mesurerait le haut à l'ouverture aussi par trois ou quatre dimensions ; on prendrait le tiers ou le quart du produit et des deux largeurs moyennes trouvées, on prendrait la demi-somme pour être multipliée par la longueur de la banne, le produit donnerait l'*aire* ou le *carré* que l'on multiplierait ensuite par la profondeur.

EXEMPLE.

Soit la largeur à un bout de	100 centimètres
Celle du milieu	180
Et celle de l'autre bout	122
On prend du total	402 cent.
Le tiers qui est de.	134 cent.
Si le haut mesuré de la même manière a pour terme moyen	200
On prend de la somme	334 cent.
La moitié	167
En sorte que 167 centimètres est la largeur moyenne.	
Si la longueur de la banne est de	400
L'aire ou superficie sera	66800 cent. carres
Si la profondeur est de	220 centimètres
	1336000
	133600
Le résultat sera	146.96.000 cent. cubes.

Retranchant les trois derniers chiffres à droite, puisqu'il faut mille centimètres pour un litre, la capacité cherchée de la banne sera 146 hectolitres 96 litres.

ART. VIII.

Trouver la solidité ou la contenance d'un bateau chargé de charbon ou de bois.

On supposera que ses faces sont planes, on mesurera la largeur de la pile pour être multipliée par une des faces ; ensuite on multipliera le produit par l'épaisseur ou profondeur de la pile : le résultat sera la solidité cherchée.

EXEMPLE.

Soit proposé un bateau dans lequel il y aurait une pile de charbon ou de bois qui aurait de largeur au fond

(ou pied).	550 centimètres.
Au milieu.	500
Et au haut de la pile.	450
Le total de ces trois dimensions serait . .	1500 centimètres.

On prendrait le tiers du produit de ces trois dimensions et on aurait la largeur moyenne, que l'on multiplierait ensuite par la longueur d'une face de la pile.

Si cette longueur donne 22 mètres, on en retranchera un mètre pour les deux haussets ou creux qui sont destinés à vider les eaux, il restera 21 mètres de longueur, lesquels

multipliés par 5 de largeur	21
	5
donneront l'aire ou superficie qui sera de. .	105 mètres carrés.
si la profondeur répond à	5 mètres.
Le résultat sera	525 mètres cubes.

Comme il faut 10 hectolitres pour faire un mètre cube, en multipliant le produit 525 par 10, la capacité cherchée sera de 5250 hectolitres de charbon ; ou 526 stères de bois, si la pile est de cette nature.

Venons présentement sur ce qu'on appellait autrefois le toisage des bois.

CHAPITRE

CHAPITRE V.

Manière de mesurer les bois carrés (ou de charpente) ceux en grume et de chauffage, les planches de chêne, les pierres dures ou de libage, colonnes et moëllons, etc.

DES BOIS CARRÉS.

Définitions.

Avant d'entrer en détail, il est bon d'observer qu'on distingue quatre espèces de bois carrés ou de charpente.

SAVOIR :

1°. *Le Chevron et la Membrure.*
2°. *Le Poteau.*
3°. *La Solive.*
4°. *Le Brin.*

Cette distinction est fondée uniquement sur la grosseur des pièces, leur longueur qu'elle quelle soit, n'y faisant rien.

Manière d'opérer pour trouver la cubature ou le volume des bois et distinguer les espèces différentes.

On parvient à connaître la cubature et l'espèce des bois de charpente, en multipliant successivement un des petits côtés par celui qui lui est contigu, et le produit de ces deux côtés par la longueur de la pièce.

Comme le centimètre linéaire est la dernière division du mètre par rapport au bois, c'est lui qui servira à prendre sa grosseur; et comme le mètre linéaire est l'unité génératrice de toutes les longueurs, c'est lui qui déterminera celle des bois. C'est de la combinaison de ces mesures que naîtra la connaissance de leur solidité.

Pour éviter que l'on confonde le mètre linéaire et ses subdivisions avec le mètre cube et ses subdivisions, on est convenu que l'unité de mesure cubique pour le bois s'appellerait *stère*. Le stère se divise en 10 *décistères* ou solives métriques.

La cubature des bois n'ayant besoin pour sa précision que d'un centième de mètre cube, ce sera le terme auquel on pourra s'arrêter.

Art. Ier.

1°. Le *chevron* est tout morceau de bois qui aurait depuis o d'équarrissage jusqu'à 43 centimètres (correspondant à 16 pouces ancienne mesure).

EXEMPLE.

On suppose qu'une pièce de bois a de largeur.	7 centimètres.
Si elle a d'épaisseur	6
Son équarrissage sera de . . . . . . (ce qui est le maximum de la classe du chevron).	42 cent. carrés.
On suppose qu'elle a de longueur. . . .	5 cent.
Cela donne deux centièmes de stère . (L'on néglige les millièmes)	0,02,1000 centim. cub.
S'il y avait dans la voiture.	50 chevrons.
Ce serait un stère et cinq centièmes. .	1,05,0000

Il en est de même pour *la membrure* : lorsqu'on ne trouve pas plus de six centimètres sur 7; on conçoit que c'est la classe du chevron qui lui convient : on distingue la membrure du chevron par son équarrissage qui est régulier, ou parce qu'elle est sciée, au lieu que le chevron est fait avec la hache, c'est-à-dire qu'il est de bois brut.

Art. II.

2°. Le *Poteau* est tout morceau de bois qui aurait depuis 43 centimètres jusqu'à 65 d'équarrissage (correspondant de 16 pouces à 24, ancienne mesure).

EXEMPLE.

On suppose qu'une pièce de bois a de largeur	9 centimètres.
Si elle a d'épaisseur.	5
Son équarrissage sera de . . . . (ce qui la désigne dans la classe du poteau)	54 cent. carrés

ci-contre. . . . . 45 cent. carrés.
Si cette pièce a de longueur. . . . . . 5 mètres.

Ce sera deux centièmes de stère. . . . 0,02,2500 cent. cubes.
(Les millièmes sont négligés)
S'il y a dans la voiture . . . . 50 poteaux.

Ce sera 1 stère et 12 centièmes . . . 1,12,5000

AUTRE EXEMPLE.

Une pièce de bois a de largeur . . . . 8 centimètres.
Si elle a d'épaisseur 8

Son équarrissage sera de . . . . 64 cent. carrés.
(Ce qui est le maximum du poteau)
Si elle a de longueur . . . . 5 mètres.

Ce sera 3 centièmes de stère . . . 0,03,2000 cent. cubes.
S'il y a dans la voiture. . . . . . 50 poteaux

Ce sera 1 stère 6 dixièmes. . . . 1,60,0000

ART. III.

8°. La *Solive* est tout morceau de bois qui aurait depuis 65 centimètres jusqu'à 98 centimètres d'équarrissage (correspondant de 24 à 36 pouces, ancienne mesure)

EXEMPLE.

Une pièce de bois a de largeur. . . . . 11 centimètres.
Si elle a d'épaisseur . . . . 6 centimètres.

Son équarrissage sera de . . . . 66 cent. carrés.
(Ce qui fait le minimum de la solive)
Si cette pièce a de longueur. . . . . . 4 mètres.

Ce sera 2 centièmes de stère et 6 mill. 0.026400 cent. cubes.
S'il y a dans la voiture . . . . 50 solives.
de pareil équarrissage, ce sera 1 stère 32c. 1,32,0000

AUTRE EXEMPLE.

Une autre pièce de bois a de largeur. . . 12 centimètres.
Son épaisseur se trouve être de 8

Son équarrissage est de . . . . 96 cent. carrés.

D'autre part. . . . . 96 cent. carrés.
(Ce qui est le maximum de la solive)
Si cette pièce a de longueur . . . . . 3 mètres.

Ce sera 2 centièmes et 88 mill. de stère. . 0,02,8800 cent. cubes.
(Autant dire 3 centièmes de stère dans la classe des solives)
S'il y a dans la voiture. . . . . . . 50 solives.

Ce sera 1 stère 44 centièmes. . . . 1,44,0000

Art. IV.

4°. Le *Brin* est tout morceau de bois qui aurait depuis 98 centimètres d'équarrissage : il n'a pas de limite au-dessus, de sorte que son minimum est de 98 centimètres (correspondant à 36 pouces, ancienne mesure).

EXEMPLE.

Une pièce de bois a de largeur. . . . . 14 centimètres.
Si elle a d'épaisseur. 7

Son équarrissage sera de. . . . . . . 98 cent. carrés.
(Ce qui est le minimum de la classe du brin).
Si cette pièce de bois a de longueur. . . 4 mètres.

Ce sera 3 centièmes de stère et 9 mill. . 0,03,9200 cent. cubes.
S'il y a dans la voiture . . . . 30 pièces.
semblables, ce sera 1 stère et 17 centièmes. 1,17,6000
(Si on néglige les millièmes).

On vient de voir que si une pièce de bois donne d'équarrissage 98 centimètres, on doit déjà la porter dans la classe du brin, ainsi que toutes celles au-dessus.

Art. V.

Le *décistère*, dixième partie du stère, ou *solive métrique*, diffère très-peu de l'ancienne mesure pour les bois de construction, appellée *solive*.

On peut se représenter le *décistère* (*fig* 16), comme un solide qui aurait un mètre carré de base sur un décimètre de hauteur ou d'épaisseur.

Soit proposé de trouver le nombre de solives métriques ou de décistères que comprend une pièce de bois qui aurait 90 centimètres de largeur sur 60 centimètres de hauteur ou épaisseur et six mètres de longueur.

On multiplie.	90 centimètres.
par	60
Le produit sera	5400 cent. carrés.
La longueur étant	600 centimètres.
Le résultat sera de	3,24.0000 cent. cubes.

Le nombre de solives cherché est donc 32 solives 4 dixièmes ou 3 stères et 24 centièmes.

AUTRE EXEMPLE.

Si on avait 4 pièces de bois à mesurer qui fussent de différentes formes, on suivrait la méthode suivante :

On suppose que ces pièces ont de largeur

	à un bout	au milieu	et à l'autre bout
La 1ere.	60 c.	50 c.	80 c.
La 2e.	50	35	75
La 3e.	45	65	85
La 4e,	60	55	50
	215	205	290
			205
			215

Le total des dimensions des 4 pièces est de	710 c.
On prend le 1/4 qui est de	177 5/10
On prend pour la largeur moyenne le tiers du quart qui est d'environ	59 1/10

On multiplie ce tiers par le quart de l'épaisseur des 4 pièces, lesquelles sont on suppose :

La 1ere. de.	18 centimètres.
La 2e. de.	22
La 3e. de.	25
La 4e. de.	35
Ce qui donne pour total.	100 centimètres.
Le quart est de.	25 . . . ci. . . 25
	297 5/10
	118
L'aire ou superficie est de	1477 c. 5/10

que l'on multiplie par la longueur des 4 pièces, qu'on suppose être, la 1ere, de 420 cent. de longueur.

La 2e. . .	330
La 3e. . .	600
La 4e. . .	250
Total des longueurs. . .	1600 centimètres.

La superficie étant de. . . . . . . 1477 cent. 5/10 carrés
et les longueurs des 4 pièces. . . . . 1600 centim.

886200
1477. . .
80

Le résultat est de. . . . . . . 2.36.3280 centim. cubes.

Et comme il faut un million de centimètres cubes pour faire un stère, on divisera ce produit par un million, ou plus simplement on retranchera les 6 derniers chiffres à droite, et la solidité des 4 pièces de bois sera de 2 stères et 363 millièmes de stère, ou 23 solives 63 centièmes de solive; le surplus de la fraction, étant de très-faible valeur, sera négligé.

S'il s'agissait de mesurer 5 pièces de bois qui fussent dissemblables, on suivrait la manière que je viens d'énoncer, on prendrait le 5e. du produit des largeurs; de même que s'il y en avait 6, on prendrait le sixième; s'il n'y en avait que 3, on ne prendrait que le tiers, et s'il n'y en avait que 2, on ne prendrait que la moitié.

Article V.

Bois en grume.

On appelle *Bois en grume* l'arbre abattu, privé de sa souche et dépouillé de ses branches.

Souvent on a besoin d'un arbre non équarri, et son évaluation pourrait devenir arbitraire, si des conventions générales ne fixaient l'uniformité avec laquelle la partie qui vend doit livrer, et la quantité que doit payer celui qui achète.

L'expérience a démontré que chaque côté d'un arbre équarri (sans flache ni aubier) est égal en étendue au *cinquième* (à peu de chose près) de la circonférence que le même arbre avait dans son état de rondeur.

En effet, si l'on considère une pièce de bois qui a ses quatre angles égaux et droits (*fig.* 27), si on retranche ses arêtes, elle deviendra ronde, ce qui donnera une diminution à son volume pour savoir à combien on peut évaluer cette diminution, on n'a qu'à multiplier la superficie produite par sa largeur et son épaisseur, par le carré de l'hypothénuse qui est évalué à 7854 millimètres (nombre fixe et invariable). On multipliera ensuite ce second produit par la longueur de la pièce et ce troisième et dernier produit fera connaître la réduction qui sera équivalente à la solidité du cube *moins un cinquième* à peu de chose près.

Par exemple, on suppose une pièce de bois équarrie qui aurait

de largeur vingt-huit centimètres . . . . . . 28 cent.

Et d'épaisseur 28

224

56

Sa superficie ou son équarrissage sera. . 784 cent. carrés

On suppose sa longueur de . . . . . . 4 mètres

Son volume ou sa cubature sera . . . . 0.313600 cent. cubes

En ôtant le 5e. du produit. 62720

Il restera . . . . 0.25,0880 cent. cubes.

Maintenant en convertissant en millimètres le carré de cette pièce, qui donnera . . . . 78400 mill. carrés

En les multipliant par l'hypothénuse 7854

313600

392000

627200

548800

En multipliant ce produit. . . . 615753600

par la longueur . . . . 4000 millim.

0.24,6301440,0000

Et en retranchant les quatre derniers chiffres à droite produit de l'hypothénuse, il reste 9 décimales, parce qu'il faut un milliard de milimètres cubes pour un stère.

Il résulte que la solidité cherchée est de 25 centièmes de stère ou 2 solives 5/10 environ.

D'après cet exemple, on voit qu'une pièce de bois qui aurait 784 centimètres d'équarrissage sur 4 mètres de longueur, et dont la solidité serait de 313 millièmes de stère avec ses angles; ses arêtes étant retranchées, il restera 246 millièmes de stère, et en comparant cette réduction opérée par l'hypothénuse, avec le cinquième retranché du cube, il y aura 4 millièmes de stère seulement d'excédent, ce qui fait une différence presque insensible. Il faudrait, pour que cette différence fût d'un dixième de stère (d'une solive), que la pièce de bois eût 8 mètres de longueur sur 9000 centimètres au moins d'équarrissage.

D'après cela, on peut donc, lorsqu'on voudra savoir ce que vaut en charpente une pièce de bois que l'on veut conserver ronde, prendre une chaîne ou un ruban avec lequel on mesurera la circonférence, de laquelle on prendra le cinquième, que l'on multipliera par lui-même, le produit donnera l'équarrissage de la pièce de bois que l'on multipliera ensuite par sa longueur, et le résultat fera connaître la solidité cherchée.

EXEMPLE.

Une pièce de bois donne de circonférence à un bout 300 centimètres; à l'autre bout 260, on prend la demi-somme de 260 plus 300; et 280 centimètres seront la circonférence moyenne de laquelle on prendra le cinquième qui est de. . 56 centim.

Multiplié par lui-même 56

336
280

L'équarrissage de cette pièce sera . . . 3136 cent. carrés

Si sa longueur est de . . . . 4 mètres.

le résultat . . . . 1.254400 cent. cubes, fera connaître que la solidité de cettepièce, est d'un stère et 25 centièmes de stère ou 12 solives et demie.

Si au contraire, on veut multiplier la circonférence par la moitié du rayon, la surface produite par cette multiplication, ne doit être multipliée que par la moitié de la longueur de la pièce de bois pour donner sa solidité, parce qu'il faut considérer que cette pièce (*fig.* 28) n'étant point destinée à rester dans la forme cylindrique, il faudra pour l'équarrir, diminuer de sa rondeur pour lui former des arêtes: il s'ensuit donc que cette réduction supposée exige cette proportion.

EXEMPLE.

Soit la même pièce bois que celle que nous venons de supposer, qui aurait de circonférence 280 centimètres, en cherchant son diamètre par la rapport de 7 : 22, on verra que la moitié du rayon sera de 22 centimètres 1/4 ou 5/20 à-peu-près.

En multipliant la circonférence 280

Par la moitié du rayon. 22 5/20

560
560
70

La surface de la base sera . . . . 6230 cent. carres

En multipliant cette surface par la moitié de la longueur qui est de deux mètres 2

Le produit est de . . . . 1.24,6000 cent. cubes.

Et comme on sait qu'il faut un million de centimètres cubes pour faire un stère, on retranchera 6 décimales, et la solidité sera de 1 stère 24 cent.; mais comme le chiffre qui suit qui est 6 millièmes, approche plus de l'unité que du zéro, on dira 1 stère et 25 centièmes de stère ou 12 solives 5/10.

Il résulte qu'il n'y a que 8 millièmes de stère de différence d'après cette opération, et cela par la raison expliquée à la page precédente (1).

ARTICLE VI.

Bois à brûler.

Si on avait à mesurer du bois à brûler, on multiplierait la longueur de la pile par sa largeur, pour multiplier le produit par sa hauteur ou son épaisseur.

EXEMPLE.

On suppose un tas de bois qui a de largeur	110 centim.
Si la bûche a de longueur	65
	550
	660
Son équarrissage ou sa superficie sera . .	7150 cent. carrés
Si la hauteur du tas répond à	150 cent.
	357500
	7150
Ce sera 1 stère et 7 centièmes . . . . de stère, de produit.	1,07,2500

AUTRE EXEMPLE.

Si on avait une voiture chargée de bois, et qu'on voulût savoir la quantité de cette charge, on mesurerait la largeur de chaque bout, on prendrait la demi-somme des deux largeurs, pour avoir celle moyenne de la pile, on prendrait ensuite la hauteur aussi à chaque bout, et au milieu de la voiture, on prendrait le tiers des trois hauteurs qu'on multiplierait par la largeur pour le produit être ensuite multiplié par la longueur; le résultat serait la solidité cherchée.

(1) On pourrait, au moyen d'une fraction, avoir un résnltat exact; mais la pratique n'exige pas une précision si rigoureuse, surtout quand il s'agit d'abréger les calculs.

EXEMPLE.

Soit une voiture de bois qui aurait trois bûches de longueur.

Si sa largeur à un bout est de 130 centimètres, celle de l'autre bout de 110, on prend la demi-somme de 110, plus 130, et . . . . 120 cent.
sera là largeur moyenne.

Soit en même tems la hauteur moyenne de 115 centimètres 115

600
120
120

Son aire ou sa surface sera de . . . . 13800 cent. car.

Soit en même tems la longueur de chaque bûche de 113 centimètres, ce qui donne pour les trois bûches 339

124200
41400
41400

Ce sera 4 stères 68 centièmes . . . . . 4,678200 cent. cub.
de stère que la voiture contiendra.

ARTICLE VII.

Des Planches.

Les planches de chêne sont soumises au droit municipal; elles paient par cent de mètres, mais ne se cubent point.

Elles sont de différentes longueurs et largeurs; leur épaisseur est déterminée depuis 3 jusqu'à 6 centimètres; toutes celles qui auraient moins de 3 centimètres, paieraient comme si elles avaient cette épaisseur; et lorsqu'elles auront un centimètre d'épaisseur de plus, elles paieront un droit proportionnel d'augmentation, suivant le tarif de progression de 3 à 4; de 4 à 5, et de 5 à 6.

Leur largeur n'est pas déterminée, mais on les suppose de 18 à 30 centimètres de largeur. Quand elles ont moins de 18 centimètres on les évalue suivant ce qu'elles ont, soit par moitié ou par tiers; c'est-à-dire que si elles n'avaient que 10 cent. de largeur, il en faudrait deux pour une, et si elles avaient 14 centimètres on en compterait 3 pour deux effectives.

Il faut observer qu'en général, quand il y aura plus de 4 millimètres en sus d'un nombre entier de centimètres, le droit devra être perçu pour un centimètre de plus, et que dans les planches dont la longueur ne serait pas un nombre entier, mais qui aurait une fraction du mètre, cette fraction doit compter pour un mètre de plus, c'est-à-dire, quand elle approche plus de l'unité que de zéro (1).

Article VIII.

Pierres dures ou taillées.

S'il s'agit de mesurer des pierres dures ou taillées, on se sert du même moyen que pour les bois carrés.

Soit, par exemple, une pierre qui aurait

de largeur	60 centim.
Si elle a d'épaisseur	50
Le carré sera de	3000 c. carr.
Si elle a de longueur	88 cent.
	24000
	24000
Ce sera 2/10 et 6/100 de stère	0,26,4000 c. cub.
S'il y a sur la voiture	4 pierres
Ce sera 1 stère et 5 centièmes	1,05,6000 c. cub.

AUTRE EXEMPLE.

Une pierre a de largeur, à un bout 40 centimètres, à l'autre bout 60 centimètres

On prend la demi-somme de 60 plus 40, et 50 centimètres

est la largeur moyenne	50 cent.
Si son épaisseur donne	40
Le carré ou la surface sera	2000 cent. carrés
Si la longueur est de	80 cent.
	0.160000 cent. cubes

Ce sera 16 centièmes de stères, ou 1/10 6/100 qu'elle contiendra.

(1) Loi du 27 vendémiaire an 7.

AUTRE EXEMPLE.

S'il se trouve 8 pierres dans une voiture, qui soient de même largeur et de même épaisseur, on prend les dimensions d'une pour avoir l'équarrissage qu'on multiplie ensuite par la longueur des 8 pierres que l'on mesure séparément, si elles diffèrent de longueur.

Si la 1re. a de long 88 cent.	Si la largeur moyenne
la 2e. 90	est de . . . . . . 50 cent.
la 3e. 122	et l'épaisseur. . . 60
la 4e. 150	la superficie sera 3000 c. carr.
la 5e. 100	la longueur étant 800
la 6e. 55	2,400000 c. cub.
la 7e. 85	
la 8e. 110	Ce sera 2 stères et 4/10 de stère
800 cent.	que le tout contiendra.

ARTICLE IX.

Colonnes.

S'il s'agissait d'avoir la solidité d'une colonne, comme elle est destinée à rester dans sa rondeur, on prendrait un cordon pour mesurer la circonférence, laquelle étant connue, on chercherait le diamètre par le rapport de 7 : 22 : : on multiplierait la circonférence par le quart du diamètre, le produit donnerait la surface, qu'on multiplierait ensuite par la hauteur ; le résultat serait la solidité cherchée.

EXEMPLE.

Soit une colonne qui aurait 220 centimètres de circonférence, le diamètre sera de 70 centimètres.

En multipliant	220 centimètres
Par le 1/4 de 70	17 1/2
	1540
	220
	110
La surface de la base sera	3850 cent. carrés.
Si la hauteur est de	550 cent.
	192500
	19250
	2,11,7500 cent. cubes.

Retranchant les 6 décimales, ce sera deux stères et 12 centièmes de stère qu'elle contiendra.

ARTICLE X.

S'il s'agissait de mesurer une pierre en forme de T, on commencerait par prendre sa largeur et ensuite son épaisseur, pour former son équarrissage; ensuite on le multiplierait par sa longueur que l'on mesurerait sur les deux côtés, c'est-à-dire le dessus du T et sa queue.

ARTICLE XI.

Moellons.

Trouver la mesure cubique d'une pile de Moellons bruts.

S'il s'agissait de mesurer un tas de moellons arrangés soit en pile sur terre ou dans une voiture,

On mesurerait la largeur que l'on multiplierait par la longueur. Le produit serait l'aire ou la surface de la pile; on multiplierait ensuite cette surface par la hauteur.

EXEMPLE.

Soit la largeur du tas appelé communément toisé, de	320 cent.
La longueur de	530
	9600
	1600
L'aire ou superficie sera	169600 cent. carrés
Si la hauteur est de	110 centimètres
	1696000
	1696000
	18,65,6000 cent. cubes

Ce sera 18 stères et 65/100, de stère que le toisé contiendra.

CHAPITRE VI.

DE LA CYCLOMÉTRIE.

Définitions.

Le *cylindre*, le *cône* et la *sphère*, sont les trois corps ronds dont on s'occupe dans les élémens de géométrie.

1. On appelle *cylindre*, (*fig.* 24) un solide produit par la révolution d'un rectangle qu'on imagine tourner autour d'un côté immobile.

Dans ce mouvement, les côtés restant toujours perpendiculaires, décrivent des plans circulaires égaux, qu'on appelle *les bases* du cylindre et la ligne perpendiculaire qui est sur le côté, en décrit la surface.

La ligne perpendiculaire entre les deux bases du cylindre, s'appelle *l'axe* du cylindre.

2. On appelle *cône* (*fig.* 29) un solide produit par la révolution d'un triangle rectangle qu'on imagine tourner autour d'un côté immobile.

Dans ce mouvement, un côté décrit un plan circulaire, qu'on appelle la *base du cône*, et l'hypothénuse en décrit la surface convexe.

3. Si on retranche une partie du cône, (*fig.* 30) par une section parallèle à la base, le solide restant s'appelle *cône tronqué*.

4. Deux cylindres et deux cônes sont semblables, lorsque leurs axes sont entre eux comme les diamètres de leurs bases.

ARTICLE PREMIER.

De la solidité des cylindres et des cônes,

La solidité d'un cylindre est égal au produit de sa base par sa hauteur; et la solidité d'un cône est égale au produit de sa base par le tiers de sa hauteur.

Ainsi pour connaître la solidité des cylindres et des cônes, il faut savoir mesurer la surface de la base qui est un cercle, et par conséquent avoir un moyen de déterminer la surface d'un cercle. Cette surface est toujours égale au produit de la circonférence par la moitié du rayon. Il s'agit donc maintenant de trouver la circonférence d'un cercle quelconque, connaissant son diamètre qu'il est toujours facile d'obtenir.

Archimède a trouvé qu'un cercle qui aurait 7 unités de diamètre, en aurait 22 de circonférence à très-peu de chose près : ainsi il sera toujours aisé, au moyen du rapport de 7 à 22, de déterminer quelle est la circonférence d'un cercle dont on aurait le diamètre : si, par exemple, on veut savoir quelle sera la circonférence d'un cercle qui a 35 centimètres de diamètre, il suffit de déterminer le quatrième terme d'une proportion dont les trois premiers sont 7 : 22 :: 35 ; le quatrième terme qui est 110, est la longueur de la circonférence cherchée.

Adrien Métius a donné un rapport que l'on croit plus approché et qui est celui de 113 à 355. Mais celui d'Archimède est préférable, par l'avantage qu'il a d'être très-expéditif, et parce qu'en employant ce même rapport, on peut se dispenser de faire la proportion : il suffit de multiplier le diamètre par 3 et d'ajouter au produit la septième partie de ce même diamètre : en effet 3, 1/7 est le nombre de fois que 22 contient 7.

Des calculateurs ont trouvé que le rapport de la circonférence au diamètre était de 1 à 3, 1415926, et ils ont eu la patience de prolonger ces décimales jusqu'à la cent vingt-septième et même jusqu'à la cent cinquantième.

Il est certain qu'une telle approximation équivaut à la vérité. Mais les rapports de Métius et d'Archimède, qui ne diffèrent que de très-peu, sont suffisans pour la pratique. Il est donc bien facile de trouver la circonférence d'un cercle, aussi exactement que peuvent l'exiger les besoins les plus étendus de la pratique.

Connaissant une fois la circonférence, il ne s'agit plus, comme nous l'avons dit plus haut, que de la multiplier par le quart du diamètre (ou moitié du rayon), pour avoir la surface du cercle.

Si l'on demande, par exemple, de combien de décimètres carrés est la surface d'un cercle qui aurait 14 décimètres de diamètre ; on calcule sa circonférence de la manière indiquée, et ayant trouvé qu'elle est de 44 décimètres ou palmes, on multiplie 44 par la moitié du rayon, ou, ce qui revient au même, par le quart du diamètre qui est de 3, 5/10. Le produit 154 fait connaître que la surface cherchée est de 154 décimètres carrés ; ou bien on multiplie la moitié de la circonférence qui est 22 par le rayon (ou moitié du diamètre) qui est 7, et on obtient le même résultat.

En considérant la circonférence d'un cercle comme un polygone composé d'une infinité de côtés, on voit que le cône n'est au fond qu'une pyramide régulière, dont la surface (non compris celle de la base) est composée d'une infinité de triangles, et que par conséquent la surface convexe de l'axe E d'un cône droit (*fig.* 29) est égale au produit de la circonférence de la base par la moitié de ce cône.

Puisqu'un cône peut être considéré comme une pyramide dont le contour de la base aurait une infinité de côtés, il faut en conclure qu'un cône droit ou oblique, est le tiers d'un cylindre de même base est de même hauteur. Donc pour avoir la solidité d'un cône quelconque, il faut multiplier la surface de la base par le tiers et la hauteur.

A l'égard du *cône tronqué* (*fig.* 30), lorsque les deux bases sont parallèles, ce qu'il y a à faire pour en trouver la solidité, consiste à chercher le diamètre moyen en prenant la demi-somme des diamètres des deux bases; et après avoir trouvé la circonférence, on multiplie la moitié par le rayon, le produit donnera la surface de la base, que l'on multiplie ensuite par la hauteur.

ART. II.

De la solidité de la Sphère.

Pour avoir la solidité d'une sphère, il faut multiplier sa surface par le tiers du rayon.

Car on peut considérer la surface de la sphère comme l'assemblage d'une infinité de plans infiniment petits, dont chacun sert de base à une petite pyramide, qui a son sommet au centre de la sphère, et qui, par conséquent, a pour hauteur le rayon. Puis donc que chacune de ces petites pyramides est égale au produit de sa base par le tiers de sa hauteur, c'est-à-dire par le tiers du rayon; elles seront toutes ensemble égales au produit de la somme de toutes leurs bases, par le tiers du rayon, c'est-à-dire égales au produit de la surface de la sphère par le tiers du rayon.

Puisque la surface de la sphère est quadruple de celle d'un de ses grands cercles, *on peut donc, pour avoir la solidité d'une sphère, multiplier le tiers du rayon par quatre fois la surface d'un des grands cereles, ou quatre fois le tiers du rayon par la surface d'un des grands cercles.*

S'il s'agit, par exemple, *de trouver la solidité d'une sphère dont le diamètre serait de* 28 *décimètres*, on cherche la surface de cette sphère, en disant 7 : 22 :: 28, et on trouve pour circonférence d'un de ses grands cercles 88 décimètres; multipliant cette circonférence par le diamètre 28, on a pour surface de la sphère 2464 décimètres carrés; multipliant cette quantité par le tiers du rayon, le résultat sera 11598, 2/3 de décimètres cubes.

Art. III.

Manière de mesurer la capacité des vaisseaux cylindriques.

Une Cuve.

S'il s'agit de trouver la capacité d'une cuve, on la considère comme un *cône tronqué* (*fig.* 30), et on mesure le diamètre du fond, ensuite celui de l'ouverture : on prend la demi-somme des deux diamètres, et cette demi-somme est ce qu'on appelle le *diamètre moyen* de la cuve.

On multiplie la circonférence au moyen du rapport de 7 à 22 ou de celui de 113 à 355.

On multiplie la circonférence trouvée par la moitié du rayon, c'est-à-dire, par le quart du diamètre, ou bien on multiplie la moitié de la circonférence par le rayon (ou moitié du diamètre). Le produit donne la surface de la base, et le produit de cette surface, multipliée par la hauteur de la cuve, fait connaître sa capacité.

EXEMPLE.

Soit proposé de mesurer une cuve dont le diamètre du fond serait de 172 centimètres, celui de l'ouverture de 192 centimètres : on prend la demi-somme de 172 plus 192, et 182 centimètres sera le diamètre moyen ; on cherche la circonférence par la proportion

```
7 : 22 : : 182
             22
           ----
            364
           364
          -----
          4004 { 7
            50 { ---
            14   572 circonférence
```

Ou bien on multiplie	182
Par	3
	546
On ajoute le septième de 182	26
La circonférence est	572 centimètres

On trouve, comme il est aisé de le voir, le même résultat dans les deux cas.

Si on désire savoir la différence qu'il y a entre les rapports d'Archimède et de Métius, on fera cette proportion : 113 : 355 :: 182 :; le 4e. terme sera 5717 millimètres, plus une fraction qui approche de l'unité, en sorte qu'il ne s'en faut pas de 3 millièmes que les deux rapports ne soient égaux dans le cas actuel.

Il y a encore un autre rapport du diamètre à la circonférence qui est de 100 à 314,15926 ou 314,16 : voyons quelle peut être sa différence avec les deux autres.

Nous ferons cette proportion :

$$
\begin{array}{r}
100 : 314{,}16 :: 182 : \\
314{,}16 \\
\hline
1092 \\
182 \\
728 \\
182 \\
546 \\
\hline
571{,}7712
\end{array}
$$

Pour diviser par 100, il suffit de séparer, au moyen du point décimal les deux derniers chiffres à droite ; mais il faut encore séparer deux décimales, à cause de pareil nombre qui se trouve au multiplicateur : donc il faut en tout séparer 4 décimales : ainsi, d'après ce rapport, la circonférence cherchée est de 5717 millimètre, plus une fraction qui approche de l'unité ; ce qui, comme l'on voit, diffère très-peu du résultat obtenu, au moyen des deux autres rapports.

Ces rapports étant très-peu différens l'un de l'autre, on voit qu'alors le plus simple est celui qu'il faut préférer, et que par conséquent le rapport d'Archimède est celui qu'il faut employer dans la pratique où une exactitude rigoureuse n'est pas exigée.

La circonférence trouvée étant donc, d'après le rapport d'Archimède (qui est celui que nous suivrons désormais), de 572 centimètres, on prend la moitié qui est 286, on la multiplie par le rayon ou par la moitié du diamètre qui est de 91 centimètres. Le produit qui exprime la surface de la base est de 26026 centimètres carrés, on multiplie cette surface par la hauteur ou profondeur de la cuve, hauteur que l'on suppose être de . . . . 150 centimètres

Le produit est de . . . . 3903900 centimètres cubes.

Maintenant en faisant attention que le litre est égal au décimètre cube, et que le décimètre cube vaut 1000 centimètres, on divise pour avoir des unités ou des litres, le produit par 1000 ; et pour cela, il suffit de séparer les trois derniers chiffres à droite, qui sont des décimales de peu de valeur.

Ce qui reste, fait connaître que la capacité cherchée est de

3903 litres (ou pintes métriques) et comme il y a 9 dixièmes dans la fraction retranché qui approche de l'unité, on ajoute une unité au chiffre 3; ce qui fait 39 hectolitres 4 litres.

Si on voulait avoir un résultat précis et rigoureux, on emploierait le carré de l'hypothénuse, fixé invariablement à 7854 millimètres, employons donc ce moyen pour connaître quelle est la différence du résultat exact et de celui que nous avons obtenu :

Le diamètre étant	182 centimètres
On le multiplie par lui-même . .	182
	364
	1456
	182
On multiplie le carré	3312400 mil. carr.
Par le carré de l'hypothénuse . .	7854
	13249600
	16562000
	26499200
	23186800
Le produit est	26015589600 millim.
On le multiplie par la hauteur . .	1500
	13007794800000
	26015589600
	3902,338440,0000

Séparant 4 décimales pour le carré de l'hypothénuse et 6 autres décimales pour obtenir des litres, on trouvera que la contenance de la cuve est de 3902 litres ou 39 hectolitres deux litres, résultat qui, comme on le voit, diffère très-peu de celui que nous avons obtenu plus haut.

S'il s'agissait de mesurer une cuvette, un seau ou autres petits vases, on prendrait de même la demi-somme des diamètres du fond et de l'ouverture, et cette demi-somme serait le diamètre moyen.

Ce diamètre connu, on chercherait la circonférence par le rapport de 7 à 22 ; on multiplierait la circonférence trouvée par la moitié du rayon ; le produit donnerait la surface de la base, qu'on multiplierait par la hauteur du vase, et le produit exprimerait sa capacité.

EXEMPLE.

Soit proposée une cuvette ou un seau qui aurait de diamètre au fond 175 millimètres et à l'ouverture 195 : on prend la demi-somme de 195 plus 175,

Et le diamètre moyen est de	185 millim.
On cherche la circonférence, en multipliant par	3
	555
On ajoute à ce produit le 7e. du diamètre	26
La circonférence cherchée est de . .	581 millim.
On la multiplie par la moitié du rayon ou le quart du diamètre, qui est	46 5/20
	3486
	2324
	145
La surface de la base est de	26871 mill. carrés
On *multiplie* cette surface par la hauteur intérieure que l'on suppose être de . .	450 millim.
	1343550
	107484
Le résultat est de	12 091950 mill. cubes

Et comme nous l'avons déjà observé, on divisera ce produit par un million, ou plus simplement on retranchera les six derniers chiffres à droite, comme étant des décimales de peu de valeur et la capacité du vase proposé sera de 12 litres.

ARTICLE IV.

Un Ovale.

S'il s'agit de trouver la capacité d'un *vaisseau ovale* (*fig.* 32), il faut mesurer la longueur et la largeur de l'ouverture, la demi-somme de ces mesures est le diamètre du haut, on fait la même opération au fond ; on prend ensuite la demi-somme des deux diamètres, et cette demi-somme est le diamètre moyen de l'ovale.

Le diamètre moyen une fois connu, on cherche la circonférence, par la proportion que nous avons indiqué, et on multiplie la surface de la base par la hauteur ou profondeur du vaisseau; le produit est la capacité cherchée.

Art. V.

Une Baignoire.

Les baignoires ne sont rondes dans aucun sens ; elles sont d'une figure ovale, mais plus large à un bout qu'à l'autre.

Pour en trouver la solidité, on mesure la largeur de l'ouverture à chaque bout, on prend la demi-somme de ces mesures, et cette demi-somme est la largeur moyenne de l'ouverture, on l'ajoute à la longueur, et la moitié du tout donne le diamètre du haut.

On fait la même opération au fond, et on prend la demi-somme des deux diamètres ; ce qui donne celui moyen de la baignoire.

Ce diamétre moyen étant connu, on cherche la circonférence par le rapport de 7 à 22 ; ensuite la surface de la base par le procédé expliqué ci-dessus ; on la multiplie par la hauteur intérieure de la baignoire ; le résultat est la capacité cherchée.

Soit, par exemple, une baignoire qui aurait de largeur à un bout 75 centimètres et à l'autre bout 35, on prend la demi-somme de 75 plus 35, et 55 centimètres est la largeur du haut ; soit en même tems sa longueur de 155 centimètres ; on prend la demi-somme de 155 plus 55, et 105 centimètres est le diamètre de l'ouverture. Si celui du fond, mesuré de la même manière, est de 75 centimètres, on prend encore la demi-somme de 105, plus 75, et 90 centimètres est le diamètre moyen de la baignoire.

Ce diamètre connu, on cherche la circonférence par la proportion de 7 : 22 : .	90
On multiplie ce diamètre par	3
	270
On ajoute le septième du diamètre. . .	13
La circonférence est de.	283 centimètr.
On multiplie la moitié.	141 5/10
Par le rayon.	45
	705
	564
	22 5/10
La surface de la base est de.	6337 5/10 c. car.
Soit en même-tems la hauteur intérieure de la baignoire de.	50 centimètr.
	318350
	25
Produit.	318,375 cent. cubes

Le résultat fait connaître, en séparant les trois derniers chiffres à droite, et les négligeant comme étant des décimales de faible valeur, que la capacité cherchée de la baignoire est de 318 litres ou pintes métriques.

Article VI.

Un Bassin.

S'il s'agissait de trouver la contenance d'un Bassin tel qu'il s'en trouve au jardin des Tuilleries.

On prendrait un ruban ou une ficelle avec lequel on mesurerait le diamètre de l'ouverture; si celui du fond est égal, on cherche la circonférence par le rapport de 7 à 22, on multiplie la moitié de la circonférence trouvée par le rayon ou moitié du diamètre. Le produit donne la surface de la base, qu'on multiplie ensuite par la hauteur ou profondeur du bassin : le résultat est la capacité cherchée.

Exemple.

Soit le bassin qui se trouve au milieu du jardin des Tuileries, lequel a de diamètre.	3860 centimètr.
En le multipliant par.	3
	11580
et en ajoutant le septième	551
La circonférence sera.	12131 centim.
Pour avoir la surface de la base, on multiplie la moitié de la circonférence. .	6065 5/10
par le demi-diamètre ou rayon qui est. .	1930
Et le produit.	117064150 cent. carrés

est l'expression de la surface de la base.

Connaissant cette surface, il ne s'agit plus que de la multiplier par la hauteur moyenne, c'est-à-dire par la distance du fond aux parois internes de la couronne du bassin : cette hauteur moyenne est 72 centimètres : multipliant 117064150 par 72, le produit fait connaître que la contenance du bassin proposé est de 8435 hectolitres 62 litres à peu de chose près.

N. B. Si le bassin qu'il s'agit de mesurer est sous la forme d'un parallélipipède, comme celui qui se trouve au jardin du Sénat-Conservateur, on prend la longueur du bassin, que l'on multiplie par sa largeur; le produit de ces deux dimensions est la surface de la base, qu'on multiplie par la hauteur du du bassin : le produit donne des décimètres cubes ou la quantité de litres qu'il contient.

ARTICLE VII.

Des Tonneaux.

S'il s'agit de mesurer un tonneau (*fig.* 33), comme il forme un ventre par le milieu, et que de-là il va en diminuant vers ses extrémités, on le considère comme un cylindre de même hauteur (ou longueur), mais dont la base serait moyenne, proportionnelle, arithmétique, entre le *cercle* qui forme le fond intérieur et celui qui forme le ventre aussi intérieur ; c'est pourquoi on commence par mesurer à un des fonds deux diamètres situés à angles droits, l'un à l'égard de l'autre ; on prend la demi-somme de ces mesures, et on a son diamètre ; on fait ensuite la même opération sur l'autre fond, pour s'assurer s'ils sont égaux ; en cas d'inégalité, on prend encore la demi-somme des deux diamètres, et on a celui réduit des fonds

Ensuite on mesure le diamètre du bouge (ou du cercle du ventre) avec une règle ou tringle de bois bien droite, que l'on introduit bien perpendiculairement dans la direction de l'axe du centre du tonneau, et à l'aide d'un double décimètre, qui sert de mesure de poche, destinée à évaluer l'épaisseur des douves, on ramène la règle qui fait connaître le diamètre intérieur du bouge.

Après avoir mesuré avec les précautions convenables le diamètre du bouge et celui des fonds. on prendra les deux tiers de la différence de ces diamètres, c'est-à-dire que l'on retranchera le tiers de la différence du diamètre du bouge, pour ajouter les deux tiers restant à celui des fonds : de cette manière on aura le diamètre moyen du tonneau, lequel étant connu, on cherchera la circonférence par la méthode indiquée ci-devant, laquelle étant trouvée, on multipliera sa moitié par le rayon, le produit donnera la surface de la base, qu'on multipliera ensuite par la hauteur ou longueur intérieure du tonneau, c'est-à-dire par la distance perpendiculaire entre les parois intérieures de ses fonds, qu'il nous reste à déterminer.

Pour avoir cette distance exacte, on mesure la longueur intérieure du tonneau avec la règle à laquelle on donne une direction bien parallèle à l'axe de la pièce : on retranche de la longueur qu'on obtient la saillie des jables, que l'on mesure à l'aide du double décimètre. On y joint la double épaisseur des fonds, lesquelles épaisseurs sont ordinairement connues par la force des pièces et l'usage des différens pays. (Les tonneaux d'une contenance de 150 à 400 litres, ont des fonds dont on peut évaluer l'épaisseur de 11 à 16 millimètres, et ceux au-dessus de 400 litres, ont des fonds dont l'épaisseur peut être évaluée de 18 à 30 millimètres, suivant la grosseur des pièces) ; ce qui reste donne évidemment la longueur intérieure.

EXEMPLE.

Soit proposé un tonneau qui aurait de diamètre au cercle du bouge.	750 millimètr.
à celui des fonds.	650
La différence entre les deux diamètres, est.	100
Le tiers de 100 est 33 et les 2/3. . .	66
On ajoute le diamètre des fonds. . .	650
et le diamètre moyen est de.	716 millimètres
On cherche la circonférence par la proportion de 7 : 22 :: 716, ou plus simplement on multiplie ce diamètre	
par	3
	2148
On ajoute le septième du diamètre. . .	102
La circonférence trouvée est.	2250 millim.
On multiplie sa moitié.	1125
par le rayon ou demi-diamètre.	358
	9000
	5625
	3375
Le produit est la surface de la base. .	402750 mil. carrés
On suppose présentement que la longueur extérieure du tonneau est de . . . . 860 mill.	
On en déduit pour la saillie des jables et pour l'épaisseur des fonds. . . . . 90 mill.	
Ainsi la longueur intérieure est 770 mill.	
On multiplie cette longueur ou hauteur par la surface	770 millim.
	28192500
	2819250
Le produit est.	310.117500 mil. carrés

Comme il faut un million de millimètres cubes pour faire un titre, on retranchera les 6 derniers chiffres à droite., qui sont des décimales de peu de valeur, et on connaîtra que la capacité cherchée du tonneau proposé, est de 310 litres (ou pintes métriques).

Remarque. Si un tonneau se trouvait renflé dans plusieurs parties du ventre, ou si la douve du bondon était plate et large plus que les autres douves, on le disposerait de manière à faire une seconde ouverture en le roulant de côté ; on introduirait de nouveau la tringle pour prendre le diamètre de ce second axe, ensuite on partagerait la différence par moitié avec celui du bondon : après quoi on retrancherait le tiers, pour ajouter les deux tiers restant au diamètre des fonds et l'opération se continuerait ensuite de la manière que nous venons d'enseigner.

Observation. Dans la méthode que nous venons d'exposer qui est très-naturelle, on pourrait se dispenser d'évaluer les dimensions des tonneaux en millimètres (ou traits) qui font approcher plus près de la vérité, mais dont l'exactitude rigoureuse a l'inconvénient d'entraîner dans des calculs très-longs, sans qu'il en résulte un grand avantage : d'ailleurs les irrégularités de la construction des futailles, et les douves plus ou moins larges dans les tonneaux permettent bien de négliger tout à fait les fractions qui résultent du mesurage en millimètres : on peut donc se passer d'une si grande précision, et s'arrêter aux centimètres.

ART. VIII.

Après avoir enseigné la manière de trouver la capacité des tonneaux, nous devons aussi donner celle *de constater la quantité nécessaire pour les remplir lorsqu'ils sont en vidange.*

MOYEN.

Lorsqu'un tonneau est en vidange, si on a la faculté de le lever sur un de ses fonds, on fera ensorte que le fond supérieur soit bien horizontal ; dans cette position on percera ce fond pour pouvoir y introduire une règle ou tringle, qui puisse faire connaître la profondeur de la liqueur, et on évaluera le vide en le considérant comme un cylindre, dont la base est égale aux cercles des fonds, et dont la hauteur *est la hauteur du vide.*

Si ce vide était assez considérable pour qu'il fallût avoir égard à l'excédent du diamètre ; on prendrait pour diamètre moyen le diamètre des fonds, plus un 8e. ou un 10e. du diamètre du bouge.

Soit, par exemple, un tonneau *(de l'espèce du petit muid Languedoc)* qui aurait de longueur intérieure 880 millimètres.

Si le diamètre du bouge donne. . . .	760 millimètr.
Celui des fonds.	680
La différence sera de.	80 millimètr.

Si la hauteur du vide, ou la distance entre la surface de la liqueur et la surface intérieure du fond, est de 220 millimètres (ou traits), qui se trouvent être le quart de la longueur, on prend le 8e. de la différence qui est 10, pour ajouter aux 680 du diamètre

des fonds, ce qui donne pour diamètre moyen..	690 millimètr.
Pour avoir la circonférence on multiplie ce diamètre par	3
	2070
On ajoute le 7e. du diamètre. . . .	98
La circonférence est de.	2168 millimètr.
On multiplie sa moitié.	1084
par le rayon.	345
	5420
	4336
	3252
La surface de la base est de.	373980 millimetr.
On la multiplie par la hauteur du vide, qui est de. . . . , ...	220 millim.
	7479600
	747960
Le produit est.	82,275600

En retranchant les 6 décimales à droite, on voit que la quantité nécessaire pour remplir le tonneau proposé, est de 82 litres (ou pintes métriques).

Art. IX.

AUTRE MOYEN.

1. Comme on ne peut pas toujours lever les tonneaux sur leurs fonds, parce qu'ils se trouvent très-souvent sur des voitures qui en sont chargées ou dans des caves qui en sont pleines; nous allons donner le moyen de constater par *le bondon, la quantité nécessaire pour remplir ceux qui séront en vidange, et d'évaluer le liquide qu'il peut y avoir dans chaque pièce de lie.*

2. Le vide qui existe entre la liqueur et le bondon, diffère de quantité en plus ou en moins suivant le volume de tonneaux; pour bien le constater, il faut savoir les distinguer.

3. Par les tables du dépotement des différentes espèces de tonneaux, dont nous allons donner la nomenclature, ainsi que les dimensions et le baptême qui les distingue, on trouvera la quantité de litres (ou pintes) qu'il faut pour remplir l'espace d'un *centimètre* à un autre *centimètre* proportionnellement à leurs grandeurs.

4. Le moyen de parvenir à cette connaissance, consiste à introduire bien perpendiculairement par le bondon une règle ou tringle

qui puisse faire connaître la profondeur de la liqueur, et on évaluera le vide suivant la table qui convient à l'espèce de tonneau qui est en vidange.

5. Par exemple, si la hauteur du vide ou la distance entre la surface de la liqueur et la surface interne de la douve du bondon, est de 15 centimètres dans une pièce *Châlonnaise*, *Beaune*, *Hérissey* ou *Mâcon*, ou enfin dans une pièce qui aurait depuis 55 centimètres jusqu'à 60 de diamètre au fond, et depuis 84 centimètres jusqu'à 86 de longueur extérieure. on verra à la sixième table qui suit, (*page* 210) que ce sera 38 litres qu'il faudra pour la remplir. Si la hauteur du vide était de 28 centimètres, ce serait 91 litres.

6. Si c'était au contraire une pipe d'*Anjou*, ou une pièce qui aurait depuis 64 centimètres jusqu'à 68 de diamètre aux fonds, et depuis 135 centimètres jusqu'à 140 de longueur extérieure, qui fut en vidange, et que la distance entre la surface de la liqueur et la surface interne des douves fut de 20 centimètres, on aurait recours à la vingtième table et on verrait qu'il faut 91 litres pour la remplir. Si la hauteur du vide était de 35 centimètres, ce serait 213 litres.

Art. X.

Moyen d'évaluer le liquide que contient une pièce de lie.

7. Si les tonneaux étaient remplis de lie et qu'on voulût savoir la quantité de liquide qu'ils renferment, on introduirait de même la règle, en faisant attention à la résistance que ferait éprouver la lie ferme, et on évaluerait la hauteur du liquide, qui fournirait une même quantité de litres qu'il en faudrait pour remplir un pareil espace qui serait en vidange.

8. Les Tables que nous annonçons seront précédées du répertoire des différentes pièces qui arrivent journellement a Paris.

OBSERVATION.

Le Tableau du Répertoire ci-joint servira à faciliter la connaissance du baptême qu'il convient de donner aux tonneaux, en observant qu'en général, lorsque le diamètre des fonds d'un tonneau excede le nombre marqué aux signes inférieurs des jauges, on doit compter sur un excédent du bouge présumé; en sorte que si, par exemple, le diamètre des fonds d'un *tonneau Auvergne* arrive au nombre 25 qui est quatre divisions au-dessus du signe inférieur, figuré par E, sur le côté N°. 2 de la petite jauge, et que sa longueur soit une division de plus que le caractère supérieur, figuré par la même lettre E, on peut, sans ouvrir le bondon, en examinant sa rotondité, supposer qu'il a trois divisions de diamètre au bouge de plus que le point qui correspond à celui de la jauge indiqué par le diamètre des fonds, ce qui fait 20 litres à y ajouter, et s'il avait 26 divisions de diamètre aux fonds, et une ou deux divisions de plus que le caractère supérieur, on pourrait, sans hésiter, en ajouter trois, parce que le diamètre du bouge est au moins de quatre divisions et demie de plus que celui présumé. Il en est de même pour les muids *gros*, *très-gros*, *rappés*, etc. dont le diamètre des fonds arrive jusqu'à 26, 27, 28, divisions de ce même côté N°. 2. Comme ils ont deux, trois, quatre et quelquefois six divisions de plus que le caractère supérieur, on peut ajouter aux diamètres de leurs fonds trois décalitres sans erreur sensible; il n'y a d'exception à faire que pour les *demi-queues Languedoc*, *les muids Cahors* qui donne moins de bouge, et la plupart *des pipes et barriques*, parce que dans ces dernieres il s'en trouve qui sont destinées à contenir des *eaux-de-vie*; et comme ces sortes de liquides se vendent communément au poids, surtout dans les pays d'où on les tire, leurs douves sont très-épaisses, ce qui fait qu'il y en a qui ont moins de bouge que celui présumé.

ERRATA.

3e. ligne et 3e. colonne des signes supérieurs; *lisez* 18 au lieu de 8.

37e. ligne de la demi-queue Vauvray, à la colonne des anciens septiers; *lisez* 53 1/2 au lieu de 36,

De différens Tonneaux qui arrivent journellement à Paris; les numéros des Tables qui conviennent à leur dépotement, ceux des côtés de la Jauge, et le nombre de divisions aux signes inférieurs et supérieurs qui font connaître leurs baptêmes et leurs contenances en anciennes et nouvelles Mesures.

Numéros des Tables du Dépotement.	Numéros des côtés de la Jauge.	Décalitres exprimés aux signes.		NOMS DES TONNEAUX QUI SE JAUGENT SUR LA PETITE JAUGE.	Contenances en	
		Inférieurs.	Supérieur.		Anciens Septiers.	Litres ou pintes nouvelles.
1	1	7	0	Quart muid, ou demi-feuillette,	9	68
2	1	9	0	Demi-pièce ou tierçon Champagne,	12	91
5	1	8	0	Pièce ou demi-queue Champagne,	24	183
5	1	17	0	Pièce ou demi-queue Villeneuve,	23	175
5	1	20	0	Pièce ou demi-queue Château-Thiery,	24	183
5	1	20	0	Pièce ou demi-queue Rheims,	26	198
5	1	20	0	Pièce ou demi-queue Renaison,	26 ½	201
5	1	20	1	Pièce Bordelaise,	26 ½	201
5	1	20	1	Pièce de l'Hermitage,	27 ½	205
2	2	10	0	Demi-pièce ou quartaut Mâcon,	14	106
2	2	10	0	Demi-pièce ou quartaut Lachaise,	14	106
2	2	11	0	Demi-pièce ou quartaut Orléans,	15	114
2	2	11	0	Demi-pièce ou quartaut Baune,	15	114
2	2	11	0	Demi-pièce ou quartaut Châlonnais,	15	114
2	2	12	0	Demi-pièce ou quartaut Vauvray,	16 ½	125
0	2	12	1	Demi-pièce ou quartaut Auvergne,	18	137
6	2	19	1	Pièce ou demi-queue Mâcon,	28	213
6	2	20	½	Pièce ou demi-queue Montigny,	28	213
6	2	19	1	Pièce ou demi-queue Charlieux,	28	213
6	2	20	1	Pièce ou demi-queue Hérissey,	29	221
6	2	20	1 ½	Pièce ou demi-queue Limoney,	30	228
6	2	20	1	Pièce ou demi-queue Lachaise,	29	221
6	2	21	1	Pièce ou demi-queue Châlonnaise,	29 ½	224
6	2	21	1	Piéce ou demi-queue Baune,	30	228
7	2	22	0	Pièce ou demi-queue Orléans,	30	228
7	2	21	0	Pièce ou demi-queue Sancère,	29	220
7	2	22	0	Pièce ou demi-queue Gatinais,	30	228
7	2	22	0	Pièce ou demi-queue Pouilly,	30	228
7	2	25	0	Pièce ou demi-queue la Chapelle-Blanche,	31	236
7	2	25	0	Pièce ou demi-queue Batarde.	31	236
7	2	23	0	Pièce ou demi-queue Sologne.	31	236
7	2	21	½	Pièce ou demi-queue Chinon,	31	236
7	2	25	0	Pièce ou demi-queue Noelles,	31	236
7	2	24	0	Pièce ou demi-queue Bloisois,	31	236
8	2	23	0	Pièce ou demi-queue Mont-Louis,	32	243
8	2	24	0	Pièce ou demi-queue du Cher,	32	243
8	2	24 ½	0	Pièce ou demi-queue Vauvray,	36	255
8	2	25	0	Pièce ou grosse Vauvray,	34	259
8	2	25	0	Pièce Auvergne (Rys),	36	274
0	2	25	2	Pièce Auvergne,	39	297
9	2	24	2	Pièce ou demi-queue Languedoc,	36	274
9	2	24	3	Pièce ou demi-queue Saint-Gilles,	38	289
0	2	26	2	Muid Orléans,	38	289
0	2	27	2	Muid Bourgogne,	39	297
0	2	27	3	Muid Rappé,	40	304
0	2	27	4	Muid Gros,	42	320
0	2	27	5	Muid très-Gros,	44	325
0	2	28	5	Muid très-gros Rappé,	45	342
11	2	28	6	Muid très-gros rappé Bourgogne,	46	350
3	3	13	0	Demi-muid ou feuillette,	18	137
3	3	14	0	Demi-muid Bourgogne,	19	144
3	3	15	1	Demi-muid gros,	20	152
3	3	16	1	Demi-muid très-gros,	22	167
10	3	26	1	Muid Français,	35	266
10	3	28	1	Muid Cahors,	39	297
10	3	27	0	Muid du Rhône,	37	282
11	3	33	1	Petit muid Languedoc,	48	365
12	3	45	4	Muid Montpellier ou pipe Languedoc,	67	510
12	3	48	5	Barbantanne,	74	563
4	4	12	0	Demi-busse ou quartaut busse,	16	122
13	4	20	0	Barrique ou tierserolle,	31	236
14	4	22	1	Busse d'Anjou,	33	251
14	4	21	0	Busse Saumur,	30 ½	232
15	4	33	0	Bussard,	46	350
				Noms des Tonneaux qui se jaugent sur la grande Jauge.		
16	1	50	0	Queue,	42	320
17	2	40	1	Barrique de Catalogne,	61	464
18	2	46	1	Barrique de Marseille,	68	518
19	2	50	0	Pipe de Nantes,	71	540
19	2	53	0	Pipe d'Alicante,	73	556
00	2	76	0	Pipe de St.-Gilles,	100	761
20	3	47	0	Pipe d'Anjou,	63	480
20	3	45	0	Pipe de Saumur,	62	472
20	3	47	0	Petite pipe Coignac,	70	533
21	4	57	2	Grande pipe de Coignac,	81	617

PREMIÈRE TABLE.

Cette table est destinée à évaluer le vide des *quart-muids*, c'est-à-dire de tous barils qui auraient depuis 40 centimètres jusqu'à 43 de diamètre aux fonds, et qui auraient depuis 60 jusqu'à 62 centimètres de longueur extérieure, correspondant de 7 à 8 décalitres exprimés par le caractère inférieur, figuré par la lettre A du côté N°. 1 de la petite jauge et aux deux points qui marquent le caractère supérieur, figuré par la même lettre A.

Nota. Ici, comme pour toutes les pièces qui seront désignées aux autres Tables, on comprend dans la longueur, la saillie des jables, parce qu'il ne s'agit que de distinguer les pièces propres à mesurer le vide. (Cela soit dit pour toujours.)

DÉPOTEMENT DU QUART-MUID.

Centimètres ou Doigts.	Hectolitres ou Septiers.	Décalitres ou Veltes.	Litres ou Pintes.
8	0	0	8
12	0	1	5
16	0	2	3
20	0	3	0
23	0	3	8
26	0	4	6
30	0	5	4
34	0	6	1
41	0	6	9

IIe. TABLE.

Cette Table servira à évaluer le vide des demi-pièces ou quartauts *Mâcon*, *Montigny*, *Charlieux*, *Herissey*, *Pouilly*, *Sancerre*, *Lachaise*, *Beaune*, *Châlonnaise*, *Orléans*; enfin tous petits tonneaux qui auraient depuis 44 centimètres jusqu'à 49 de diamètre aux fonds, et depuis 64 jusqu'à 68 centimètres de longueur, correspondant de 10 à 12 décalitres exprimés au-dessous et au-dessus du caractère inférieur figuré par la lettre D du côté N°. 2 de la petite jauge, et depuis environ une division en moins que les deux points qui désignent le caractère supérieur, figuré par la même lettre D, jusqu'audit caractère.

DÉPOTEMENT DES QUARTAUTS ORLÉANS, etc.

Centimètres ou Doigts.	Hectolitres. ou Sep!iers.	Décalitres ou Veltes.	Litres ou Pintes.
6	0	0	8
10	0	1	5
13 5/10	0	2	3
16	0	3	0
19 5/10	0	3	8
22	0	4	6
25	0	5	3
28	0	6	1
31	0	6	9
34	0	7	6
36 5/10	0	8	4
40	0	9	1
43	0	9	9
46	1	0	7
53	1	1	4

IIIe. TABLE.

Cette Table est destinée à évaluer le vide de tous les *demi-muids* ou feuillettes ; enfin de toutes pièces qui auraient depuis 46 centimètres jusqu'à 52 de diamètre aux fonds, et depuis 76 jusqu'à 80 centimètres de longueur, correspondant de 12 à 15 décalitres exprimés au caractère inférieur indiqué par le côté N°. 3 de la petite jauge, figuré par la lettre F, et depuis les deux points qui indiquent le caractère supérieur jusqu'à une division en plus.

DÉPOTEMENT DES FEUILLETTES.

Centimètres ou Doigts.	Hectolitres ou Septiers.	Décalitres ou Veltes.	Litres ou Pintes.
5 1/2	»	»	8
9	»	1	5
12	»	2	3
14	»	3	0
16	»	3	8
19	»	4	6
20 1/2	»	5	3
21 1/2	»	6	1
25	»	6	9
27 1/2	»	7	6
29 1/2	»	8	4
31 1/2	»	9	1
33 1/2	»	9	9
36	1	0	7
39	1	1	4
41	1	2	2
44	1	2	9
47	1	3	7
53	1	4	5

IVe. TABLE.

Cette Table est destinée à évaluer le vide des demi-busses (ou quartauts busses) *Anjou*, *Saumur*, etc., ainsi que toutes pièces qui auraient depuis 40 centimètres jusqu'à 44 de diamètre aux fonds, et depuis 75 jusqu'à 80 centimètres de longueur, correspondant de 11 à 13 décalitres exprimés par le caractère inférieur du côté N°. 4 de la petite jauge, figuré par la lettre J, et depuis une division au-dessous du caractère supérieur jusqu'à une demi-division en plus.

DÉPOTEMENT DES QUARTAUTS BUSSES.

Centimètres ou Doigts.	Hectolitres ou Septiers.	Décalitres ou Veltes.	Litres ou Pintes.
7	»	1	0
11 1/2	»	2	0
15	»	3	0
18	»	4	0
21	»	5	0
24	»	6	0
27	»	7	0
30	»	8	0
33 1/2	»	9	0
36 1/2	1	»	0
40	1	1	0
45	1	2	0
50 1/2	1	2	5

TABLE V.

Ve. TABLE.

Cette Table servira à évaluer le vide des pièces (ou demi-queues) *Champagne*, *Rheims*, *Villeneuve*, *Château-Thierry*, *Renaison*, *Saint-Gilles*, *Bordelaises*, *l'Hermitage* et autres pièces de Provence; enfin toutes celles qui auraient depuis 52 centimètres jusqu'à 56 de diamètre aux fonds, et depuis 80 jusqu'à 84 et même 88 centimètres de longueur extérieure, correspondant de 17 à 20 décalitres exprimés par le caractère inférieur du côté No. 1 de la petite jauge, figuré par la lettre C, et depuis les deux points qui indiquent le caractère supérieur jusqu'à une division et demie au-dessus.

DÉPOTEMENT DES DEMI-QUEUES CHAMPAGNE.

Centimètres ou Doigts.	Hectolitres ou Septiers.	Décalitres ou Veltes.	Litres ou Pintes.
6	»	«	8
9 1/2	»	1	5
12	»	2	3
14 1/2	»	3	0
17	»	3	8
19	»	4	6
21	»	5	3
23	»	6	1
24 1/2	»	6	9
26	»	7	6
28	»	8	4
30	»	9	1
32	»	9	9
33 1/2	1	0	7
35	1	1	4
37	1	2	2
39	1	2	9
41	1	3	7
43	1	4	5
45	1	5	2
47	1	6	0
50	1	6	8
53 1/2	1	7	5
60	1	8	3

VIe. TABLE.

Cette Table est pour évaluer le vide des pièces (ou demi-queues) *Mâcon*, *Montigny*, *Charlieux*, *Limoney*, *Herissey*. *Lachaise*, *Beaune*, *Châlonnaises*; enfin toute pièce qui aurait depuis 55 centimètres jusqu'à 60 de diamètre aux fonds, et depuis 84 jusqu'à 86 centimètres de longueur extérieure, correspondant de 19 à 21 décalitres exprimés au-dessous et par le caractère inférieur du côté N°. 2 de la petite jauge, figuré par la lettre E, et au premier point ou clou à tête ronde qui est en plus que le caractère supérieur.

DÉPOTEMENT DES DEMI-QUEUES BEAUNE ET CHALONNAISES.

Centimètres ou Doigts.	Hectolitres ou Septiers.	Décalitres ou Veltes.	Litres ou Pintes.	Centimètres ou Doigts.	Hectolitres ou Septiers.	Décalitres ou Veltes.	Litres ou Pintes.
6	»	»	8	34	1	2	2
9	»	1	5	36	1	2	9
11	»	2	3	37 1/2	1	3	7
13	»	3	0	39	1	4	5
15	»	3	8	41	1	5	2
17	»	4	6	43	1	6	0
18 1/2	»	5	3	44 1/2	1	6	8
20 1/2	»	6	1	46	1	7	5
22	»	6	9	48	1	8	3
24	»	7	6	51	1	9	0
26	»	8	4	52	1	9	8
28	»	9	1	54	2	0	6
29 1/2	»	9	9	57	2	1	3
31	1	0	7	60	2	2	1
33	1	1	4	65	2	2	8

VIIe. TABLE.

Cette Table servira à évaluer le vide des pièces (ou demi-queues) *Orléans* , *Chinon* , *Saumur* , *Pouilly* , *Gatinais*, *Solognes* , *Noelles* , *Lachapelle - Blanche* , *Bâtarde* , *Blois* ; enfin toutes les pièces qui auraient depuis 60 jusqu'à 62 centimètres de diamètre aux fonds , et depuis 78 jusqu'à 82 centimètres de longueur extérieure , correspondant de 22 à 23 décalitres exprimés au-dessus du caractère inférieur du côté N°. 2 de la petite jauge , figuré par la lettre E , et aux deux points qui désignent le caractère supérieurfiguré par la même lettre E.

DÉPOTEMENT DES DEMI-QUEUES ORLÉANS , etc.

Centimètres ou Doigts.	Hectolitres. ou Septiers.	Décalitres ou Veltes.	Litres ou Pintes.	Centimetres ou Doigts.	Hectolitres ou Septiers.	Décalitres ou Veltes.	Litres ou Pintes.
6	»	»	8	35	1	2	2
10	»	1	5	38	1	2	9
11	»	2	3	40	1	3	7
15	»	3	0	42	1	4	5
16	»	3	8	44	1	5	2
18	»	4	6	45	1	6	0
20	»	5	3	46	1	6	8
21	»	6	1	49	1	7	5
23	»	6	9	51	1	8	3
25	»	7	6	54	1	9	0
27	»	8	4	56	1	9	8
28	»	9	1	58	2	0	6
30	»	9	9	60	2	1	3
32	1	0	7	63	2	2	1
34	1	1	4	68	2	2	8

VIIIe. TABLE.

Cette Table est destinée à évaluer le vide des pièces (ou demi-queues) *Vauvray*, *Ducher*, *Touraine*, *Mont-Louis ;* les pièces Auvergne et toute autre qui n'aurait que depuis 63 centimètres jusqu'à 65 de diamètre aux fonds, et depuis 80 jusqu'à 83 centimètres de longueur extérieure, correspondant de 24 à 25 décalitres exprimés au-dessus du caractère inférieur du côté N°. 2 de la petite jauge, figuré par la lettre E, et aux deux points qui désignent le caractère supérieur, figuré par la même lettre E.

DÉPOTEMENT DES DEMI-QUEUES VAUVRAY, etc.

Centimètres ou Doigts.	Hectolitres ou Septiers.	Décalitres ou Veltes.	Litres ou Pintes.	Centimètres ou Doigts.	Hectolitres ou Septiers.	Décalitres ou Veltes.	Litres ou Pintes.
7	»	»	8	37 1/2	1	3	7
9	»	1	5	39 1/2	1	4	5
11 1/2	»	2	3	40 1/2	1	5	2
13 1/2	»	3	0	42	1	6	0
15 1/2	»	3	8	43	1	6	8
17 1/2	»	4	6	45 1/2	1	7	5
19 1/2	»	5	3	47 1/2	1	8	3
21	»	6	1	50 1/2	1	9	0
22 1/2	»	6	9	51 1/2	1	9	8
24 1/2	»	7	6	53	2	0	6
26 1/2	»	8	4	55 1/2	2	1	3
28	»	9	1	58 1/2	2	2	0
29	»	9	9	59 1/2	2	2	8
31	1	0	7	61	2	3	6
33	1	1	4	63	2	4	4
34 1/2	1	2	2	66	2	5	1
36	1	2	9	71 1/2	2	5	9

IXe. TABLE.

Cette Table sert à évaluer le vide des pièces (ou demi-queues Languedoc) et autres pièces venant des pays chauds qui n'annonceraient pas beaucoup de bouge et qui n'auraient que depuis 62 centimètres jusqu'à 65 de diamètre aux fonds, et depuis 83 jusqu'à 90 centimètres de longueur, correspondant de 23 à 25 décalitres, exprimés au-dessus du caractère inférieur du côté N°. 2 de la petite jauge, figuré par la lettre E, et depuis une division jusqu'à quatre en plus du caractère supérieur, figuré par la même lettre E.

DÉPOTEMENT DES DEMI-QUEUES LANGUEDOC.

Centimètres ou Doigts.	Hectolitres ou Septiers.	Décalitres ou Veltes.	Litres ou Pintes.	Centimètres ou Doigts.	Hectolitres ou Septiers.	Décalitres ou Veltes.	Litres ou Pintes.
5	0	0	8	36	1	4	5
7 1/2	0	1	5	37	1	5	2
9	0	2	3	39	1	6	0
11	0	3	0	40	1	6	8
13 1/2	0	3	8	41	1	7	5
16 1/2	0	4	6	43	1	8	3
18 1/2	0	5	3	45	1	9	0
20	0	6	1	47	1	9	8
22	0	6	9	49	2	0	6
23 1/2	0	7	6	50	2	1	3
24 1/2	0	8	4	52	2	2	1
26 1/2	0	9	1	53	2	2	8
28	0	9	9	55	2	3	6
29	1	0	7	57 1/2	2	4	4
31	1	1	4	59 1/2	2	5	1
32 1/2	1	2	2	62	2	5	9
33 1/2	1	2	9	63	2	6	7
35	1	3	7	68	2	7	4

Xe. TABLE.

Cette Table est pour évaluer le vide des *muids Cahors*, *muids Français*, *muids du Rhône*; enfin toutes pièces qui n'annonceraient pas avoir beaucoup de bouge, et qui auraient depuis 60 centimètres jusqu'à 65 de diamètre aux fonds, et depuis 92 centimètres jusqu'à 100 de longueur extérieure, correspondant de 26 à 31 décalitres, exprimés au-dessous et au-dessus du caractère inférieur du côté N°. 3 de la petite jauge, figuré par les lettres G et depuis une division en moins jusqu'à une division en plus du caractère supérieur figuré par les lettres G M.

DÉPOTEMENT DES MUIDS CAHORS, etc.

Centimètres ou Doigts.	Hectolitres ou Septiers.	Décalitres ou Veltes.	Litres ou Pintes.	Centimètres ou Doigts.	Hectolitres ou Septiers.	Décalitres ou Veltes.	Litres ou Pintes.
5	»	»	8	35	1	6	0
7	»	1	5	37	1	6	8
9 1/2	»	2	5	37 1/2	1	7	5
11	»	3	0	38 1/2	1	8	3
12 1/2	»	3	8	40	1	9	0
14	»	4	6	42	1	9	8
16	»	5	3	43	2	0	6
17	»	6	1	44 1/2	2	1	3
19	»	6	9	46	2	2	1
21	»	7	6	47	2	2	8
22	0	8	4	49 1/2	2	3	6
23	»	9	1	52	2	4	4
25	»	9	9	53	2	5	1
26	1	0	7	54 1/2	2	5	9
27 1/2	1	1	4	56	2	6	7
28	1	2	2	57 1/2	2	7	4
29 1/2	1	2	9	60	2	8	2
30 1/2	1	3	7	62	2	8	9
32	1	4	5	67 1/2	2	9	7
33	1	5	2				

XIe. TABLE.

Cette Table est pour évaluer le vide des petits *muids Languedoc*, *les petits Bussards*, *les muids gros et rappés*; enfin toutes pièces qui auraient depuis 66 centimètres jusqu'à 72 de diamètre aux fonds, et depuis 96 jusqu'à 110 centimètres de longueur, correspondant de 32 à 36 décalitres, exprimés au-dessus du caractère inférieur; figuré par la lettre G du côté No. 3 de la petite jauge, et depuis les deux points qui désignent le caractère supérieur jusqu'à 2 et 3 divisions au-dessus.

DÉPOTEMENT DES PETITS MUIDS LANGUEDOC.

Centimètres ou Doigts.	Hectolitres ou Septiers.	Décalitres ou Veltes.	Litres ou Pintes.	Centimètres ou Doigts.	Hectolitres ou Septiers.	Décalitres ou Veltes.	Litres ou Pintes.
5	»	»	8	39	1	9	0
7 1/2	»	1	5	40 1/2	1	9	8
10	»	2	3	41 1/2	2	0	6
11 1/2	»	3	0	43	2	1	3
13 1/2	»	3	8	44	2	2	1
14 1/2	»	4	6	45 1/2	2	2	8
16	»	5	3	46 1/2	2	3	6
17 1/2	»	6	1	48	2	4	4
19	»	6	9	49	2	5	1
20 1/2	»	7	6	50 1/2	2	5	9
22	»	8	4	51 1/2	2	6	7
23	»	9	1	52 1/2	2	7	4
24 1/2	»	9	9	54	2	8	2
25 1/2	1	0	7	55	2	8	9
26 1/2	1	1	4	56 1/2	2	9	7
28	1	2	2	58 1/2	3	0	5
29 1/2	1	2	9	60	3	1	2
31	1	3	7	61 1/2	3	2	0
32	1	4	5	63	3	2	7
33	1	5	2	65	3	3	5
34 1/2	1	6	0	67	3	4	3
35 1/2	1	6	8	69	3	5	0
36 1/2	1	7	5	70 1/2	3	5	8
38	1	8	3	77	3	6	6

XIIe. TABLE.

Cette Table servira à évaluer le vide des *pipes Languedoc* (ou muids Montpellier) et des *Barbantanes*; enfin toutes pièces qui auraient depuis 76 centimètres jusqu'à 84 de diamètre aux fonds, et depuis 105 jusqu'à 110 de longueur extérieure, correspondant de 45 à 55 décalitres, exprimés au caractère inférieur du côté N°. 3 de la petite jauge, figuré par la lettre H, et depuis les deux points qui désignent le caractère supérieur jusqu'à 3 et 4 divisions au-dessus.

DÉPOTEMENT DES MUIDS MONTPELLIER, etc.

Centimètres ou Doigts.	Hectolitres ou Septiers.	Décalitres ou Veltes.	Litres ou Pintes.	Centimètres ou Doigts.	Hectolitres ou Septiers.	Décalitres ou Veltes.	Litres ou Pintes.
5	»	»	8	23 1/2	1	1	4
7	»	1	5	24 1/2	1	2	2
9	»	2	3	25 1/2	1	2	9
10 1/2	»	3	0	26 1/2	1	3	7
11 1/2	»	3	8	27 1/2	1	4	5
13 1/2	»	4	6	28 1/2	1	5	2
14 1/2	»	5	3	29 1/2	1	6	0
16	»	6	1	30 1/2	1	6	8
17	»	6	9	32	1	7	5
18 1/2	»	7	6	32 1/2	1	8	3
19 1/2	»	8	4	33 1/2	1	9	0
20 1/2	»	9	1	34 1/2	1	9	8
21 1/2	»	9	9	35 1/2	2	0	6
22 1/2	1	0	7	36	2	1	3

Suite de la Table XIIe.

Centimètres ou Doigts.	Hectolitres ou Septiers.	Décalitres ou Veltes.	Litres ou Pintes.	Centimètres ou Doigts.	Hectolitres ou Septiers.	Décalitres ou Veltes.	Litres ou Pintes.
37	2	2	1	57 1/2	3	9	6
38	2	2	8	58	4	0	4
38 1/2	2	3	6	59	4	1	1
39 1/2	2	4	4	60 1/2	4	1	9
40 1/2	2	5	1	61	4	2	6
41 1/2	2	5	9	62	4	3	4
42 1/2	2	6	7	63	4	4	2
43	2	7	4	64	4	4	9
44	2	8	2	65	4	5	7
45	2	8	9	66	4	6	5
46	2	9	7	67 1/2	4	7	2
47	3	0	5	68 1/2	4	8	0
48	3	1	2	69 1/2	4	8	7
49	3	2	0	70	4	9	5
50	3	2	7	71	5	0	3
50 1/2	3	3	5	72	5	1	0
51 1/2	3	4	3	74	5	1	8
52	3	5	0	75	5	2	5
53	3	5	8	77	5	3	3
54	3	6	6	79	5	4	1
55	3	7	3	81	5	4	8
56	3	8	1	83	5	5	6
57	3	8	8	86	5	6	4

XIIIe. TABLE.

Cette Table est pour évaluer le vide des busses qui auraient moins de bouge que celui fixé par les principes convenus ; c'est-à-dire toutes pièces qui donneraient moins de diamètre au bouge que celui indiqué sur la jauge par les fonds, telles que les *barriques* ou *tierserolles* ; enfin tous tonneaux qui auraient depuis 50 centimètres jusqu'à 54 de diamètre aux fonds et depuis 92 jusqu'à 100 centimètres de longueur, correspondant de 19 à 23 décalitres, exprimés au-dessous et au-dessus du caractère inférieur, figuré par la lettre K sur le côté N°. 4 de la petite jauge, et depuis une division en moins que les deux points que désignent le caractère supérieur, figuré par la même lettre K, jusqu'audit caractère.

DÉPOTEMENT DES BARRIQUES OU TIERSEROLLES,

Centimètres ou Doigts.	Hectolitres ou Septiers.	Décalitres ou Veltes.	Litres ou Pintes.	Centimètres ou Doigts.	Hectolitres ou Septiers.	Décalitres ou Veltes.	Litres ou Pintes.
7	»	0	8	33 1/2	1	2	9
10	»	1	5	35	1	3	7
11 1/2	»	2	3	36	1	4	5
12 1/2	»	3	0	37 1/2	1	5	2
15	»	3	8	39 1/2	1	6	0
16 1/2	»	4	6	41	1	6	8
18	»	5	3	42	1	7	5
19 1/2	»	6	1	44	1	8	3
21	»	6	9	46	1	9	0
22 1/2	»	7	6	47 1/2	1	9	8
24	»	8	4	49	2	2	6
26	»	9	1	51	2	1	3
27	»	9	9	53	2	2	1
28 1/2	1	0	7	55 1/2	2	2	8
30	1	1	4	60 1/2	2	2	6
32	1	2	2				

XIVe. TABLE.

Cette Table doit servir à évaluer le vide des *busses d'Anjou*, *celles de Saumur* et autres pièces qui annonceraient plus de bouge que celui indiqué par les fonds sur la jauge ; enfin toutes pièces qui auraient depuis 52 centimètres jusqu'à 58 de diamètre aux fonds, et depuis 96 jusqu'à 100 centimètres de longueur, correspondant de 21 à 25 décalitres, exprimés par et au-dessus du caractère inférieur, figuré par la lettre K sur le côté N°. 4 de la petite jauge, et depuis les deux points que désignent le caractère supérieur, jusqu'à une division au-dessus.

DÉPOTEMENT DES BUSSES D'ANJOU, etc.

Centimètres ou Doigts.	Hectolitres ou Septiers.	Décalitres ou Veltes.	Litres ou Pintes.	Centimètres ou Doigts.	Hectolitres ou Septiers.	Décalitres ou Veltes.	Litres ou Pintes.
4	»	»	8	33	1	3	7
7 1/2	»	1	5	34 1/2	1	4	5
10	»	2	3	36 1/2	1	5	2
11 1/2	»	3	0	37 1/2	1	6	0
13 1/2	»	3	8	39	1	6	8
15	»	4	6	40 1/2	1	7	5
16 1/2	»	5	3	42	1	8	3
18 1/2	»	6	1	43	1	9	0
20	»	6	9	44 1/2	1	9	8
21 1/2	»	7	6	46	2	0	6
23	»	8	4	48	2	1	5
24 1/2	»	9	1	50 1/2	2	2	1
26	»	9	9	52	2	2	8
27 1/2	1	0	7	54 1/2	2	3	6
29	1	1	4	56	2	4	4
30	1	2	2	62	2	5	1
31 1/2	1	2	9				

XVe. TABLE.

Cette Table est pour évaluer le vide des tonneaux connus sous le nom de *Bussards*, et enfin de toutes pièces qui auraient depuis 64 centimètres jusqu'à 70 de diamètre aux fonds, et depuis 95 jusqu'à 105 de longueur, correspondant de 30 à 36 décalitres, exprimés au-dessus du caractère inférieur, figuré par la lettre K du côté N°. 4 de la petite jauge, et depuis les deux points qui désignent le caractère supérieur, figuré par la même lettre K, jusqu'à une et deux divisions au-dessus de ce caractère.

DÉPOTEMENT DES BUSSARDS, etc.

Centimètres ou Doigts.	Hectolitres ou Septiers.	Décalitres ou Veltes.	Litres ou Pintes.	Centimètres ou Doigts.	Hectolitres ou Septiers.	Décalitres ou Veltes.	Litres ou Pintes.
6	»	»	8	41	1	8	3
8 1/2	»	1	5	42	1	9	0
10 1/2	»	2	3	43	1	9	8
12 1/2	»	3	0	44	2	0	6
13 1/2	»	3	8	45 1/2	2	1	3
15 1/2	»	4	6	47	2	2	1
17 1/2	»	5	3	48	2	2	8
19	»	6	1	49 1/2	2	3	6
20	»	6	9	50 1/2	2	4	4
21 1/2	»	7	6	52	2	5	1
23	»	8	4	53 1/2	2	5	9
24	»	9	1	55	2	6	7
25 1/2	»	9	9	56	2	7	4
27	1	0	7	57	2	8	2
28	1	1	4	59	2	8	9
30	1	2	2	61	2	9	7
31 1/2	1	2	9	62 1/2	3	0	5
33	1	3	7	64	3	1	2
34	1	4	5	66	3	2	0
35 1/2	1	5	2	67	3	2	7
37	1	6	0	69	3	3	5
38	1	6	8	71	3	4	3
39	1	7	5	78	3	5	0

XVIe. TABLE.

Cette Table servira à évaluer le vide des tonneaux connus sous le nom de *Queues*; enfin de toutes pièces qui auraient depuis 54 centimètres de diamètre aux fonds jusqu'à 63, et depuis 108 jusqu'à 115 centimètres de longueur, correspondant de 26 à 40 décalitres, exprimés au-dessus du caractère inférieur, figuré par la lettre Q sur le côté N°. 1 de la grande jauge, et des deux points qui désignent le caractère supérieur, figuré par la même lettre Q, jusqu'à une et deux divisions en plus.

GRANDE JAUGE.

DÉPOTEMENT DES QUEUES.

Centimètres ou Doigts.	Hectolitres ou Septiers.	Décalitres ou Veltes.	Litres ou Pintes.	Centimètres ou Doigts.	Hectolitres ou Septiers.	Décalitres ou Veltes.	Litres ou Pintes.
6 1/2	»	0	8	34 1/2	1	6	8
8 1/2	»	1	5	36	1	7	5
10	»	2	3	37	1	8	3
12	»	3	0	39	1	9	0
14 1/2	»	3	8	39 1/2	1	9	8
16	»	4	6	41	2	0	6
17 1/2	»	5	3	42 1/2	2	1	3
19	»	6	1	43	2	2	1
21	»	6	9	44	2	2	8
21 1/2	»	7	6	45	2	3	6
22 1/2	»	8	4	47	2	4	4
23 1/2	»	9	1	48 1/2	2	5	1
24	»	9	9	50	2	5	9
25	1	0	7	52	2	6	7
26 1/2	1	1	4	53	2	7	4
28	1	2	2	54 1/2	2	8	2
29	1	2	9	56	2	8	9
30	1	3	7	58	2	9	7
31	1	4	5	59 1/2	3	0	5
32	1	5	2	62 1/2	3	1	2
33 1/2	1	6	0	67 1/2	3	2	0

XVIIe. TABLE.

Cette Table servira à évaluer le vide des *Barriques de Catalogne*; enfin de toutes pièces qui auraient depuis 58 centimètres jusqu'à 65 de diamètre aux fonds, et depuis 120 jusqu'à 125 centimètres de longueur, correspondant de 35 à 43 décalitres, exprimés au-dessus du caractère inférieur, figuré par les lettres B A du côté N°. 2 de la grande jauge, et depuis une division au-dessous des deux points qui désignent le caractère supérieur, figuré par les mêmes lettres B A, jusqu'à une division en plus.

DÉPOTEMENT DES BARRIQUES DE CATALOGNE.

Centimètres ou Doigts.	Hectolitres ou Septiers.	Décalitres ou Veltes.	Litres ou Pintes.	Centimètres ou Doigts.	Hectolitres ou Septiers.	Décalitres ou Veltes.	Litres ou Pintes.
5	»	»	8	39	2	4	4
7	»	1	5	40	2	5	1
9	»	2	3	41	2	5	9
10	»	3	0	42	2	6	7
11 1/2	»	3	8	43	2	7	4
13	»	4	6	44	2	8	2
14	»	5	3	45	2	8	9
15 1/2	»	6	1	46	2	9	7
16 1/2	»	6	9	47	3	0	5
17 1/2	«	7	6	48	3	1	2
19	»	8	4	49	3	2	0
20	»	9	1	50	3	2	7
21	»	9	9	51	3	3	3
22	1	0	7	51 1/2	3	4	5
23	1	1	4	52 1/2	3	5	0
24	1	2	2	53 1/2	3	5	8
25	1	9	9	54 1/2	3	6	6
26	1	7	7	56	3	7	3
27	1	4	5	57	3	8	1
28	1	5	2	58	3	8	8
29	1	6	0	59	3	9	6
30	1	6	8	60	4	0	4
31	1	7	5	61	4	1	1
32	1	8	3	62	4	1	9
33	1	9	0	63 1/2	4	2	6
33 1/2	1	9	8	65	4	3	4
34 1/2	2	0	6	66	4	4	2
35 1/2	2	1	3	68	4	4	9
36 1/2	2	2	1	70	4	5	7
37 1/2	2	2	8	76 1/2	4	6	5
38	2	3	6				

XVIIIe. TABLE.

Cette Table servira à évaluer le vide des *Barriques de Marseille* ; enfin toutes *Pipes* ou *Barriques* qui auraient depuis 66 centimètres jusqu'à 70 de diamètre aux fonds, et qui auraient depuis 122 jusqu'à 130 centimètres de longueur, correspondant de 44 à 49 décalitres, exprimés au-dessus du caractère inférieur du côté N°. 2 de la grande jauge, figuré par les lettres B A et par les deux points qui désignent le caractère supérieur marqué par les mêmes lettres B A jusqu'à deux divisions en plus.

DÉPOTEMENT DE LA BARRIQUE DE MARSEILLE, etc.

Centimètres ou Doigts.	Hectolitres ou Septiers.	Décalitres ou Veltes.	Litres ou Pintes.	Centimètres ou Doigts.	Hectolitres ou Septiers.	Décalitres ou Veltes.	Litres ou Pintes.
5	»	0	8	21 1/2	1	1	4
6 1/2	»	1	5	22 1/2	1	2	2
8	»	2	3	23	1	2	9
9 1/2	»	3	0	24	1	3	7
10 1/2	»	3	8	25	1	4	5
12	»	4	6	26	1	5	2
13 1/2	»	5	3	27	1	6	0
15	»	6	1	28	1	6	8
16	»	6	9	29 1/2	1	7	5
16 1/2	»	7	6	30 1/2	1	8	3
17 1/2	»	8	4	31 1/2	1	9	0
19	»	9	1	32	1	9	8
20	«	9	9	33	2	0	6
21	1	0	7	33 1/2	2	1	3

Suite de la Table XVIIIe.

Centimètres ou Doigts.	Hectolitres ou Septiers.	Décalitres ou Veltes.	Litres ou Pintes.	Centimètres ou Doigts.	Hectolitres ou Septiers.	Décalitres ou Veltes,	Litres ou Pintes.
34 1/2	2	2	1	52	3	7	3
35 1/2	2	2	8	53 1/2	3	8	1
36 1/2	2	3	6	54	3	8	8
37 1/2	2	4	4	55	3	9	6
38	2	5	1	56	4	0	4
39	2	5	9	57	4	1	1
40	2	6	7	58	4	1	9
41	2	7	4	59	4	2	6
42	2	8	2	60	4	3	4
42 1/2	2	8	9	61	4	4	2
43	2	9	7	62	4	4	9
44	3	0	5	63 1/2	4	5	7
45	3	1	2	64 1/2	4	6	5
46	3	2	0	66	4	7	2
47	3	2	7	67	4	8	0
47 1/2	3	3	5	68 1/2	4	8	7
48 1/2	3	4	3	70	4	9	5
49 1/2	3	5	0	71 1/2	5	0	3
50 1/2	3	5	8	73	5	1	0
51	3	6	6	79	5	1	8

XIXe. TABLE.

Cette Table est destinée à évaluer le vide des *pipes de Nantes*, *des pipes d'Alicante*; et enfin tous les tonneaux qui auraient depuis 70 centimètres jusqu'à 78 de diamètre aux fonds, et qui auraient depuis 122 jusqu'à 134 centimètres de longueur, correspondant de 49 à 60 décalitres, exprimés au-dessus du caractère inférieur figuré par les lettres B A du côté N°. 2 de la grande jauge, et des deux points qui désignent le caractère supérieur, figuré par les mêmes lettres BA, jusqu'à 2 et 3 divisions en plus.

DÉPOTEMENT DES PIPES D'ALICANTE, etc.

Centimètres ou Doigts.	Hectolitres ou Septiers.	Décalitres ou Veltes.	Litres ou Pintes.	Centimètres ou Doigts.	Hectolitres ou Septiers.	Décalitres ou Veltes.	Litres ou Pintes.
5	»	»	8	22	1	1	4
7	»	1	5	23	1	2	2
8 1/2	»	2	3	23 1/2	1	2	9
9 1/2	»	3	0	24 1/2	1	3	7
11 1/2	»	3	8	25 1/2	1	4	5
12	»	4	6	26 1/2	1	5	2
13 1/2	»	5	3	28	1	6	0
14 1/2	»	6	1	28 1/2	1	6	8
16	»	6	9	29 1/2	1	7	5
17	»	7	6	30	1	8	3
18	»	8	4	31	1	9	0
19	»	9	1	32 1/2	1	9	8
20	»	9	9	33	2	0	6
21	1	0	7	34	2	1	3

Suite de la Table XIXe.

Centimètres ou Doigts.	Hectolitres ou Septiers.	Décalitres ou Veltes.	Litres ou Pintes.	Centimètres ou Doigts.	Hectolitres ou Septiers.	Décalitres ou Veltes.	Litres ou Pintes.
35	2	2	1	54	3	8	8
35 1/2	2	2	8	55	3	9	6
36 1/2	2	3	6	56	4	0	4
37	2	4	4	57	4	1	1
38	2	5	1	58	4	1	9
39	2	5	9	59	4	2	6
40	2	6	7	60	4	3	4
41	2	7	4	61 1/2	4	4	2
42	2	8	2	62	4	4	9
42 1/2	2	8	9	63 1/2	4	5	7
43 1/2	2	9	7	65	4	6	5
44	3	0	5	66	4	7	2
45	3	1	2	67	4	8	0
46	3	2	0	68 1/2	4	8	7
47	3	2	7	70	4	9	5
48 1/2	3	3	5	71 1/2	5	0	3
49	3	4	3	72 1/2	5	1	0
50	3	5	0	74	5	1	8
51	3	5	8	75 1/2	5	2	5
51 1/2	3	6	6	79	5	3	3
52 1/2	3	7	3	83	5	4	1
53 1/2	3	8	1				

XXe. TABLE.

Cette Table est pour servir à évaluer le vide des *pipes Saumur d'Anjou* et les *petites pipes Coignac*, et enfin toutes pièces qui n'auraient que depuis 60 centimètres jusqu'à 70 de diamètre aux fonds, et qui auraient depuis 130 centimètres jusqu'à 140 de longueur, correspondant de 41 à 54 décalitres exprimés par et au-dessus du caractère inférieur, figuré par la lettre P du côté N°. 3 de la grande jauge, et depuis les deux points qui désignent le caractère supérieur, figuré par la même lettre P, jusqu'à deux et trois divisions en plus

DÉPOTEMENT DE LA PIPE D'ANJOU, SAUMUR, etc.

Centimetres ou Doigts.	Hectolitres ou Septiers.	Décalitres ou Veltes.	Litres ou Pintes.	Centimètres ou Doigts.	Hectolitres ou Septiers.	Décalitres ou Veltes.	Litres ou Pintes.
6	»	0	8	23	1	1	4
7 1/2	»	1	5	24	1	2	2
9 1/2	»	2	3	25	1	2	9
11 1/2	»	3	0	25 1/2	1	3	7
12 1/2	»	3	8	26 1/2	1	4	5
13 1/2	»	4	6	27 1/2	1	5	2
14	»	5	3	28	1	6	0
15 1/2	»	6	1	29	1	6	8
17	»	6	9	30	1	7	5
18	»	7	6	31	1	8	3
19	»	8	4	32 1/2	1	9	0
20	»	9	1	33	1	9	8
20 1/2	»	9	9	33 1/2	2	0	6
22	1	0	7	34 1/2	2	1	3

Suite de la Table XXe.

Centimètres ou Doigts.	Hectolitres ou Septiers.	Décalitres ou Veltes.	Litres ou Pintes.	Centimètres ou Doigts.	Hectolitres ou Septiers.	Décalitres ou Veltes.	Litres ou Pintes.
35 1/2	2	2	1	52 1/2	3	5	8
36 1/2	2	2	8	53 1/2	3	6	6
38	2	3	6	54 1/2	3	7	3
39	2	4	4	55	3	8	1
39 1/2	2	5	1	56	3	8	8
40 1/2	2	5	9	57 1/2	3	9	6
41	2	6	7	58 1/2	4	0	4
42	2	7	4	59 1/2	4	1	1
42 1/2	2	8	2	60 1/2	4	1	9
43 1/2	2	8	9	61	4	2	6
45	2	9	7	62 1/2	4	3	4
46	3	0	5	64	4	4	2
47	3	1	2	65	4	4	9
47 1/2	3	2	0	67	4	5	7
48 1/2	3	2	7	68	4	6	5
49	3	3	5	70 1/2	4	7	2
50 1/2	3	4	3	77	4	8	0
51 1/2	3	5	0				

XXIe. TABLE.

Cette Table est pour évaluer le vide des *grandes pipes Coignac*; enfin de toutes celles qui auraient depuis 64 centimètres jusqu'à 74 de diamètre aux fonds. et depuis 144 jusqu'à 155 centimètres de longueur, correspondant de 55 à 70 décalitres exprimés au-dessus du caractère inférieur, figuré par les lettres Pc du côté No. 4 de la grande jauge, et depuis une division au-dessous des deux points qui désignent le caractère supérieur, figuré par les mêmes lettres P c, jusqu'à une et deux divisions en plus.

DÉPOTEMENT DES GRANDES PIPES COIGNAC, etc.

Centimètres ou Doigts.	Hectolitres ou Septiers.	Décalitres ou Veltes.	Litres ou Pintes.	Centimètres ou Doigts.	Hectolitres ou Septiers.	Décalitres ou Veltes.	Litres ou Pintes.
4	»	»	8	21	1	3	7
6	»	1	5	22	1	4	5
7	»	2	3	23	1	5	2
8 1/2	»	3	0	25 1/2	1	6	0
9 1/2	»	3	8	24 1/2	1	6	8
10	»	4	6	25 1/2	1	7	5
11	»	5	3	26 1/2	1	8	3
11 1/2	»	6	1	27	1	9	0
13 1/2	»	6	9	27 1/2	1	9	8
14	»	7	6	28	2	0	6
15	»	8	4	29	2	1	3
16	»	9	1	30	2	2	1
17	»	9	9	31	2	2	8
18	1	0	7	31 1/2	2	3	6
19	1	1	4	32 1/2	2	4	4
19 1/2	1	2	2	33	2	5	1
20 1/2	1	2	9	34	2	5	9

Suite de la Table XXIe.

Centimètres ou Doigts.	Hectolitres ou Septiers.	Décalitres ou Veltes.	Litres ou Pintes.	Centimètres ou Doigts.	Hectolitres ou Septiers.	Décalitres ou Veltes.	Litres ou Pintes.
34 1/2	2	6	7	53	4	4	9
35	2	7	4	54 1/2	4	5	7
36	2	8	2	55	4	6	5
36 1/2	2	8	9	55 1/2	4	7	2
37 1/2	2	9	7	56 1/2	4	8	0
38	3	0	5	57 1/2	4	8	7
39	3	1	2	58 1/2	4	9	5
39 1/2	3	2	0	59	5	0	3
40 1/2	3	2	7	60	5	1	0
41 1/2	3	3	5	61	5	1	8
42	3	4	3	62	5	2	5
43	3	5	0	63	5	3	3
44	3	5	8	64	5	4	1
45	3	6	6	65	5	4	8
45 1/2	3	7	3	66 1/2	5	5	6
46 1/2	3	8	1	67	5	6	4
47	3	8	8	68	5	7	1
48	3	9	6	69 1/2	5	7	9
49	4	0	4	70 1/2	5	8	6
49 1/2	4	1	1	71 1/2	5	9	4
50	4	1	2	72 1/2	6	0	2
51	4	2	3	74	6	0	9
51 1/2	4	3	4	82	6	1	7
52	4	4	2				

CHAPITRE VII.

DU JAUGEAGE.

INTRODUCTION.

Le moyen le plus naturel et le plus exact pour trouver la solidité des vaisseaux, serait de les mesurer avec *le mètre*; car les litres (ou pintes nouvelles) ne sont autre chose que des fractions cubiques du mètre; ce moyen serait conforme à l'instruction publiée par ordre du Ministre de l'Intérieur, instruction enseignant une méthode qui a l'avantage précieux d'abréger les opérations que nécessite le calcul des dimensions en millimètres, au moyen des tables qui sont construites sur le principe du calcul logarithmique, et qui mériterait la préférence sur toutes les autres méthodes par son exactitude et sa généralité, s'il n'y en avait pas encore de plus simples, d'aussi justes, et qui dispensent de tout calcul : c'est de leur connaissance que résulte ce qu'on appelle *l'art du jaugeage*.

Cet art s'exerçait de diverses manières; chaque ville avait une méthode particulière de jauger. Ces méthodes différaient les unes des autres par plus ou moins de précision. Elles étaient enveloppées d'un voile impénétrable, et n'étaient révélées que comme un mystère à ceux qui devaient remplacer les anciens jaugeurs.

Cette matière intéressante paraît avoir été négligée; du moins jusqu'à ce jour on n'a pu découvrir que très-peu d'auteurs qui s'en soient occupés, encore donnent-ils tous des règles différentes et des déterminations diverses, tantôt du diamètre de la section moyenne, tantôt de la surface de cette même section.

Il est certain que les imperfections inévitables dans la construction des tonneaux, et les erreurs dont le mesurage des dimensions est susceptible, influent plus ou moins sur l'exactitude des déterminations, et que ces causes d'erreurs sont les mêmes dans toutes les méthodes; mais en apportant les précautions nécessaires dans les opérations de celles que nous allons exposer, on ne se trompera pas de plus d'un pour cent sur la contenance totale de chaque pièce, dégré de précision qui doit être regardé comme suffisant dans la pratique.

Pour rendre cet ouvrage aussi complet qu'il est possible, nous offrons deux *Méthodes de jaugeage calculées mathématiquement* : la manière de mesurer avec le mètre, que nous venons de développer, fera connaître les moyens de s'assurer de leur exactitude.

Ces deux méthodes s'exercent au moyen d'instrumens qui y sont relatifs, qui sont d'une construction très-simple, d'un usage facile et très-expéditif.

La première que nous allons détailler, et qui est destinée à jauger les tonneaux en usage dans le commerce, a l'avantage d'être *la plus expéditive de toutes celles connues.*

La deuxième est destinée à jauger toute sorte de vaisseaux cylindriques, par le moyen d'un *bâton cylindrimétrique* qui détermine facilement la quantité de liqueur qu'ils contiennent, étant construits d'après ces principes ; savoir, *que les aires des cercles sont comme les carrés de leurs diamètres, et que les cylindres de même base sont entre eux comme leurs hauteurs.*

Cette méthode pourra, ainsi que nous nous proposons de le démontrer en son lieu, servir aussi pour le *jaugeage des Navires*, par sa facilité, son exactitude, sa prompte exécution, et sa convenance avec un grand nombre de bâtimens.

La *méthode* du jaugeage en usage à Paris, s'exerce au moyen d'un instrument qu'on appelle jauge ; il est composé de deux règles (ou tringles), une grande et une petite, lesquelles sont inséparables de leur *bouge* qui est considéré comme ne faisant avec elles qu'un instrument (1).

La petite jauge et son bouge ont quatre faces numérotées par 1, 2, 3 et 4.

La grande jauge et son bouge ont six faces numérotées par 1, 2, 3, 4, 5 et 6.

Les jauges se distinguent de leur bouge au moyen d'un crochet en forme de siphon, qui se trouve à leur extrémité, et qui sert à prendre la longueur du tonneau, et par les signes qui y sont tracés deux fois, les uns en-dessus et les autres en-dessous, tandis qu'ils ne le sont qu'une fois sur le bouge, pour correspondre aux signes inférieurs des jauges.

Ces signes sont appelés *caractères* : le signe supérieur désigne la longueur, et le signe inférieur indique le diamètre des fonds du tonneau qu'il convient de jauger avec le côté.

Sur les jauges anciennes les caractères sont figurés ainsi qu'il suit :

Sur le N°. 1er. de la petite jauge par Q t. ; T. ; 8q. ch. ; sur

---

(1) Cet instrument qu'on nommait *Velte*, (à cause que ses divisions donnaient huit pintes anciennes), a été assujéti au système métrique par le citoyen *Pellevilain*, ancien Jaugeur, Contrôleur de l'octroi municipal de Paris.

le N°. 2 de ladite par Q^to; 8 q.^or; sur le N°. 3 par M.; et et sur le N°. 4 par B.

Sur le N°. 1er. de la grande jauge, le caractère est figuré par Bu.; sur le N°. 2 par Mm.; sur le N°. 3 par q.; sur le N°. 4 par Ba,; sur le N°. 5 par P.; et sur le 6e. et dernier N°. par Pc.

Outre ces signes ou caractères, il y a quatre séries de points (ou divisions) exprimés par les couleurs jaune, blanche, rouge et noire.

Les principes de la construction de cet instrument ayant été établis d'après la supposition que, *pour avoir le diamètre moyen, il faut prendre la moitié de la somme des deux cercles du bouge et des fonds*, ce qui donne dans l'évaluation un résultat trop petit, nous nous sommes déterminés à en faire construire un autre d'après les principes géométriques où ce défaut est évité.

INSTRUCTION

Sur la Méthode la plus expéditive du Jaugeage et sur la construction de l'instrument qui lui est relatif.

1. Cet instrument qu'on appelle Jauge (*fig.* 34) est composé de deux règles ou tringles de bois, une grande et une petite, lesquelles sont inséparables de leur bouge (*fig.* 35), qui est aussi une règle ou tringle, considérée comme ne faisant avec elles qu'un seul instrument.

2. Les jauges et leur bouge ont chacune quatre faces destinées à jauger promptement les tonneaux lesquelles sont numérotées par 1, 2, 3 et 4, et afin de pouvoir s'assurer de l'exactitude des divisions qui sont sur l'une et sur l'autre face, nous les avons rendues pentagonales; ensorte que sur le cinquième côté sont marquées les *divisions décimales*, c'est-à-dire le *mètre* (1).

3. Les jauges se distinguent de leur bouge au moyen d'un crochet en forme de siphon qui se trouve à leur extrémité, lequel sert à prendre la longueur des tonneaux, et par les signes qui y sont tracés deux fois, les uns en dessus, les autres en dessous, tandis qu'ils ne le sont qu'une fois sur le bouge pour correspondre aux signes inférieurs des jauges.

4. Ces signes sont appelés *caractères*, le signe supérieur désigne la longueur, et le signe inférieur indique le diamètre des fonds du tonneau, qu'il convient de jauger avec ce côté.

Caractères qui sont figurés sur les jauges.

5. Sur chacun des côtés des jauges et de leur bouge, sont des lettres initiales qui les distinguent l'un de l'autre, et qui indiquent le baptême de la plus grande partie des tonneaux qui sont destinés à être jaugés avec ces côtés. Les signes supérieurs et inférieurs *de la petite jauge*, sont figurés par les lettres alphabétiques A B C D E F G H J K et par les nombres 7, 9, 18, 11, 21, 14, 27, 45, 12 et 21; et les signes supérieurs et inférieurs *de la grande jauge*, par les lettres Q, BA, P, Pc, et par les nombres 23, 30, 41 et 41, lesquelles lettres en désignant les signes, indiquent aussi le baptême de la plus grande partie

(1) On pourrait se dispenser de les rendre pentagonales, les laisser à 4 pans, et marquer sur l'un des angles *les divisions décimales*.

des tonneaux qui sont destinés à être jaugés avec ces quatre côtés.

6. Outre ces signes ou caractères, il y a quatre séries de points ou divisions exprimées :

7. La 1re. par des clous à tête ronde ;

8. La 2e. par des clous à tête triangulaire ;

9. La 3e. par des clous à tête ovale ;

10. Et la 4e. par des clous à tête carrée (1).

11. Ces quatre séries désignent quatre diamètres qui correspondent aux quatre séries de points qui sont placés parallélement au-dessus, et au-dessous des *caractères supérieurs* qui déterminent la longueur des espèces.

12. Toutes ces séries sont placées à la distance calculée mathématiquement, des diamètres aux caractères supérieurs.

13. La première série commence sur le côté N°. 1 de la petite jauge, au signe inférieur figuré par la lettre A, et le chiffre 7 exprime sept décalitres (ou veltes métriques) lorsque la longueur du tonneau n'excède pas le caractère (ou signe) supérieur, figuré par la même lettre A (qui correspond au signe inférieur), et que la division tracée sur le bouge correspondant à celle de la jauge, indiquée exactement par les fonds, n'excède pas, on voit que le tonneau est construit d'après les principes convenus, et on exprime de suite 70 litres (ou pintes métriques).

Valeur des divisions.

14. Tous les points de formes différentes qui sont au-dessous et au-dessus des caractères inférieurs et supérieurs, c'est-à-dire toutes les divisions qui forment la distance perpendiculaire d'un point à l'autre de ceux tracés sur les jauges et sur leur bouge, donnent des décalitres (ou veltes métriques) lesquels sont exprimés en chiffres arabes de cinq en cinq.

Les séries sont régulatrices pour ajouter ou retrancher sur les longueurs.

15. Lorsque le diamètre des fonds arrive à l'une ou à l'autre des quatre séries, elles deviennent les régulatrices pour ajouter ou retrancher sur la longueur des côtés qui conviennent pour jauger les tonneaux, c'est-à-dire que les clous à tête ronde qui sont au-dessous et au-dessus du caractère inférieur, sont les régulateurs, et correspondent aux clous à tête ronde qui sont au-dessous et au-dessus du caractère supérieur ; et lorsque le diamè-

---

(1) Le citoyen *Pontard* (ex-législateur) receveur de l'octroi de bienfaisance de la commune de Paris, s'étant appliqué à connaître l'art du jaugeage, est le premier qui ait indiqué les formes à substituer aux couleurs.

tre des fonds arrive aux clous à tête triangulaire, ils deviennent les régulateurs, et correspondent à ceux qui leur sont semblables, qui sont au-dessus et au-dessous du caractère supérieur; il en est de même pour les séries de clous à tête ovale et à tête carrée.

16. *Remarque.* Les principes relatifs au discernement qu'il faut faire du diamètre correspondant à l'une des quatre séries des points de la petite jauge (*fig.* 34.), sont les mêmes pour la grande jauge.

17. Au moyen de ces quatre diamètres, en prenant celui des fonds et du bouge, on voit d'un coup-d'œil à quelle série ils correspondent; et en comptant combien il se trouve de divisions en plus ou en moins du caractère supérieur qui indique la longueur convenable au tonneau qu'on jauge, on sait promptement combien il contient de litres ou de pintes métriques.

Marques qui distinguent les côtés des Jauges et de leur Bouge; distances de leurs signes inférieurs et supérieurs, ainsi que celles perpendiculaires d'un point à un autre.

PETITE JAUGE.

Sur le côté N°. 1 *se trouve marqué* CH (1).

18. Quoique cette face soit destinée à jauger plus de dix espèces d'une dénomination différente; il n'y a que trois caractères (ou signes) figurés par deux clous à tête ronde, au-dessus desquels sont marqués les nombres 7, 9, 18, et au-dessous les lettres A, B, C qui correspondent aux caractères supérieurs figurés par les mêmes lettres.

19. Le signe inférieur de la jauge marqué par la lettre A est placé à la distance de 405 millimètres et le signe supérieur qui lui corespond, marqué par la même lettre, est, à partir du premier point ou du commencement de la jauge, à la distance de 650 millimètres, et à partir du crochet à 615 millimètres (*a*) qui

---

(1) On entend par CH le mot *Champagne*, qui signifie que sur ce côté se jaugent toutes les pièces dites demi-queues, et demi-pièces (dite quartaut). des communes de la ci-devant Champagne, telles que *Rheims*, *Villeneuve*, *Château-Thierry*, *Montagne*, etc. Le *quart-muid*, qui est la plus petite pièce qu'on puisse jauger sur l'ancienne jauge, se mesure sur cette face, ainsi que les pièces *Renaison*, *Bordelaises*, *de l'Hermitage*, etc. On distingue ces tonneaux ainsi que tous les autres qui se jaugent sur les autres côtés, par leur forme et par leur contenance: c'est delà qu'ils tirent leur baptême, quoiqu'ils soient jaugés avec les côtés des espèces d'une dénomination différente.

(*a*) Voyez le n°. 81, page 246, concernant la saillie des jables et l'épaisseur des fonds,

forme la longueur extérieure du tonneau qu'il convient de jauger avec ce côté par ces deux signes.

20. Le deuxième caractère inférieur, figuré par B, est placé à la distance de 444 millimètres, celui supérieur figuré par la même lettre, est placé à partir du crochet, à celle de 654 millim.;

21. Le troisième signe inférieur, figuré par C, est placé à la distance de 534 millim., et celui supérieur qui lui correspond, est à partir du crochet, à celle de 826.

22. Les signes marqués sur le bouge étant placés proportionnellement à la distance présumée du diamètre du cercle du ventre, indiqué sur la jauge par les fonds, sont, le premier sur le côté n°. 1, marqué par la lettre A, et par le nombre 7 qui correspond au signe inférieur de la jauge, est placé à la hauteur de 426 millimètres.

23. Le second marqué par B et par le nombre 9, à celle de 465 millim. et le 3e. figuré par C et par le nombre 18, à celle de 580.

24. Les séries de points qui sont tracées sur le bouge et sur la jauge au-dessus du second caractère jusqu'au troisième, sont à la distance de 23 millim. d'un point à l'autre; celles qui sont au-dessus du 3e. caractère inférieur, sont à 15 millim. de distance d'un point à l'autre.

25. Les séries qui leur correspondent, qui sont au-dessous et au-dessus du 3e. caractère supérieur de la jauge, sont, à partir du signe, la première, de clous à tête ronde, à la distance de 40 millimètres, et la seconde de clous à tête triangulaire, à celle de 32 millimètres.

Sur le côté N°. 2 se trouve marqué O R. (2).

26. Quoique cette face soit destinée à jauger plus de 25 espèces d'une dénomination différente; il n'y a que deux caractères (ou signes) figurés par deux clous à tête ronde, au-dessus desquels sont marqués les nombres 11 et 21, et au-dessous les lettres D E, qui correspondent à ceux supérieurs figurés par les mêmes lettres.

---

(2) On entend par OR le mot *Orléans*, qui signifie que sur ce côté se jaugent toutes les pièces dites demi-queues, et demi-pièces dites quartauts, venant d'Orléans et des communes environnantes; il y en a une quantité infinie d'autres qui diffèrent de contenance et de grandeur, et qui viennent de diverses contrées, que l'on jauge aussi de ce côté, et dont voici en partie la nomenclature: *les quartauts et demi-queus, Mâcon, Montigny, Charlieux, Limoney, Hérissey, Lachaise, Châlonnaise, Beaune, Sancerre, Pouilly, Gatinais, la Chapelle-Blanche, Chinon, Sologne, Blois, Noëlles, Bâtarde, Mont-Louis, Ducher, Vauvray, Languedoc, Saint-Gilles, Châtillon, Chably, Orléans, Bourgogne, Poitou, Roussillon; Auvergne*, les muids *gros, rappés*, très-gros, etc. etc.

27. Le signe inférieur de la jauge marqué par la lettre D, est placé à la distance de 475 millimètres, et le caractère supérieur qui lui correspond figuré par la même lettre, est, à partir du crochet, à la distance de 680 millimètres.

28. Le second signe inférieur, figuré par la lettre E, est placé à la distance de 595 millimètres, et le signe supérieur qui lui correspond, figuré par la même lettre, est, à partir du crochet, à celle de 800 millimètres.

29. Le premier signe du côté n°. 2 du bouge, marqué par D et par le nombre 11, qui correspond à celui inférieur de la jauge, est placé à la hauteur de 505 millimètres.

30. Le second, figuré par la lettre E et par le nombre 21, qui correspond au 2e. caractère inférieur du côté n°. 2 de la jauge, est placé à celle de 633 millimètres.

31. La série de points qui est au-dessous et au-dessus des premiers signes du bouge et inférieur de la jauge, est placé à la distance perpendiculaire de 22 millimètres d'un point à l'autre.

32. Celles qui sont au-dessous et au-dessus du 2e. caractère inférieur, sont de 15 à 13 millimètres de distance d'un point à l'autre.

33. Les séries de clous qui sont au-dessus et au-dessous du caractère supérieur, figuré par la lettre E, sont, à partir du signe :

La 1re. de clous à tête ronde à la distance de 35 millimètres;
La 2e. de clous à tête triangulaire à celle de 29 millimètres;
La 3e. de clous à tête ovale à celle de 24 millimètres;
Et la 4e. de clous à tête carrée, à celle de 22 millimètres.

Sur le côté N°. 3 se trouve marqué M. (3).

34. Il n'y a sur cette face, quoiqu'elle soit destinée à jauger plus de 12 espèces d'une dénomination différente, que trois caractères figurés par deux clous à tête ronde, au-dessus desquels sont marqués les nombres 14, 27 et 45, et au-dessous les lettres F G H, qui correspondent aux caractères supérieurs, figurés aussi par deux clous à tête ronde et par les mêmes lettres.

35. Le premier signe inférieur marqué par la lettre F, est placé à la distance de 500 millimètres, et celui supérieur qui lui correspond, marqué par la même lettre, est placé, à partir du crochet, à celle de 765 millimètres.

---

(3) On entend par M le mot *muid*, qui signifie que sur ce côté se jaugent *tous les muids et demi-muids*, tels que *les feuillettes*, les demi-muids *Bourgogne, gros et rappés*; les muids *Cahors, Français, du Rhône, les gros, très-gros, rappés, petit muid Languedoc, le muid Montpellier* (ou pipe de Languedoc) *les Barbantanes*, etc. et autres tonneaux venant du Midi.

36. Le 2e. signe inférieur, figuré par la lettre G, est placé à la distance de 610 millimètres, et celui supérieur qui lui correspond, figuré par la même lettre, est, à partir du crochet, à la distance de 965 millimètres, (et à la hauteur du mètre, à partir du commencement de la jauge, ce qui nous a engagés à y ajouter la lettre M.)

37. Le 3e. signe inférieur, figuré par la lettre H, est placé à la distance de 755 millimètres; et le caractère supérieur, figuré par la même lettre qui lui correspond, est placé, à partir du crochet, à la distance de 1050 millimètres.

38. Le premier caractère du côté no. 3 du bouge, figuré par la lettre F, et par le nombre 14 qui correspond à celui inférieur de la jauge, est placé à la hauteur de 535 millimètres.

39. Le 2e., figuré par la lettre G, et par le nombre 27 est placé à la distance de 655 millimètres.

40. Le 3e. caractère, figuré par la lettre H et par le nombre 45, est placé à celle de 800 millimètres.

41. La série de points qui est au-dessous et au-dessus des premiers caractères du bouge et inférieur de la jauge, est placée à la distance de 18 à 16 millimètres d'un point à l'autre.

42. Celles qui sont au-dessous et au-dessus des deuxièmes caractères du bouge et inférieur de la jauge sont placées de 11 à 10 millimètres d'un point à l'autre de distance perpendiculaire.

43. Et les séries de points de formes différentes qui sont au-dessus des troisièmes caractères du bouge et inférieur de la jauge, sont placées de 8 à 7 millimètres d'un point à l'autre.

44. Les séries de clous qui sont au-dessous et au-dessus du deuxième caractère supérieur, figuré par les lettres G M, sont, à partir du signe,

La 1re. de clous à tête ronde, à la distance de 33 millimètres;
La 2e. de clous à tête triangulaire, à celle de 26 millimètres;
La 3e. de clous à tête ovale, à celle de 21 millimètres;
Et la 4e. de clous à tête carrée, à celle de 17 millimètres.

45. Les séries de clous qui sont au-dessus du troisième caractère supérieur figuré par la lettre H, sont, à partir du signe,

La 1re. de clous à tête ronde à la distance de 21 millimètres;
La 2e. de clous à tête triangulaire à celle de 18 millimètres;
Le 3e. de clous à tête ovale, à celle de 15 millimètres;
La 4e. de clous à tête carrée, à celle de 13 millimètres.

Sur le côté N°. 4 se trouve marqué B u. (4).

46. Sur cette face se jaugent aussi plusieurs espèces de tonneaux;

---

(4) On entend par Bu, le mot *busse*, parce que sur ce côté se jaugent toutes les *busses*, et *demi-busses* (ou quartauts busses) telles que celles de *Saumur*, *les barriques* ou *tierserolles*, *les bussards*, etc. etc.

néanmoins il n'y a que deux caractères figurés par les lettres I, K, et qui correspondent ainsi que les autres aux caractères supérieurs figurés par les mêmes lettres.

47. Le premier signe inférieur marqué par la lettre I, est placé à la distance de 425 millimètres, et le caractère supérieur, figuré par la même lettre qui lui correspond, est, à partir du crochet, placé à la distance de 795 millimètres.

48. Le deuxième caractère inférieur, figuré par la lettre K, est placé à la distance de 525 millimètres, et celui supérieur qui lui correspond, figuré par la même lettre, est, à partir du crochet, placé à celle de 965 millimètres (qui est à la hauteur du mètre, à partir du commencement de la jauge).

49. Le premier signe du côté n°. 4 du bouge marqué par J et par le nombre 12, qui correspond à celui inférieur de la jauge, est placé à la hauteur de 435 millimètres.

50. Le 2e. signe, figuré par la lettre K et par le nombre 21, qui correspond à celui inférieur de la jauge est placé à celle de 588 millimètres;

La série de points qui est au-dessous et au-dessus des premiers caractères du bouge et inférieur de la jauge, est à 20 millimètres de distance d'un point à l'autre.

51. Celles qui sont au-dessous et au-dessus des seconds caractères du bouge et inférieur de la jauge, sont de 14, 12 et 9 millimètres de distance perpendiculaire d'un point à l'autre.

52. Les séries de clous qui sont au-dessus et au-dessous du second caractère supérieur, figuré par la lettre K, sont, à partir du signe,

La 1re. de clous à tête ronde à la distance de 40 millimètres;
La 2e. de clous à tête triangulaire à celle de 25 millimètres;
La 3e. de clous à tête ovale, à celle de 20 millimètres;
Et la 4e. de clous à tête carrée, à celle de 15 millimètres.

GRANDE JAUGE.

53. Sur chacune des faces de la grande jauge, il n'y a qu'un caractère inférieur, correspondant à celui supérieur, figuré par les lettres qui suivent.

54. *Sur le côté N°. 1er.* le caractère est figuré par la lettre Q (1); au-dessus de laquelle sont deux clous à tête ronde, et le nombre 23.

55. Le signe inférieur, marqué par la lettre Q, est placé à la distance de 510 millimètres, et le caractère supérieur,

(1) La lettre Q indique que sur ce côté se jaugent tous les tonneaux connus sous le nom de *queues*.

figuré

figuré par la même lettre, est placé, à partir du crochet, à celle de 1068 millimètres.

56. Le signe du côté n°. 1 du bouge, figuré par la lettre Q et par le nombre 23 qui correspond à celui inférieur de la jauge, est placé à la hauteur de 582 millimètres.

57 Les séries de points qui sont au-dessus des caractères du bouge, et inférieur de la jauge, sont de 12, 9, 8 à 7 millimètres de distance perpendiculaire d'un point à l'autre.

58. Et celles qui leur correspondent qui sont au-dessus et au-dessous du caractère supérieur de la jauge, sont, à partir du signe,

La 1re. de clous à tête ronde à la distance de 41 millimètres;
La 2e. de clous à tête triangulaire, à celle de 23 millimètres;
La 3e. de clous à tête ovale, à celle de 15 millimètres;
Et la 4e. de clous à tête carrée, à celle de 12 millimètres.

59. *Sur le côté N°. 2*. le caractère est figuré par B A (1) qui se trouve au-dessous de deux clous à tête ronde, au-dessus desquels est le nombre 30.

60. Ce caractère inférieur marqué par les lettres BA est placé à la distance de 538 millimètres, et celui supérieur qui lui correspond, figuré par les mêmes lettres, est, à partir du crochet, placé à celle de 1218 millimètres.

61. Le signe du côté n°. 2 du bouge, figuré par les lettres BA et par le nombre 30, qui correspond à celui inférieur de la jauge, est placé à la hauteur de 620 millimètres.

62. Les séries de points qui sont au-dessus des caractères du bouge et inférieur de la jauge, sont de 9, 8, 7 à 6 millimètres de distance perpendiculaire d'un point à l'autre.

63. Et celles qui leur correspondent, qui sont au-dessous et au-dessus du caractère supérieur, figuré par les mêmes lettres BA, sont, à partir du signe.

La 1re. de clous à tête ronde, à la distance de 37 millimètres;
La 2e. de clous à tête triangulaire, à celle de 22 millimètres;
La 3e. de clous à tête ovale, à celle de 16 millimètres;
Et la 4e. de clous à tête carrée, à celle de 12 millimètres.

64. *Sur le côté N°.* 3, le caractère est figuré par la lettre P (2) au-dessus de laquelle sont deux clous à tête ronde, et le nombre 41.

65. Ce caractère inférieur, figuré par la lettre P, est placé à

---

(1) Les lettres B A indiquent que sur ce côté se jaugent toutes *les barriques* telles que celles *de Catalogne*, *de Marseille*, *les pipes de Nantes*, *d'Alicante*, *de Saint-Gilles* (près de Nismes, département du Gard) et autres barriques d'une contenance plus ou moins grande.

(2) La lettre P indique que sur ce côté se jaugent toutes *les pipes*, telles que celles *de Saumur*, *d'Anjou*, *les petites pipes Coignac* et autres de différens pays.

la distance de 602 millimètres, et celui supérieur qui lui correspond, figuré par la même lettre, est, à partir du crochet, à celle de 1300 millimètres.

66. Le signe du côté n°. 3 du bouge, figuré par la lettre P et par le nombre 41, qui correspond à celui inférieur de la jauge, est placé à la hauteur de 700 millimètres.

67. Les séries de clous qui sont au-dessus des caractères du bouge et inférieur de la jauge, sont de 8, 7, 6 à 5 millimètres de distance d'un point à l'autre.

68. Celles qui leur correspondent qui sont au-dessus et au-dessous du caractère supérieur, figuré par la lettre P, sont, à partir du signe,

La 1re. de clous à tête ronde, à la distance de 28 millimètres;
La 2e. de clous à tête triangulaire, à celle de 21 millimètres;
La 3e. de clous à tête ovale, à celle de 16 millimètres;
Et la 4e. de clous à tête carrée, à celle de 13 millimètres.

69. *Sur le côté N.* 4, le caractère est figuré par Pc (4) qui se trouve au-dessous des deux clous à tête ronde, au-dessus desquels est marqué le nombre 41.

70. Ce caractère inférieur, figuré par Pc, est placé à la distance de 550 millimètres, et celui supérieur qui lui correspond, figuré par les mêmes lettres Pc, est, à partir du crochet, à celle de 1470 millimètres.

71. Le signe du côté n°. 4 du bouge, figuré par les lettres Pc et par le nombre 41 qui correspond à celui inférieur de la jauge, est placé à la hauteur de 665 millimètres.

Les séries de clous qui sont au-dessus des caractères du bouge et inférieur de la jauge sont de 8, 7 6 à 5 millimètres de distance perpendiculaire d'un point à l'autre.

72. Celles qui leur correspondent qui sont au-dessus et au-dessous du caractère supérieur, figuré par les mêmes lettres Pc, sont, à partir du signe,

La 1re. de clous à tête ronde, à la distance de 33 millimètres;
La 2e. de clous à tête triangulaire, à celle de 24 millimètres;
La 3e. de clous à tête ovale, à celle de 18 millimètres;
Et la 4e. de clous à tête carrée, à celle de 15 millimètres.

Les divisions décimales tracées sur le cinquième côté des jauges et de leur bouge, peuvent servir à trouver la capacité de toute sorte de vaisseaux, et à vérifier l'exactitude des divisions placées sur les autres faces.

73, Les jauges et leur bouge forment chacune un *bâton penta-*

---

(4) Les lettres Pc signifient que sur ce côté se jaugent toutes les *grandes pipes Coignac*, et enfin tous les grands tonneaux qui sont en usage dans le commerce.

gonal, et comme leur cinquième côté est marqué par *les divisions décimales*, il est facile de vérifier l'exactitude des divisions tracées sur les autres faces, et qui expriment la contenance des tonneaux ; par ce côté, on a le moyen de trouver la solidité de tous les vaisseaux sous quelque forme qu'ils se présentent, en suivant les règles prescrites dans la *Cyclométrie* et la *Stéréométrie*.

Observations sur la différence des tonneaux et sur leur baptême.

74. Il arrive des départemens de la République et des pays étrangers, une infinité de tonneaux qui n'ont point de contenance commune entre eux, et qui diffèrent de plus ou de moins de diamètre et de longueur, pour les distinguer, trouver leur capacité et pouvoir leur donner *le baptême* (1) qui leur convient, ainsi que pour faciliter la connaissance de celui des pièces ci-dessus dénommées (2), nous donnerons *l'instruction des dimensions qui indiquent ce baptême*, après avoir développé la manière de se servir des jauges.

Manière de se servir des jauges.

75. On mesure avec la jauge la longueur du tonneau ; on regarde si le diamètre des fonds répond au caractère supérieur, c'est-à-dire qu'on examine si le diamètre approche du signe inférieur qui correspond à celui supérieur indiqué par la longueur du tonneau (3). Lorsque l'un et l'autre sont dans cette disposition, on juge que c'est le côté qui convient pour le jauger.

Diamètre des fonds.

76. Le côté une fois reconnu, on cherche le diamètre juste des fonds. Pour l'obtenir, on mesure deux diamètres situés à angles

(1) On pourrait croire inutile de donner *un baptême* aux tonneaux, et se contenter d'exprimer leur contenance *suivant le nouveau système métrique*, ainsi qu'elle serait indiquée par la jauge ; mais il est très-essentiel pour l'ordre du service, pour les intérêts *des octrois municipaux* et du commerce, que ceux qui sont chargés d'exercer les fonctions de jaugeurs, donnent le baptême qui convient aux tonneaux, *d'après leur forme et leur contenance*, *parce que c'est delà qu'ils prennent leur dénomination*, *quoiqu'ils soient jaugés sur des côtés qui indiquent des espèces d'une dénomination différente*, et parce qu'on pourra à la seule inspection des pièces, savoir si l'on n'a pas fait quelque erreur dans le calcul des bulletins de jauge.

(2) On peut déjà facilement s'en instruire par *le Tableau du Répertoire des différentes pièces*, à la page 204.

(3) Par exemple les caractères supérieurs G et K sur les côtés N°. 3 et 4 de la petite jauge, sont à la même longueur ; mais la différence du diamètre fait que celui du signe inférieur, figuré par la lettre K, convient pour jauger les busses et bussards, tandis que l'autre sur le côté N°. 3, est destiné pour les muids *Cahors*, *du Rhône*, petits muids *Languedoc*, etc. etc.

droits l'un à l'égard de l'autre ; on prend la moitié de la somme des deux diamètres ; on fait ensuite la même opération sur l'autre fond, afin de s'assurer s'ils sont égaux ; en cas d'inégalité, on prendra la demi-somme, et on aura le diamètre réduit des fonds (1).

Diamètre du bouge.

77. Après avoir le diamètre réduit des fonds, on prend le bouge que l'on introduit bien perpendiculairement par le bondon, dans la direction de l'axe et du centre du tonneau, on cherche à s'assurer si la douve du bondon ou celles qui lui sont parallèles, ne seraient pas *plus minces*, *ou plus épaisses*, *plus larges ou plus plattes* que les autres, ce dont on peut s'apercevoir (en regardant le côté qui répond au signe inférieur de la jauge) par le diamètre que les fonds ont annoncé : dans ce cas, comme dans celui où le ventre se trouverait renflé en plusieurs parties, on roulera le tonneau dans un autre sens ; on fera une seconde ouverture pour avoir le diamètre de ce second axe (2) que l'on reconnaîtra à l'aide d'une mesure de poche, c'est-à-dire d'un double décimètre pareil à celui de la figure 37, dont le mentonnet A sert à évaluer l'épaisseur des douves (3). On le ramenera avec le bouge et après avoir pris la moitié de la somme des deux diamètres, on aura celui réduit du bouge.

---

(1) Pour éviter tous les embarras que peuvent occasionner la saillie des jables et la barre dont les fonds sont toujours traversés, on peut prendre les intervalles avec un compas de six à sept décimètres de longueur, et porter cette mesure sur la jauge.

(2) Si on ne croyait pas nécessaire d'avoir une précision aussi rigoureuse, ou si on ne pouvait tourner le tonneau dans *un autre sens*, on évaluerait par approximation le diamètre du bouge, et on pourrait réunir sans aucune diminution toute la différence au diamètre des fonds, dans les tonneaux dont le ventre serait renflé en plusieurs parties, dans ceux particulièrement de la ci-devant Normandie, et ceux dont la douve du bondon, ou celles qui lui sont parallèles seraient plus épaisses que les autres douves.

(3) On fait construire *un double décimètre* (*fig.* 37) (qui sert de mesure de poche) dont le mentonnet qui est à un des bouts A, sert a évaluer l'épaisseur des douves, et l'autre bout B, qui est en forme de ciseau, sert à mesurer la saillie des jables (*a*). En effet lorsqu'on jauge un tonneau plein de vin (on les jauge rarement vides) et lorsqu'on introduit le bouge dans son centre, le vin vient au-dessus de la douve du bondon ; si ce sont des vins gros rouge qui remplissent les tonneaux, on ne peut dans aucun cas, sans le secours de ce mentonnet, déterminer qu'arbitrairement l'épaisseur.

(*a*) On trouve des *doubles décimètres* (sur ce modèle), ainsi que des *jauges à quatre et à cinq pans*, des *mètres*, des *décamètres* (ou chaînes d'Arpenteur), et toutes autres mesures linéaires, chez le citoyen Kutsch, Mécanicien du Gouvernement, demeurant rue de la Tixeranderie, n°. 26, à Paris, (ci-devant rue de Turenne, au Marais.)

Diamètre moyen.

78. Si le diamètre du bouge du côté qui répond à celui de la jauge est égal au point correspondant indiqué par le diamètre des fonds, on exprime la quantité de décalitres qu'il a désignée ; s'il a un, deux ou trois points de plus que celui annoncé par la jauge, on ajoute les *deux tiers de la différence* au diamètre des fonds (*a*) ; et si au contraire il a un, deux ou trois points de moins, on retranchera le tiers de la différence de ce dernier, ce qui veut dire qu'on ôte le tiers de la différence du plus fort (de celui des fonds), pour avoir *le diamètre moyen* de l'intérieur du tonneau.

Longueur du tonneau.

79. Les fonds et le bouge étant réduits, c'est-à-dire *le diamètre moyen trouvé*, on mesure la longueur du tonneau avec la jauge, à laquelle on donne une direction bien parallèle à l'axe de la pièce ; si la longueur extérieure est égale au signe supérieur de l'espèce qui lui convient, on exprime de suite la contenance annoncée par le diamètre moyen ; s'il y a une, deux ou trois divisions de plus que les deux points qui désignent le caractère supérieur, ce sera un, deux ou trois décalitres qu'il faudra ajouter ; si au contraire il y a une ou deux divisions de moins que le signe supérieur, ce sera un, ou deux décalitres qu'il faudra retrancher de l'expression du diamètre moyen, parce que la longueur ne se partage pas, elle s'ajoute, ou se retranche en entier, et on ne doit la mesurer qu'après avoir obtenu le diamètre moyen, qui fait connaître les séries régulatrices qui correspondent aux points qu'il faut ajouter ou retrancher sur les longueurs.

Examen de la bonne ou mauvaise façon des Tonneaux.

80. On examine avec soin la bonne ou mauvaise façon des ton-

(*a*) Quelques auteurs considèrent un tonneau comme divisé en deux parties par le cercle du bouge ; (c'est-à-dire qu'ils le considèrent comme *deux cônes tronqués*) et ils en concluent que pour avoir le *diamètre moyen*, *il faut prendre la moitié de la somme des deux cercles du bouge et des fonds* (1) ; mais cette évaluation donne un résultat trop petit, parce qu'il faudrait que la circonférence du bouge formât une arête ou une sorte de tranchant qui n'a pas lieu dans la vraie figure des tonneaux ; on peut remarquer, que la forme des douves considérées dans le sens de leur longueur, diffère très peu *d'un arc de cercle*, dont le sommet répondrait au cercle du bouge ; or d'après cette hypothèse, on trouve que le diamètre moyen du tonneau, celui qu'il faut lui attribuer pour le réduire à un cylindre de même contenance, est sensiblement égal à la somme faite des deux tiers du diamètre du bouge, plus un tiers du diamètre des fonds.

(1) L'ancienne jauge avait été construite d'après cette règle, ce qui faisait que les évaluations qu'elle donnait n'étaient pas exactes.

neaux. On distingue ceux dont les douves sont extrêmement larges, ou dont les fonds rentrent en dedans, et on estime que ceux-là contiennent moins de liqueurs que les tonneaux qui auraient précisément les mêmes dimensions, mais dont les douves seraient étroites et les fonds unis, et qui seraient par conséquent beaucoup plus ronds et mieux faits.

Des Jables et des épaisseurs des Fonds.

81. Il est nécessaire d'observer que lorsqu'on mesure la longueur d'un tonneau, on ne compte que la distance perpendiculaire entre les parois intérieures des fonds. En construisant la jauge, on est convenu que la saillie des jables et l'épaisseur des fonds seraient déduites de l'espace qui est entre le crochet et le signe supérieur, qui indique les longueurs de toutes les espèces dénommées sur les jauges ; on a fixé à 40 millimètr. 1/2 chaque saillie des jables ; et l'épaisseur de chaque fond a été évaluée à 11 millim. sur les faces ou *les côtés N°*. 1 et 2 de la petite jauge, de 16 millimètres sur les côtés N°. 3 et 4 de ladite, et de 18 millimètres sur chacune des faces de la grande jauge, lesquelles quantités se trouvent retranchées du résultat.

82. Mais comme la saillie des jables n'est pas égale pour tous les tonneaux, et comme l'épaisseur des fonds diffère aussi en plus de celle convenue, ce qui peut se reconnaître par la force des pièces et l'usage des différens pays, on mesure la saillie des jables avec le double décimètre, et on évalue par approximation l'épaisseur des fonds (1) ; on pose la mesure sur la jauge pour ajouter ou retrancher sur la longueur extérieure que donne le tonneau, en suivant les séries régulatrices qui désignent les points qui leur sont semblables, c'est-à-dire les clous à tête ronde, ceux à tête triangulaire, ceux à tête ovale et à tête carrée.

Observations sur les dimensions des tonneaux.

83. Les dimensions des tonneaux que nous allons exposer, serviront d'exemple ; on pourra, en les méditant avec attention, apprécier combien il est nécessaire d'avoir égard aux divisions que donneront leurs diamètres, parce que c'est de ces points que l'on connaîtra les séries régulatrices, pour ajouter ou retrancher sur

---

(1) Par exemple, les pièces *de l'Hermitage*, *les Bordelaises*, *les muids-Montpellier*, *les Barbantanes*; *les Bussards*, etc. qui se jaugent avec les côtés N°. 1, 3 et 4 de la petite jauge ; *les Pipes Saint-Gilles*, etc. et autres qui se jaugent sur le N°. 2 de la grande jauge, ont des fonds qui sont d'une épaisseur beaucoup au-delà de celle évaluée conventionnellement : on peut estimer les premières de 20 à 24 millimètres d'épaisseur, et les autres de 24 à 32, qui seront en excédant sur les longueurs extérieures données.

les longueurs, suivant la saillie des jables et l'épaisseur des fonds ; c'est-à-dire qu'elles désigneront les quantités à ajouter ou à retrancher aux signes supérieurs qui conviennent aux différentes espèces qui se jaugent sur chacune des faces, ou avec les côtés de l'instrument.

84. Ces exemples feront connaître les preuves évidentes, du rapport des dimensions à celles obtenues géométriquement ; leur exactitude fera voir que la différence de l'une à l'autre est légère, et que la contenance exprimée par la jauge, est à quelque fraction de litre près, égale à celle donnée par le mètre. Les développemens de ces dimensions, rassureront les jaugeurs timides qui craindraient de fouler les contribuables, ou les reproches de ceux qui achètent pour débiter en détail.

DIMENSIONS DES TONNEAUX

Qui se jaugent sur chaque face des jauges. Moyen de les distinguer, de trouver leur contenance, et de connaître le baptême qui leur convient ; avec le rapport de la contenance obtenue géométriquement à celle trouvée au moyen de la jauge.

Sur le N°. 1er. de la petite jauge marquée C H.

85. *Le quart-muid (ou demi-feuillette).* Le diamètre de ses fonds réduits, donne 7 décalitres qui sont aux deux points qui désignent le premier caractère inférieur, figuré par la lettre A, le diamètre du bouge répond au point de la jauge indiqué par celui des fonds, et sa longuenr étant aux deux clous à tête ronde qui désignent le caractère supérieur, figuré par la même lettre A, fait connaître que sa contenance est de 70 litres (ou pintes métriques).

86. Ce petit quart-muid mesuré avec le mètre, donne de longueur extérieure 615 millimètres ; ses jables ont de saillie 40 millimètres chacun, et ses deux fonds ont ensemble 20 millimètres d'épaisseur ; ce qui fait 100 millimètres à déduire, et réduit la longueur intérieure à 515 millimètres. Le diamètre du bouge donne 426 millimètres ; celui des fonds 405. La différence est de 21 millimètres ; les 2/3 étant ajoutés au diamètre des fonds, donnent pour diamètre moyen 419 millimètres ; la surface de la base 136855 millimètres carrés, multipliés par la longueur intérieure 515 millimètres, donne pour résultat 70 litres et une fraction de faible valeur.

Le Quartaut ou Tierçon Champagne.

87. Le diamètre de ses fonds donne 9 décalitres, c'est-à-dire qu'il est aux deux clous à tête ronde qui désignent le second caractère inférieur, figuré par la lettre B. Le diamètre du bouge étant au point qui correspond à celui de la jauge indiqué par les fonds, exprime la contenance présumée, et sa longueur étant

aux deux points qui désignent le caractère supérieur, figuré par la même lettre B, fait connaître qu'il contient 90 litres (ou pintes métriques), ainsi qu'il a été annoncé par le diamètre des fonds.

88. Ce quartaut, mesuré avec le mètre, donne de longueur extérieure 654 millimètres; la réduction de la saillie des jables et de l'épaisseur des fonds, est de 103 millimètres; il reste pour longueur intérieure 551 millimètres.

Le diamètre du bouge se rapporte à 466 millimètres; celui des fonds a 436; il résulte delà que le diamètre moyen est de 456 millimètres : ce qui donne pour surface de la base 163362 millimètres carrés, lesquels multipliés par 551 millimètres de longueur intérieure, font connaître que la capacité est de 90 litres; ce que la jauge avait déjà annoncé.

La demi-queue Champagne.

89. Le diamètre de ses fonds réduits, donne 18 décalitres, c'est-à-dire qu'il est aux deux clous à tête ronde qui désignent le 3e. caractère inférieur, figuré par la lettre C. Son bouge a pour diamètre les points qui correspondent à ceux de la jauge indiqués par les fonds, ce qui exprime 180 litres; sa longueur étant aux deux points qui désignent le caractère supérieur, figuré par la même lettre C; et ses jables n'ayant de saillie que celle qui est en réduction sur la jauge, font connaître que sa contenance est de 180 litres (ou pintes métriques).

90. Cette pièce mesurée avec le mètre, donne de longueur extérieure 826 millimètres. La réduction de la saillie des jables et de l'épaisseur des fonds, exige 103 millimètres; ensorte que la longueur intérieure est de 723 millim.

Le diamètre du bouge donne 580 millimètres; celui des fonds 534; le diamètre moyen 564 millimètres. La surface de la base es donc de 249852 millim. carrés, qui multipliée par 723 millimètres de longueur intérieure, donnent pour résultat 180 litres, plus une fraction qu'on peut négliger comme de faible valeur.

La Bordelaise et les pièces de l'Hermitage.

91. Elles donnent pour diamètre des fonds réduit, 19 décalitres (ou veltes métriques) c'est-à-dire qu'il est à une division au-dessus des deux points qui désignent le caractère inférieur, figuré par la lettre C. Le diamètre du bouge donne 3 décalitres ou trois divisions de plus que le point qui correspond à celui des fonds, indiqué par la jauge; ce qui fait, en retranchant le 1/3 de la différence, 20 litres à y ajouter; et qui exprime 210 litres. La longueur est au premier clou à tête ronde, qui est au-dessus du caractère supérieur, figuré par la lettre C, ce qui indique 220 litres; mais la saillie des jables, au lieu de n'avoir que 40 millimètres 1/2, en a 60 à chaque fond; et l'épaisseur des fonds au lieu de n'être que de 11 millimètres, est de 20; ce qui fait un excédent de 57 millim. pour les deux jables et les deux fonds, qu'il faut retrancher sur la longueur, et la pièce se trouve réduite à 205 litres.

92. Cette pièce mesurée avec le mètre, donne de longueur extérieure 866 millimètres à partir du crochet ; la saillie des jables et l'épaisseur des fonds, étant de 160 millimètres, il reste pour longueur intérieure 706 millimètres.

Le diamètre du bouge donne 635 millimètres ; celui des fonds 555, et le diamètre moyen 609 millimètres ; ce qui donne pour surface de la base 289928 millim. carrés ; cette surface multipliée par la longueur intérieure 706 millim., fait connaître que la capacité de la pièce est de 204 litres 8/10, avec une autre fraction qu'on néglige comme de peu de valeur.

La Pièce Renaison.

93. Elle donne pour diamètre réduit des fonds 20 décalitres (ou veltes métriques), c'est-à-dire qu'il est à deux divisions au-dessus des deux points qui désignent le caractère inférieur, figuré par la lettre C ; le bouge ne donne de diamètre que celui qui correspond aux fonds, et la longueur étant aux deux points qui indiquent le caractère supérieur, figuré par la lettre C, exprime 200 litres (ou pintes métriques).

Dimensions de quelques tonneaux qui se jaugent sur le côté N°. 2 de la petite jauge, marqué par O R.

La Demi-Pièce ou Quartaut-Mâcon.

94. Le diamètre de ses fonds réduit, donne 10 décalitres (ou veltes métriques), division qui se trouve au-dessous des deux points qui désignent le caractère inférieur, figuré par la lettre D ; son bouge donne 10 litres, plus que le point qui correspond au diamètre des fonds indiqué par la jauge : ce qui fait environ 7 litres à ajouter aux 10 décalitres, et exprime 107 litres pour diamètre moyen. Sa longueur étant aux deux points qui désignent le caractère supérieur, figuré par la lettre D ; ses jables n'ayant que 40 millim. 1/2 et ses fonds 11 millim. d'épaisseur, font connaître que la capacité de la demi-pièce Mâcon est de 107 litres.

95. Cette demi-pièce, mesurée avec le mètre, donne de longueur extérieure 680 millim. ; il y en a 103 à déduire pour la saillie des jables et l'épaisseur des fonds : il reste 577 millim. de longueur intérieure.

Son bouge donne de diamètre 506 millim., et les fonds 450 ; ce qui fait 486 millim. de diamètre moyen, et pour surface de la base 185530 millim. carrés ; lesquels étant multipliés par la longueur intérieure 577 millim., donnent pour résultat 107 litres et une fraction de peu de valeur.

La Demi-Pièce ou Quartaut Orléans.

96. Le diamètre de ses fonds donne 11 décalitres (ou veltes métriques) qui sont aux deux points qui désignent le caractère inférieur, figuré par la lettre D. Le bouge donne 9 litres plus

que le point qui correspond à celui du diamètre des fonds indiqué par la jauge : ce qui fait 6 litres à y ajouter, et exprime 116 litres ; sa longueur étant aux deux points qui désignent le caractère supérieur, figuré par la lettre D, et ses jables n'ayant de saillie que celle rédui e sur la jauge, font connaître que la capacité de la demi-pièce proposée est de 116 litres (ou pintes métriques).

97. Cette demi-pièce, mesurée avec le mètre, donne de longueur extérieure 680 millim. ; il en faut déduire pour la saillie des jables et l'épaisseur des fonds 103 millim. : il reste pour la longueur intérieure 577 millim.

Le diamètre du bouge est de 524 millim. et celui des fonds de 470 ; ce qui donne pour diamètre moyen 506 millim., lesquels multipliés par la méthode indiquée, font connaître que le résultat est de 116 litres.

98 *Nota.* Dans toutes les demi-pièces qui auront les mêmes dimensions, il sera facile de distinguer celles *Châlonnaises*, *Beaune*, parce qu'elles sont garnies de chevilles qui couvrent leurs fonds, au lieu que celles d'*Orléans*, *Sancerre*, *Pouilly* et autres, destinées aux vinaigres, n'en ont point.

La pièce ou demi-queue Mâcon.

99. Le diamètre de ses fonds donne 19 décalitres qui sont deux divisions au-dessous des deux points qui désignent le caractère inférieur, figuré par la lettre E. Le bouge est de 20 litres ou deux divisions au-dessus du point qui correspond à celui de la jauge indiqué par les fonds : ce qui fait 13 litres à ajouter aux 19 décalitres, et qui exprime 203 litres de diamètre moyen. La longueur est un peu plus qu'un point à tête ronde qui est au-dessus des deux points qui désignent le caractère supérieur, figuré par la lettre E : ce qui fait encore 12 litres à ajouter à ceux exprimés par le diamètre moyen, et les jables n'ayant que la saillie déduite sur la jauge, et les fonds ayant l'épaisseur convenable, font connaître que la capacité de cette pièce est de 215 litres (ou pintes).

100. Cette pièce, mesurée avec le mètre, donne de longueur extérieure 840 millim. ; il faut en déduire pour la saille des jables et l'épaisseur des fonds 103 millim. : il restera pour longueur ou hauteur intérieure 737 millim.

Le bouge donne pour diamètre 635 millim., et les fonds 560 ; ensorte que le diamètre moyen est de 610 millim., lesquels multipliés, ainsi que nous l'avons enseigné, feront connaître que la capacité est de 215 litres.

La Pièce ou demi-Queue Hérissey.

101. Elle se distingue de la demi-queue *Mâcon*, parce qu'elle a un décalitre de diamètre aux fonds de plus, c'est-à-dire que son diamètre arrive à 20 décalitres, qui sont à une division au-dessous des deux points qui désignent le caractère inférieur, figuré par la lettre E. Son bouge donne un diamètre à ajouter, de même que celui de la pièce *Mâcon* et sa longueur est à un point de plus que

les deux points qui désignent le caractère supérieur, figuré par la lettre E : ses jables n'ont que la saillie fixée sur la jauge, ensorte que sa contenance est de 223 litres.

102. Cette pièce varie de contenance depuis 215 litres jusqu'à 225, suivant qu'elle est bien ou mal construite : ses douves sont ordinairement extrêmement larges : ce qui la fait distinguer à la seule inspection, de la pièce *Mâcon*, et qui exige une dimension approximative.

La Limonie.

103. Cette pièce ne diffère de la *Hérissey* qu'en ce qu'elle est mieux faite et plus longue ; elle a le même diamètre et sa contenance est de 230 litres.

La Pièce ou demi-Queue Beaune.

104. Cette pièce a le diamètre de ses fonds aux deux points qui désignent le caractère inférieur, figuré par la lettre E ; son bouge donne deux décalitres de plus que le point qui correspond à celui de la jauge, figuré par les fonds : ce qui fait 13 litres à ajouter, et exprime 223 litres. Sa longueur étant à un point de plus que les deux qui désignent le caractère supérieur, figuré par la lettre E, fait connaître que sa contenace est de 233 litres.

105. Cette pièce mesurée avec le mètre, donne pour longueur extérieure 836 m. réduction faite de la saillie des jables et de l'épaisseur des fonds de 106 millimètres : il reste pour longueur intérieure 730 millimètres.

Le bouge donne de diamètre 665 millimètres, celui des fonds 590 ; ensorte que le diamètre moyen est de 640 millimètres, lequel multiplié suivant les règles prescrites, donne pour produit 233 litres 8/10, qui expriment la contenance de la piece.

La Pièce ou demi-Queue Châlonnaise.

106. Elle est semblable à celle de *Beaune*, à l'exception qu'un de ses fonds est d'un décalitre de moins de diamètre, et qu'elle n'a presque pas plus de bouge que celui présumé d'après les règles convenues ; aussi ne diffèrent-elles de contenance que d'environ 8 litres.

La pièce ou demi-queue Orléans.

107. Celle-ci diffère des précédentes, en ce qu'elle est moins longue, et en ce que son diamètre donne aux fonds 22 décalitres 2 litres, c'est-à-dire une division et un peu plus au-dessus des deux points qui désignent le caractère inférieur, figuré par la lettre E. Le diamètre du bouge est d'une division 1/2 de plus que le point qui correspond à celui de la jauge, indiqué par les fonds ; ce qui

fait 10 litres à ajouter aux 222 des fonds, et qui exprime 232 litres ; sa longueur est aux deux points qui désignent le caractère supérieur destiné à faire connaître la longueur de l'espèce; ce qui exprime toujours les 232 litres; mais les jables, au lieu de n'avoir que 40 millimètres 1/2, en ont 48 : ce qui fait un excédent de 15 millimètres pour les deux jables, qu'il faut retrancher de la longueur, ce qui réduit la contenance de la pièce à 228 litres (ou pintes métriques).

Les Pièces ou demi-Queues Sancerre.

108. Elles se distinguent de celles d'Orléans, en ce qu'elles ont moins de bouge; le diamètre de leurs fonds est depuis les deux points qui désignent le caractère inférieur, figuré par la lettre E; jusqu'à une division en plus; et leur longueur est aux deux points qui indiquent le caractère supérieur, figuré par la même lettre; mais les jables, au lieu de n'avoir que 40 millimètres 1/2, en ont 50; ce qui fait un excédent de 19 millimètres, qu'il faut retrancher de l'expression 225 du diamètre moyen : ce qui réduit la capacité de ces pièces de 215 litres à 220 litres.

109. *Les Pièces Pouilly, du Gâtinais* sont de même forme et de même contenance que celles de *Sancerre*; celles de Pouilly se distinguent par les douves qui sont plus larges; et celles du Gâtinais, parce qu'elles ont l'air d'être des pièces *Orléans* refaites.

110. Les Pièces *ou demi-Queues Chinon* se distinguent des *Orléans*, en ce qu'elles sont beaucoup mieux faites, en ce que la saillie de leurs jables est moins longue que celle calculée sur la jauge, et en ce qu'elles ont une rotondité beaucoup plus forte que celles des pièces précédentes. Le diamètre de leurs fonds donne 21 décalitres, c'est-à-dire qu'il est aux deux points qui désignent le caractère inférieur, figuré par la lettre E; le bouge donne trois divisions de plus que le point qui correspond à celui de la jauge indiqué par les fonds; ce qui exprime 230 litres de diamètre moyen; la longueur surpasse de 2 centimètres le caractère supérieur, figuré par la même lettre; et la saillie des jables, au lieu d'avoir 40 millimètres 1/2, n'en a que 35; ce qui fait 11 millimètres à ajouter à la longueur, et qui donne pour contenance de la pièce 238 litres.

111. Les Pièces *ou demi-Queues Sologne*, *les Touraine*, *les Pièces de Blois*, *les Noelles* se distinguent des Orléans, parce qu'elles ont 23 décalitres de diamètre aux fonds, c'est-à-dire deux divisions au-dessus du caractère inférieur figuré par la lettre E; leur bouge donne un décalitre et deux litres plus que celui présumé par les fonds; ce qui fait 8 litres à ajouter aux 230 des fonds; et leur longueur est aux deux points qui désignent le caractère supérieur, figuré par la même lettre E; ce qui exprime 238 litr.

mais comme leurs jables, au lieu de n'avoir que 40 millim. 1/2, en ont 45 ; cela fait alors un excédent de 9 millimètres pour les deux jables à retrancher sur la longueur : ce qui réduit la contenance à 235 litres (ou pintes métriques).

112. *Les Pièces du Cher* sont de la même forme que celles ci-dessus, à l'exception que le diamètre des fonds est de 24 décalitres, c'est-à-dire trois divisions au-dessus du caractère inférieur, figuré par la lettre E; elles ont un décalitre de bouge plus que celui présumé par les fonds, et leur longueur a un demi-centimètre moins que les deux points qui désignent le caractère supérieur, figuré par la même lettre E ; ce qui, joint à la saillie de leurs jables, qui au lieu de n'avoir que 40 millimètres 1/2, en ont 50, fait un excédent de 22 millimètres à retrancher sur la longueur et réduit la pièce à 240 litres.

113. *Les Pièces ou demi-Queues Vauvray* sont de la même forme que les précédentes; elles n'en diffèrent de contenance que parce qu'elles ont plus de bouge et un peu plus de longueur, et que leurs jables ont un peu moins de saillie ; on les reconnaît pour des Vauvray, lorsqu'elles ont 245 litres de diamètre aux fonds, c'est-à-dire trois divisions et demie au-dessus des deux points qui sont figurés par le caractère inférieur, marqué par E. Le bouge donne 18 litres plus que le point qui correspond à celui de la jauge indiqué par les fonds; ce qui fait 12 litres à ajouter et qui exprime 257 litres de diamètre moyen. La longueur est d'un peu plus que les deux points qui désignent le caractère supérieur, distance que l'on peut évaluer à 1 litre; ce qui exprime 258 litr.

114. *La Pièce ou demi-Queue Languedoc* se distingue des précédentes, parce qu'elle est plus longue, quoique de même diamètre (il s'en trouve quelquefois qui en ont un plus petit), parce que la saillie des jables est moindre que celle comprise sur la jauge, et parce que lesdits jables sont ordinairement taillés en forme de ciseau, et que les douves sont communément de bois de châtaignier, ainsi que les cercles dont elles sont reliées. Le diamètre des fonds donne 24 décalitres; c'est-à-dire qu'il est au point qui commence la seconde série figurée par les clous à tête triangulaire qui sont 3 divisions au-dessus du caractère inférieur, figuré par la lettre E. Le bouge est à un point au-dessus de celui qui correspond à celui de la jauge indiqué par les fonds; ce qui exprime 247 litres de diamètre moyen; la longueur se trouve à deux divisions de clous à tête ronde de plus que les deux points qui désignent le caractère supérieur, figuré par la même lettre E; mais comme ce sont ceux à tête triangulaire qui sont les régulateurs, ce sera 25 litres à ajouter à ceux exprimés par le diamètre moyen, et les jables au lieu d'avoir 40 millimètres 1/2 de saillie, n'en ont que 34; ce qui fait 13 millimètres pour les deux

jables à ajouter à la longueur, et qu'on peut évaluer 4 litres, lesquels ajoutés à 272 font 276 litres (ou pintes métriques).

115. Cette piece, mesurée avec le mètre, donne 870 millimetres de longueur extérieure, en retranchant 82 millimètres pour la saillie des jables et l'épaisseur des fonds, il restera 788 millimètres pour longueur ou hauteur intérieure. Le diamètre moyen est de 668 millimètres, qui donne pour surface de la base 350533 millimètres carrés, lesquels multipliés par 788 de longueur intérieure, font connaître que la capacité de cette piece est de 276 litres (ou pintes métriques).

116. *Les Pièces Auvergne* varient; elles n'ont point de contenance commune entre elles. La forme de celles en usage dans le commerce, ressemble à peu-près à celle des pièces *Vauvray*, on les distingue de cette espèce par leurs jables qui sont moins longs que la mesure comprise sur la jauge, et par une rotondité très-forte, bien au-dessus de celle des tonneaux précédens. Celles qui arrivent journellement à Paris contiennent depuis 170 litres jusqu'à 400; une grande partie a pour diamètre aux fonds 25 décalitres qui se trouvent au deuxième point de la seconde série de clous à tête triangulaire, qui est la quatrième division au-dessus du caractère inférieur, figuré par la lettre E. Le bouge donne trois divisions de plus que celui présumé par les fonds; ce qui fait, en prenant les deux tiers 20 litres à ajouter, et qui exprime 270 litres de diamètre moyen; la longueur est à deux divisions de clous à tête ronde qui sont en plus du caractère supérieur, figuré par la même lettre E; mais comme ce sont les clous à tête triangulaire qni sont les régulateurs, ce sera 25 litres qu'il faudra ajouter à ceux exprimés par le diamètre moyen. Ses jables, au lieu d'avoir 40 millimètres 1/2, n'en ont que 32; ce qui fait 17 millimètres à ajouter sur la longueur, et que l'on peut évaluer 7 litres, lesquels réunis à ceux déjà trouvés, font connaître que la pièce proposée, contient 302 litres (ou pintes métriques).

117. *Les muids Orléans, Bourgogne, rappés gros, gros rappés, très-gros*, etc. se jaugent aussi sur le n°. 2, de la petite jauge; ils sont à-peu-près de même forme, et ne different l'un de l'autre que par la contenance (Voyez le répertoire page 204): ils se distinguent des *Auvergnes* par leur façon qui est différente, et sont semblables à-peu-près aux demi-queues *Languedoc*, ne différant de ces derniers que par le diamètre, et par une rotondité plus forte; le diamètre des fonds donne 28 décalitres qui se trouvent au premier point de la troisième série figurée par des clous à tête ovale, et à la septième division au-dessus du caractère inférieur, figuré par la lettre E. Le bouge donne 4 décalitres de plus que le point qui correspond à celui de la jauge indiqué par les fonds, ce qui fait, en prenant les 2/3 (27 litres environ) à ajouter aux fonds, et qui exprime 307 litres de diamètre moyen. La longueur est à trois divisions de clous à tête ronde en plus que le caractère supérieur, figuré par la lettre E; mais comme

ce sont les clous à tête ovale qui sont les régulateurs, ce sera 43 litres à ajouter à ceux du diamètre moyen, et on exprime de suite 350 litres. Les jables, au lieu d'avoir 40 millimètres et demi, n'en ont que 30; mais les fonds au lieu de n'avoir que 11 millimètres d'épaisseur, en ont 20; ce qui fait qu'il ne faut rien ajouter ni retrancher sur la longueur donnée sur la jauge (on baptise cette pièce *muid gros rappé Bourgogne*).

Il est une infinité d'autres pièces qui se jaugent sur le n°. 2 de la même jauge, et qui diffèrent de diamètre et de longueur; mais lorsque leurs dimensions approcheront de celles que nous venons d'exposer, on leur donnera un baptême analogue.

Dimensions des Tonneaux qui se jaugent sur le côté N°. **3** *de la petite jauge marqué par la lettre M.*

118. *Le demi-muid Bourgogne, ou feuillette*; cette pièce se distingue des quartauts, parce qu'elle est plus longue d'environ un décimètre. Le diamètre de ses fonds réduits, donne 13 décalitres, c'est-à-dire, une division au-dessous des deux points qui désignent le caractère inférieur, figuré par F. Le bouge donne 6 litres de plus que le point qui correspond à celui de la jauge : ce qui fait quatre litres à ajouter et qui exprime 134 litres de diamètre moyen : sa longueur est d'environ une demi-division de plus que le caractère supérieur figuré par la même lettre F, ce qui fait 139 litres.

119. Cette pièce mesurée avec le mètre, donne de longueur extérieure 790 millimètres, et de hauteur ou longueur intérieure 687 millimètres. Le diamètre moyen, 508 millimètres, donne pour surface de la base 202692 millimètres carrés, lesquels multipliés par 687 de hauteur, font connaître que la capacité est de 139 litres (ou pintes métriques) et 25 centièmes.

Nota. Les exemples que nous venons de donner sont suffisans pour justifier l'exactitude de la jauge, nous allons continuer à donner les dimensions qui font distinguer et connaître le baptême qui convient aux tonneaux qui suivent.

120. *Les demi-muids gros, rappés et très-gros*, diffèrent de diamètre. Il y en a dont celui des fonds donne 14 décalitres qui sont indiqués au caractère inférieur, figuré par la lettre F, et d'autres qui donnent une et deux divisions en plus, et dont la longueur est aux deux points qui désignent le caratère supérieur, figuré par la même lettre F, et à une ou deux divisions en plus de ce caractère.

Si le bouge donnait un diamètre plus fort que les fonds ne l'annoncent, on exprimerait 140, 150 ou 160 litres pour la contenance de la pièce.

121. *Les muids Français et du Rhône*, donnent de diamètre aux fonds 26 décalitres, c'est-à-dire, une division au-dessous du caractère inférieur, figuré par la lettre G, sur le côté n°. 3 de la petite jauge. Le bouge donne 15 litres plus que le point qui correspond à celui de la jauge indiqué par les fonds ; ce qui

fait 10 litres à ajouter, et qui exprime 270 litres pour diamètre moyen ; la longueur donne une division de plus que les deux points qui désignent le caractère supérieur, figuré par les lettres M G., et les jables n'ayant de saillie que celle réduite sur la jauge, font conclure que la contenance d'une pareille pièce proposée est de 280 litres (ou pintes métriques).

122. *Le muid Cahors* ne diffère des précédens que par ce qu'il a moins de rotondité, c'est-à-dire, qu'il ne paraît pas avoir beaucoup de bouge, le diamètre réduit de ses fonds, donne 28 décalitres, qui se trouve être une division au-dessus du caractère inférieur, figuré par la lettre G, sur le côté n°. 3 de la petite jauge ; son bouge correspond au point de la jauge désigné par les fonds, sa longueur est d'une division et demie de plus que les deux points qui désignent le caractère supérieur, figuré par la même lettre G et par M, ce qui exprime 295 litres ; mais les jables, au lieu d'avoir 40 millimètres et demi n'en ont que 32, ce qui fait 17 millimètres à ajouter sur la longueur, et qu'on peut évaluer à 5 litres, ce qui fait connaître enfin que la contenance de la pièce proposée est de 300 litres.

123. *Le petit muid Languedoc* se distingue des précédens par son bouge (ou le cercle du ventre) qui a un diamètre plus fort que celui annoncé par les fonds ; et par le diamètre de fonds qui donne 33 décalitres et demi, c'est-à-dire qui se trouve à six divisions et demie au-dessus du caractère inférieur, figuré par la lettre G, du côté n°. 3 de la petite jauge, et qui est la première de la série de clous à tête triangulaire (lesquels deviennent les régulateurs en correspondant à ceux qui leur sont semblables au-dessus du caractère supérieur). Le bouge donne 3 décalitres, c'est-à-dire 3 divisions de plus que le point qui correspond à celui de la jauge indiqué par les fonds, ce qui fait en prenant les deux tiers, 20 litres à ajouter au diamètre des fonds, et qui exprime 355 litres de diamètre moyen ; sa longueur est au premier clou à tête triangulaire en plus des deux points qui désignent le caractère supérieur, figuré par les lettres G M, ce qui fait 10 litres à ajouter encore à ceux exprimés par le diamètre moyen ; ses jables, au lieu d'avoir 40 millimètres et demi, n'en ont que 36 ; mais ses fonds au lieu de n'avoir que 16 millimètres d'épaisseur en ont 20, ce qui fait un excédent de 8 millimètres pour les 2 fonds, lesquels étant compensés par ceux qui manquent aux jables, font qu'il n'y a rien ni à ajouter ni à retrancher, et la contenance est de 365 litres.

124. *Le muid Montpellier* (*ou pipe Languedoc*) se distingue des précédens, parce qu'il est beaucoup plus gros, et que sa contenance est de plus d'un tiers de plus ; le diamètre de ses fonds réduits, donne 45 décalitres, c'est-à-dire qu'il est aux deux points qui désignent le caractère inférieur, figuré par la lettre H, sur le côté n°. 3

de

de la petite jauge ; son bouge donne 48 décalitres, c'est-à-dire 3 divisions en plus que le point qui correspond à celui de la jauge indiqué par les fonds, ce qui fait 20 litres à ajouter, et qui exprime 470 litres de diamètre moyen. La longueur donne 5 décalitres, c'est-à-dire 5 clous à tête ronde qui sont en plus que les deux points qui désignent le caractère supérieur, figuré par la lettre H ; ce qui, joint aux 470 litres exprimés par le diamètre moyen, fait 520 litres ; les jables, au lieu d'avoir 40 millimètres et demi, n'en ont que 30 ; mais les fonds, au lieu de n'avoir que 16 millimètres d'épaisseur, en ont 27, ce qui fait qu'il n'y a rien ni à ajouter ni à retrancher sur la longueur et la contenance du muid proposé reste à 520 litres (ou pintes métriques).

125. *La Barbantanne* se distingue de la pièce précédente, des barriques et des pipes, par le diametre de ses fonds qui est plus haut que celui desdites pièces et qui surpasse les proportions de sa longueur ; le diamètre de ses fonds, réduit, donne 50 décalitres, c'est-à-dire 5 divisions au-dessus du caractère inférieur figuré par la lettre H, et qui se trouve être une division au-dessous de la première de la seconde série désignée par les clous à tête triangulaire ; le bouge donne 53 décalitres, qui sont trois divisions au-dessous du point qui correspond à celui de la jauge, désigné par les fonds, ce qui fait 20 litres à ajouter, et qui exprime 520 litres de diamètre moyen ; sa longueur est de trois millimètres plus que les cinq clous à tête ronde qui sont en plus des deux points qui désignent le caractère supérieur, figuré par la lettre H ; mais comme cet espace est composé de 6 clous à tête triangulaire, qui sont devenus les régulateurs, ce sera 6 décalitres à ajouter à ceux exprimés par le diamètre moyen : les jables, au lieu d'avoir 40 millimètres et demi, n'en ont que 32 ; mais les fonds, au lieu de n'avoir que 16 millimètres d'épaisseur, en ont 32, ce qui fait un excédent de 32 millimètres pour les deux fonds. Soustraction faite de ce qui manque aux jables, il reste 11 millimètres à retrancher sur la longueur, et qu'on peut évaluer à 6 litres ; ensorte que la contenance de la barbantanne proposée se réduit à 574 litres (ou pintes métriques).

Dimensions des tonneaux qui se jaugent sur le côté N°. 4 de la petite jauge, marqué par la lettre B.

126. *La demi-pièce* (*ou quartaut*) *busse*, se distingue des autres demi-pièces ou quartauts par sa longueur qui est plus grande que celle des autres : le diamètre de ses fonds, réduit, donne 12 décalitres, c'est-à-dire qu'il est aux deux points qui désignent le caractère inférieur figuré par la lettre I, sur le côté n°. 4 de la petite jauge ; le bouge correspond au point de la jauge indiqué par les fonds, et la longueur étant aux deux points qui désignent le caractère supérieur figuré par la même lettre I, exprime 120 litres ;

mais ses jables au lieu d'avoir 40 millimètres 1/2, n'en ont que 30 ; ce qui fait un excédent de 21 millimètres, que l'on peut évaluer par approximation à un demi-décalitre ; ce qui fait 125 litres que la pièce contient.

127. *La Barrique ou Tierserolle* se distingue des Busses, parce qu'elle n'a presque point de ventre, c'est-à-dire qu'elle a moins de bouge que les fonds ne l'annoncent. Le diamètre de ses fonds donne 21 décalitres, c'est-à-dire qu'il est aux deux points qui désignent le caractère inférieur, figuré par la lettre K, du côté n°. 4 de la petite jauge ; le diamètre du bouge ne donne que 19 décalitres 1/2 ; ce qui fait une division 1/2 de moins que le point qui correspond à celui de la jauge indiqué par les fonds, et qui exprime 215 litres de diamètre moyen. Sa longueur est à un clou à tête ronde, en plus des deux points qui désignent le caractère supérieur, figuré par la même lettre K ; et ses jables au lieu d'avoir 40 millimètres 1/2, n'en ont que 32 ; ce qui fait 17 millimètres à ajouter à la longueur que l'on estime 4 litres, *lesquels étant ajoutés aux* 211, donnent 219 litres pour la contenance de la Tierserolle proposée.

128. *La Busse Saumur* se distingue de la précédente en ce que sa rotondité est un peu plus forte et qu'elle est moins longue ; le diamètre de ses fonds réduit donne 24 décalitres, c'est-à-dire qu'il est aux deux points qui désignent le caractère inférieur, figuré par la lettre K, sur le côté n°. 4 de la petite jauge ; son bouge donne de diamètre 23 décalitres 1/2, c'est-à-dire deux divisions et demie au-dessus du point qui correspond à celui de la jauge indiqué par les fonds ; ce qui fait 15 litres à ajouter aux 210, et qui exprime 225 litres de diamètre moyen. La longueur est aux deux points qui désignent le caractère supérieur figuré par la lettre K ; et les jables au lieu d'avoir 40 millimètres 1/2, n'en ont que 30 ; ce qui fait 21 millimètres pour les deux jables, que l'on peut évaluer à 5 litr. qu'il faut ajouter à ceux exprimés par le diamètre moyen ; ce qui fait connaître que la contenance de la Busse proposée est de 231 litres (ou pintes métriques).

129. *La Busse d'Anjou* se distingue de celle de Saumur, parce qu'elle est un peu plus longue et plus grosse de ventre. Le diamètre de ses fonds réduit donne 22 décalitres, c'est-à-dire une division au-dessus du caractère inférieur, figuré par la lettre K ; son bouge donne 25 décalitres, qui sont trois divisions au-dessus du point qui correspond à celui de la jauge ; ce qui fait 20 litres à ajouter, et qui exprime 240 litres de diamètre moyen. Sa longueur est au premier clou à tête ronde qui est au-dessus des deux points qui désignent le caractère supérieur, figuré par la même lettre K ; et ses jables, au lieu d'avoir 40 millimètres 1/2, n'en ont que 32 ; ce qui fait 17 millimètres à ajouter sur sa longueur, et qu'on peut évaluer à 5 litres, comme étant plus forte que celle pré-

cédente ; ce qui fait que la contenance de la Busse proposée est de 255 litres (ou pintes métriques).

130. *Le Bussard* se distingue par sa grosseur. Sa capacité est d'environ un tiers de plus que celle précédente, quoiqu'elle soit un peu moins longue. Le diamètre de ses fonds réduit, donne 34 décalitres, c'est-à-dire 13 divisions au-dessus du caractère inférieur, figuré par la lettre K, sur le côté n°. 4 de la petite jauge, et qui se trouve être le premier point de la troisième série. Son bouge donne 2 décalitres et 4 litres de plus que le point qui correspond à celui de la jauge indiqué par les fonds : ce qui exprime 356 litres de diamètre moyen. Sa longueur est aux deux points qui désignent le caractère supérieur, figuré par la même lettre K; et ses jables au lieu d'avoir 40 millimètres 1/2, n'en ont que 30; ce qui fait 21 millimètres à ajouter à la longueur; mais les fonds au lieu de n'avoir que 11 millimètres d'épaisseur, en ont 21; ce qui fait qu'il n'y a rien à ajouter ni à retrancher, et la contenance reste aux 356 litres exprimés par le diamètre moyen.

Dimensions de quelques tonneaux qui se jaugent sur la grande jauge sur le côté n°. 1 marqué par la lettre Q.

131. *La Queue* : Cette pièce diffère du Bussard par sa longueur, qui est beaucoup plus considérable. Sa contenance est presque la même. Le diamètre du premier fond donne 294 litres; celui du second fond 306; on prend la moitié de la somme de 306, plus 294, et 300 litres se trouvent être le diamètre réduit des fonds; c'est-à-dire sept divisions au-dessus des deux points qui désignent le caractère inférieur, figuré par la lettre Q, sur le côté n°. 1 de la grande jauge. Le diamètre du bouge est au point qui correspond à celui de la jauge indiqué par les fonds; ensorte que le diamètre moyen reste à 300 litres. Sa longueur est d'un décalitre de plus que les deux points qui désignent le caractère supérieur, figuré par la même lettre Q; ses jables et l'épaisseur des fonds étant suivant les réductions portées sur la jauge, font connaître que la contenance de la *Queue* proposée, est de 310 litres.

Dimensions des Tonneaux qui se jaugent du côté n°. 2 marqué par les lettres Ba.

132. *La Barrique de Catalogne* : Cette pièce se distingue de la précédente en ce qu'elle est plus longue et d'une plus grande contenance. Le diamètre de ses fonds donne 36 décalitres, c'est-à-dire six divisions au-dessus des deux points qui désignent le caractère inférieur, figuré par les lettres Ba, sur le côté n°. 2 de la grande jauge. Le diamètre du bouge donne 38 décalitres, qui

font deux divisions au-dessus du point qui correspond à celui de la jauge indiqué par les fonds ; ce qui fait environ 14 litres à ajouter, et qui exprime 374 litres de diamètre moyen. La longueur est à une division en plus du caractère supérieur, figuré par les mêmes lettres BA ; et les jables, au lieu d'avoir 40 millimètres 1/2, n'en ont que 35 ; ce qui fait 11 millimètres à ajouter à la longueur ; mais les fonds, au lieu de n'avoir que 18 millimètres d'épaisseur, en ont 24 ; ensorte qu'il n'y a rien à ajouter ni à retrancher sur la longueur, et 384 litres exprime la contenance de la pièce proposée.

133. *La Barrique de Marseille* se distingue de celle de Catalogne, parce qu'elle est d'une plus grande contenance. (Sa forme est la même). Le diamètre de ses fonds donne 48 décalitres, qui sont 18 divisions au-dessus du caractère inférieur, figuré par les lettres BA, sur le côté n°. 2 de la grande jauge, et à une division au-dessous de la seconde série de clous à tête triangulaire ; le diamètre du bouge est égal à celui présumé par les fonds ; ce qui exprime 480 litres de diamètre moyen ; sa longueur est au deuxième clou à tête ronde, qui est au-dessus du caractère supérieur, figuré par les mêmes lettres BA ; mais comme le diamètre des fonds approche de la série de clous à tête triangulaire, ce sont ceux qui leur sont semblables qui deviennent les régulateurs ; ce sera donc trois décalitres à ajouter au diamètre moyen, et on exprime 512 lit. Les jables ont moins de saillie que celle réduite sur la jauge, c'est-à-dire qu'au lieu d'avoir 40 millimètres 1/2, ils n'en ont que 36 ; mais les fonds, au lieu de n'avoir que 18 millimètres d'épaisseur, en ont 22 1/2 ; ce qui fait qu'il n'y a rien à ajouter ni à retrancher sur la longueur, et la contenance de la barrique proposée se trouve exprimée par 512 litres (ou pintes métriques).

134. *La Pipe d'Alicante* se distingue de la précédente par sa grosseur, et parce qu'elle a moins de bouge que les fonds ne l'annoncent. Le diamètre desdits fonds réduit donne 55 décalitres, qui forment le cinquième point de la seconde série de clous à tête triangulaire, et la 25e. division au-dessus du caractère inférieur, figuré par les lettres BA. Le bouge donne de diamètre 52 décalitres, qui sont trois points au-dessous de celui qui correspond à celui de la jauge indiqué par les fonds ; ce qui fait 10 litres à réduire, et qui exprime 540 litres pour diamètre moyen. La longueur est au deuxième clou à tête triangulaire qui est en plus des deux points qui désignent le caractère supérieur, figuré par les mêmes lettres BA ; ce qui fait 20 litres à ajouter aux 540 du diamètre moyen ; les jables, au lieu d'avoir 40 millimètres 1/2, n'en ont que 34 ; mais les fonds au lieu de n'avoir que 18 millimètres d'épaisseur, en ont 24 ; en sorte que, compensation faite du plus et du moins, il n'y a rien à ajouter ni à retrancher sur la longueur donnée, ce qui fait que la contenance est de 560 litres (ou pintes métriques).

135. *La Pipe de Nantes* ne diffère de *celle d'Alicante* qu'en ce qu'elle a un peu moins de diamètre aux fonds, et que son bouge est égal à celui présumé par les fonds. Le diamètre de ses fonds réduit donne 51 décalitres, et sa longueur étant aussi au deuxième clou à tête triangulaire, qui est en plus des deux points qui désignent le caractère supérieur, figuré par les lettres BA, et ses jables étant de même que ceux de celle expliquée ci-dessus, expriment que sa contenance est de 530 litres (ou pintes métriques).

136. *La Pipe Saint-Gilles* diffère des précédentes par sa grosseur. Le diamètre de ses fonds réduit donne 74 décalitres, qui se trouvent être le sixième point de la troisième série de clous à tête ovale, et la 44°. division au-dessus des deux points qui désignent le caractère inférieur, figuré par les lettres BA. Le diamètre du bouge donne 77 décalitres, qui font trois divisions au-dessus du point qui correspond à celui de la jauge indiqué par les fonds; ce qui fait 20 litres à ajouter, et qui exprime 760 litres. Sa longueur se trouve aux deux points qui indiquent le caractère supérieur, figuré par les lettres BA. Les jables, au lieu d'avoir 40 millimètres 1/2, n'en ont que 35; ce qui fait 21 millimètres à ajouter: mais ses fonds, au lieu de n'avoir que 18 millimètres d'épaisseur, en ont 32; ce qui fait un excédent de 28 millimètres pour les deux fonds : soustraction faite de ce qui manque aux jables, il reste 7 millimètres à retrancher sur la longueur et que l'on peut évaluer à 4 litres; ensorte que la contenance de la pièce se trouve réduite à 756 litres (ou pintes métriques).

Dimensions des tonneaux qui se jaugent sur le côté n°. 3 marqué par la lettre P.

137. *La Pipe d'Anjou* diffère des précédentes, parce qu'elle a beaucoup moins de diamètre aux fonds, et que ce diamètre n'est pas proportionné à sa longueur. Les fonds donnent 46 décalitres, qui sont 5 divisions au-dessus des deux points qui désignent le caractère inférieur, figuré par la lettre P. Le diamètre du bouge est de 48 décalitres, qui sont 2 divisions au-dessus du point qui correspond à celui de la jauge indiqué par le diamètre des fonds; ce qui fait 14 litres à ajouter, et qui exprime 474 litres de diamètre moyen. Sa longueur est aux deux points qui désignent le caractère supérieur, figuré par la lettre P. Les jables et les fonds n'ayant que la saillie et l'épaisseur qui est en réduction sur la jauge, font connaître que la contenance de la pipe proposée est de 474 litres (ou pintes métriques).

138. *La Pipe Saumur* ne diffère de celle *d'Anjou* que parce qu'elle est de plus faible contenance; elle a la même forme et la même longueur. Le diamètre de ses fonds réduit donne 42 décalitres, qui forment la seconde division de la série de clous à tête

ronde qui est la 1ere. au-dessus des deux points qui désignent le caractère inférieur, figuré par la lettre P. Le diamètre du bouge donne 45 décalitres, c'est-à-dire 3 divisions au-dessus du point qui correspond à celui de la jauge indiqué par les fonds; ce qui fait 20 litres à ajouter : et la longueur étant aux deux points qui désignent le caractère supérieur, figuré par la même lettre P, exprime 440 litres; mais les jables, au lieu d'avoir 40 millim. 1/2, n'en ont que 30; ce qui fait 21 millimètres à ajouter sur la longueur, que l'on peut évaluer par approximation à 8 litres; lesquels ajoutés à ceux exprimés par le diamètre moyen, font connaître que la contenance de la pipe proposée est de 448 litres (ou pintes métriques).

139. *La petite Pipe Coignac* ne diffère des précédentes, que parce que le diamètre de ses fonds est à la cinquième division au-dessus du caractère inférieur, figuré par la lettre P sur le côté n°. 3 de la grande jauge, et qui se trouve sur le premier point de la série de clous à tête triangulaire, qui exprime 56 décalitres. Le diamètre du bouge donne 53 décalitres, qui sont 3 divisions au-dessous du point qui correspond à celui de la jauge indiqué par les fonds; ce qui fait un décalitre à diminuer, et qui réduit le diamètre moyen à 550 litres. La longueur va jusqu'au troisième clou à tête triangulaire qui est au-dessus des deux points qui désignent le caractère supérieur, figuré par la lettre P; et les jables, au lieu d'avoir 40 millimètres, n'en ont que 33. L'épaisseur des fonds étant de 18 millimètres, ainsi qu'ils sont déduits sur la jauge, il en résulte qu'il faut ajouter sur la longueur 15 millimètres, que l'on peut évaluer à 7 litres, lesquels ajoutés à ceux exprimés par le diamètre et la longueur, font connaître que la contenance du tonneau proposé est de 687 litres (ou pintes métriques).

140. *La grande Pipe Coignac se jauge sur le côté n°. 4 de la grande jauge.* Elle diffère des autres pipes par son extrême longueur et par sa rotondité qui est proportionnelle; le diamètre de ses fonds réduit, donne 57 décalitres qui se trouvent à la 16e division au-dessus des deux points qui désignent le caractère inférieur, figuré par les lettres Pc, et au premier point de la seconde série de clous à tête triangulaire. Son bouge donne 60 décalitres, c'est-à-dire 3 divisions au-dessus du point qui correspond à celui de la jauge, indiqué par le diamètre des fonds; ce qui fait 20 litres à ajouter, et qui exprime 590 litres de diamètre moyen. Sa longueur est au deuxième clou à tête triangulaire de ceux qui sont en plus des deux points qui désignent le caractère supérieur, figuré par les mêmes lettres Pc; et les jables, au lieu d'avoir 40 millimètres 1/2, n'en ont que 32; ce qui fait 17 millimètres à ajouter. Mais les fonds au lieu de n'avoir que 18 millimètres d'épaisseur, en ont 26; ce qui fait qu'il n'y a rien à ajouter sur la longueur que les deux décalitres désignés par les deux

divisions de la série de clou à tête triangulaire ; ce qui exprime que la contenance de la pipe proposée est de 610 litres (ou pintes métriques).

141. Il est une infinité d'autres tonneaux qui se jaugent sur les faces des jauges, suivant les côtés qui leur conviennent. On suivra pour les mesurer, les principes établis dans les exemples précédens, lesquels sont suffisans pour faire connaître la manière de trouver promptement leur capacité et leur baptême.

Remarque. Les tonneaux qui se jaugent sur la *petite jauge* s'expriment par les noms de *Muid*, *Bussard*, *Busse*, *demi-Queue*, *demi-Muid*, *(ou Feuillette)* *Quartaut-Busse*, *Quartaut*, et *Quart-Muid*; ces noms joints à ceux des cantons où ils sont construits, désignent déjà à peu-près leur contenance, parce qu'il faut observer que le muid en usage dans le canton, est la mesure sur laquelle se divisent toutes les autres ; par exemple, le nom de *demi-Queue Languedoc* veut dire les trois quarts du Muid Languedoc ; *la demi-Queue Cahors (a)* veut dire les trois quarts du Muid Cahors ; *la Feuillette* exprime un demi-Muid Bourgogne, le *Quartaut-Busse*, une demi-Busse ; le *Quartaut-Mâcon*, une demi-Pièce Mâcon, et le *Quart-Muid*, la moitié d'une feuillette, etc. etc.

OBSERVATIONS.

Nous croyons avoir suffisamment démontré les règles à suivre pour trouver la contenance des tonneaux par la méthode que nous venons de détailler ; mais comme ils ne sont pas les seuls vaisseaux dont on se sert pour mettre des liquides, les brasseurs, les distillateurs d'eau-de-vie, etc. etc. se servant de cylindres de diamètre différens, nous allons développer la méthode propre à trouver leur contenance, et à déterminer la capacité intérieure des Navires.

(*a*) La demi-Queue Cahors se jauge sur le côté N°. 1 de la petite jauge ; elle ressemble à la Bordelaise pour la forme, (voyez N°. 91, page 248) ; mais elle a 20 décalitres de diamètre aux fonds, trois divisions au bouge de plus que le point qui correspond à celui de la jauge, indiqué par les fonds ; ce qui fait 220 litres de diamètre moyen. Sa longueur est de deux divisions de plus que le caractère supérieur figuré par la lettre C. Mais ses jables, au lieu de n'avoir de saillie que 40 millimètres 1/2, en ont 60 ; et ses fonds au lieu de n'avoir que 11 millimètres d'épaisseur, en ont 16 ; ce qui fait un excédent de 49 millimètres à retrancher sur la longueur, ce qui réduit la demi-queue proposée à 225 litres (ou pintes métriques).

INSTRUCTION

SUR LA METHODE DE JAUGEAGE

De toutes sortes de vaisseaux cylindriques, sur celle des Navires, et sur la construction de la Jauge.

1. Cette méthode s'exerce au moyen d'un instrument (*fig.* 36) qui est d'une construction très-simple et d'un usage aussi facile qu'expéditif : il s'appelle *jauge* ; il pourrait aussi être nommé *bâton cylindrimétrique.* Il consiste dans une règle ou tringle de bois (*a*), laquelle on suppose d'un mètre de long (*b*) ; c'est-à-dire un bâton parallélipipède, dont deux faces sont marquées par divisions, l'une des hauteurs, l'autre des diamètres, d'après la solidité d'un cylindre double litre (ou double pinte), lequel a 163 millimètres de hauteur et 125 millimètres de diamètre (*c*).

2. Les divisions de la face qu'on appelle *le côté des hauteurs* qui sont chacune de 163 millimètres (ou traits), sont portées de 1 en 2, de 2 en 3, de 3 en 4, de 4 en 5, ainsi de suite, autant que l'instrument peut le comporter.

3. Sur l'autre face qu'on appelle *le côté des bases*, sont marqués les diamètres par division, d'après le carré de l'hypothénuse, et voici comment on peut les placer : On dispose deux lignes AB, AM à angle droit (*fig.* 36.), c'est-à-dire qu'on dispose ces lignes de manière qu'elles soient perpendiculaires entre elles ; on fait une ouverture de compas égale au diamètre du cylindre donné, qui est de 125 millimètres (ou traits). On le porte de AB. A1 sur la ligne AM et en menant B1 *hypothénuse du triangle rectangle isocèle* BA1, on a le diamètre d'un

(*a*) Elle pourrait être de métal ou de bois des Indes, pour ne pas nuire à la liqueur dans laquelle on l'introduit.

(*b*) Elle pourrait être plus ou moins longue, suivant qu'on le trouverait plus commode ; mais elle peut à la hauteur du mètre servir aussi de canne.

(*c*) On pourrait choisir un autre cylindre (par exemple celui d'un litre), en ne prenant pour point du départ qu'un diamètre de 100 millimètres, et pour hauteur 128 millimètres, qui forment la capacité du litre ; mais il en résulterait que les divisions à une certaine hauteur se trouveraient trop rapprochées. Si on avait des navires à jauger, on pourrait établir une chaîne d'après la capacité d'un cylindre d'un hectolitre, ainsi qu'on verra à la suite.

cylindre double litre (ou double pinte). Prenant ce diamètre pour point du départ, et l'hypothénuse de ce triangle rectangle étant reportée sur la ligne AM, de A au chiffre 2, on a le diamètre d'un cylindre de 4 litres. Prenant encore l'hypothénuse de ce nouveau triangle rectangle et le portant au chiffre 3, on a le diamètre d'un cylindre de 6 litres, ainsi de suite de 8 litres, 10 litres, 12 litres, 14, 16, 18, 20, enfin jusqu'à 120 et 200 litres, etc. etc. parce que les cercles sont comme les carrés de leurs diamètres; et que les cylindres de même base sont entre eux comme leurs hauteurs.

4. A cet instrument est annexée une petite mesure de poche, qu'on nomme *médiale* (*fig.* 37.), et qui est de la hauteur du cylindre donné; elle est divisée par dixièmes et vingtièmes, pour la facilité des opérations : cette petite mesure a à un bout un mentonnet comme celui que nous avons expliqué, page 244, pour le double décimètre, etc.

Manière d'opérer.

5. S'il s'agissait de mesurer une *cuvette* de fayence, porcelaine ou de toute autre matière (*fig.* 24.), on prendrait le diamètre du fond, soit avec un ruban, une baguette ou toute autre chose; on poserait ce diamètre sur la jauge du côté des bases; on mesurerait ensuite le diamètre de l'ouverture, la demi-somme des deux diamètres donnerait celui moyen du vaisseau; on mesurerait ensuite la hauteur qu'on multiplierait par le diamètre moyen, le produit serait la capacité cherchée.

EXEMPLE.

6. Soit, par exemple, une *cuvette* (ou tout autre vaisseau cylindrique) qui aurait de diamètre au fond 18 divisions du côté des bases de la jauge, autant à l'ouverture; 18 divisions seraient le diamètre moyen. Soit en même tems sa hauteur ou profondeur de 3 hauteurs sur la jauge, en les multipliant par le diamètre moyen, le produit fait connaître que la capacité du vaisseau proposé est de 108 litres.

Une Cuve.

7. S'il s'agissait de trouver la capacité d'une cuve (on doit la considérer comme *un cone tronqué*, *fig.* 30) on prendrait un ruban (ou une ficelle) le moins extensible possible, avec lequel on mesurerait le diamètre du fond; on mesurerait ensuite celui du haut à l'ouverture, on prendrait la demi-somme de ces diamètres, et on aurait celui moyen de la cuve. On mesurerait

ensuite la hauteur ou profondeur avec le côté des hauteurs de la jauge ; on multiplierait le nombre des hauteurs que la cuve donneraient par le diamètre moyen, et le produit serait la capacité cherchée.

EXEMPLE.

8. Soit la longueur du ruban qui a mesuré le diamètre de 12 hauteurs ; en le pliant en deux parties, le bout tombera sur 6 unités ou hauteurs qui se rencontrent sur 61 divisions et deux dixièmes du côté des bases de la jauge ; en les multipliant par le carré de 2 qui est 4, le produit sera 244·8/10. Soit en même-tems la profondeur de 9 hauteurs, on les multiplie alors par 244·8/10, et le produit 2203 cylindres 2/10, fait connaître que la capacité de la cuve proposée est de 4406 litres (ou pintes métriques) et 4/10.

9. Si on pliait le ruban en quatre parties, le bout tomberait sur la troisième hauteur qui se rencontre sur 15 divisions 3/10 du côté des bases de la jauge ; on les multiplierait par le carré de 4 qui est 16. Le produit de 16 fois 15·3/10 donnerait 244 8/10, qu'on multiplierait par le nombre des hauteurs de la cuve, et le produit serait le même que celui ci-dessus.

Un Ovale. (fig. 32).

10. S'il s'agissait de trouver la solidité d'un *vaisseau ovale*, on mesurerait la largeur du fond, ensuite la longueur et la demi-somme de ces mesures, serait le diamètre du fond ; on ferait la même opération à l'ouverture, et la demi-somme des deux diamètres donnerait celui moyen de l'ovale, qu'on multiplierait ensuite par la hauteur intérieure ; le produit ferait connaître le nombre de cylindres que le vase contiendrait.

EXEMPLE.

11. Soit la largeur du fond de 30 divisions du côté des bases de la jauge et la longueur de 50, on prend la demi-somme de 50 plus 30, et 40 est le diamètre du fond ; si celui de l'ouverture mesuré de la même manière répond à 60. On prendra encore la demi-somme de 60 plus 40, et 50 divisions sont le diamètre moyen. Soit en même-tems sa profondeur de 4 hauteurs : en la multipliant par le diamètre moyen, le produit de 4 fois 50 sera 200 cylindres d'un double litre, lesquels étant doublés feront connaître que la capacité cherchée est de 400 litres (ou pintes métriques).

12. Tout cela suit de ce que les cylindres sont égaux au produit

des bases par leurs hauteurs, et que les cylindres de même hauteur sont dans les rapports des bases (*a*).

Les Tonneaux.

13. S'il s'agissait de trouver la capacité d'un tonneau, comme il forme un ventre par le milieu et que delà il va en diminuant vers ses extrémités, on le considère comme un cylindre de même hauteur ou longueur, mais dont la base serait moyenne, proportionnelle arithmétique, entre le cercle qui forme le fond intérieur et celui qui forme le ventre aussi intérieur; c'est pourquoi on mesure le diamètre du cercle du ventre avec le côté des bases de la jauge, qu'on plonge bien perpendiculairement par le bondon dans la direction de l'axe et du centre du tonneau; on y introduit la petite mesure de poche qu'on nomme *médiale*, qui sert à déterminer l'épaisseur des douves; on la retire avec la jauge, et on remarque par un trait de craie le diamètre du bouge. On mesure ensuite celui des fonds; pour le rendre juste, on prend deux diamètres situés à angle droit l'un à l'égard de l'autre; on prend la demi-somme de ces mesures; on fait la même opération sur l'autre fond pour s'assurer s'ils sont égaux; en cas d'inégalité, on prend encore la demi-somme des deux diamètres, et on a celui réduit des fonds.

14. Après avoir mesuré avec les précautions convenables le diamètre du bouge, et celui des fonds, on retranche le tiers de leur différence pour ajouter les deux tiers restant (*b*) au diamètre des fonds; on fait attention aux tonneaux dont le ventre est renflé en plusieurs parties, c'est-à-dire à ceux dont la douve du bondon est plate et large, ou dans une position pour ainsi dire applatie, (comme sont ceux qu'on connaît sous le nom de *Bottes* qui sont destinés à contenir des poirés et des cidres). Pour avoir le diamètre juste du bouge de ces derniers, il serait nécessaire de les tourner dans un autre sens; de faire une seconde ouverture pour mesurer le diamètre de ce second axe, et la moitié de la somme des deux mesures serait le diamètre du bouge; le tiers de la différence à celui des fonds étant ôté, et les deux tiers restant réunis au diamètre des fonds, on aurait le diamètre moyen du tonneau, que l'on multiplierait par la longueur intérieure; c'est-à-dire la distance perpendiculaire entre les parois intérieures des fonds qu'il faut déterminer.

15. Pour l'obtenir exactement, on mesure la longueur extérieure

---

(*a*) *Remarque.* Pour mesurer les longueurs de quelques futailles ou vaisseaux que ce soit, il faut se servir du côté des hauteurs de la jauge : si elle n'était pas assez longue, comme ses divisions sont à égales distances l'une de l'autre, on reporterait la jauge à sa première hauteur.

(*b*) Voyez l'explication de cette règle, page 245.

du tonneau avec le côté des hauteurs de la jauge, en lui donnant une direction bien parallèle à son axe; on en retranche la saillie des jables qu'on mesure à l'aide de la *médiale* : à cette mesure on ajoute la double épaisseur des fonds, lesquelles épaisseurs sont ordinairement connues par la force des pièces, et l'usage des différens pays (*a*). Le reste donne la longueur intérieure du tonneau, qui est l'élément principal pour la détermination de sa capacité.

16. Le nombre des hauteurs, et de fractions de hauteur, que donne la longueur intérieure, étant multipliée par le diamètre moyen, le produit de cette multiplication donne la mesure cubique de la contenance totale du tonneau.

EXEMPLE.

17. Soit proposé un tonneau (connu sous le nom de demi-queue Mâcon). Si le diamètre du bouge est de 26 divisions du côté des bases de la jauge, celui des fonds de 20. Les deux tiers de la différence ajoutés à ce dernier, donnerait 24 divisions pour diamètre moyen. Soit en même-tems sa longueur extérieure de 5 hauteurs et 2/10 de hauteur. Si la saillie des jables et l'épaisseur des fonds sont de 7/10 de hauteur, ce sera 7/10 à retrancher sur la longueur extérieure; ce qui réduira celle intérieure à 4 hauteurs 6/10 : on les multipliera par le diamètre moyen, le produit sera de 108 cylindres double litre (ou double pinte) lesquels étant doublés font connaître que la capacité de la pièce proposée est de 216 litres (ou pintes métriques).

AUTRE EXEMPLE.

18. Soit proposé un tonneau connu sous le nom *d'Auvergne*, lequel aurait trente-cinq divisions de diamètre au bouge, et 27 à celui des fonds, on retranchera le tiers de la différence du diamètre du bouge, et les 2/3 restant ajoutés à celui des fonds donneront 32 divisions 1/2 du côté des bases de la jauge pour diamètre moyen. Soit en même-tems sa longueur extérieure de 5 hauteurs et 3/10 de hauteurs; en retranchant la saillie des jables et l'épaisseur des fonds, il restera pour longueur intérieure, 4 hauteurs 6/10, lesquelles multipliées par le diamètre moyen 32 1/2, doneront pour produit 149 1/2 cylindres double litre, lesquels étant doublés font connaître que la capacité du tonneau proposé est de 299 litres (ou pintes métriques).

(*a*) L'épaisseur des fonds des tonneaux d'une contenance de 100 à 400 litres, sont estimés de 11 à 16 millimètres par chaque fond, et celle de ceux qui sont d'une plus grande capacité, sont évalués de 18 à 30 millimètres suivant leurs grosseurs.

Un foudre rond (a).

19. S'il s'agissait de trouver la contenance d'un foudre rond, on prendrait une longue règle ou tringle, pour mesurer le diamètre du bouge, et celui des fonds de la même manière que si c'était un tonneau ordinaire; on retrancherait le tiers de la différence du diamètre du bouge pour ajouter les deux tiers restant à celui des fonds, et la somme faite donnerait le *diamètre moyen*.

20. Ce diamètre une fois connu, on plie un ruban qui lui est égal, en deux parties; on pose le ruban ainsi plié sur la jauge du côté des bases, et on multiplie par 4 (carré de 2) les divisions qui se trouvent dans l'espace compris, pour le produit être ensuite multiplié par la longueur intérieure, c'est-à-dire par le nombre des hauteurs de la distance perpendiculaire entre les parois intérieures de ses fonds; ce dernier résultat donnerait des doubles litres (ou doubles pintes) lesquels étant doublés feraient connaître la capacité cherchée.

21. Si le diamètre était assez grand pour que le ruban surpassât la longueur de la jauge, il faudrait plier en quatre et on multiplierait par 16 (carré de 4) les divisions du côté des bases de la jauge) que le bout indiquerait, pour le produit être ensuite multiplié par la longueur intérieure.

22. On pourra plier le ruban autant de fois qu'on le jugera nécessaire; s'il est plié en huit parties, on multipliera par 64 (carré de 8) les divisions que le bout indiquera, parce que *les bases des cercles sont comme les carrés de leurs diamètres, et que les cylindres de même base sont entre eux comme leurs hauteurs.*

EXEMPLE.

22. Soit proposé un foudre qui aurait 240 centimètres de *diamètre moyen* : en pliant un ruban de pareille grandeur en quatre parties, le bout tombera sur 23 divisions du côté des bases de la

(a) *Les foudres ronds et ovales* sont de très-grands tonneaux cerclés de fer, que l'on défonce rarement; on a établi au bas du fond de devant une petite porte pour laisser entrer le tonnelier, lorsqu'ils sont vides, afin de les laver et les rendre propres à recevoir du vin clair. Ces foudres sont destinés à rester à demeure dans les caves, et sont fort en usage dans les départemens de la Moselle, de la Sarre, des Forêts, du Rhin et Moselle, du Mont-Tonnerre, du Haut et Bas-Rhin, et dans toute l'Allemagne; il n'est pas rare de voir de ces tonneaux qui contiennent depuis 4000 litres jusqu'à 9000, 10000, etc. On en voit un très-extraordinaire à Heydelberg, appartenant à son altesse sérénissime l'électeur Palatin, qui contient environ 9015 hectolitres, ou 90150 décalitres (ou veltes métriques) faisant 901500 litres. Il y a aussi dans le Puy-de-Dôme et la ci-devant Auvergne de très-grands tonneaux, dont la contenance approche de celles des foudres.

jauge, en les multipliant par 16 (carré de 4), le produit sera 368. Soit en même-tems sa longueur intérieure ou sa distance perpendiculaire entre les parois intérieures des fonds, de 10 hauteurs; on multipliera 368 par 10, le produit sera 3680 cylindres double litre, lesquels étant doublés font connaître que la capacité cherchée est de 7360 litres (ou pintes métriques).

Autre Exemple.

24. Soit proposé un foudre qui aurait 10 hauteurs et 5/10 de hauteur de diamètre moyen; en pliant un ruban de pareille grandeur en deux parties, le bout tombera sur 5 hauteurs et 5/20 (ou 5 divisions et 1/4 du côté des hauteurs de la jauge), qui se rencontrent sur 46 divisions 9/10 du côté des bases (en les multipliant par 4 (carré de 2), le produit sera 187 6/10. Soit en même-tems sa longueur intérieure de dix hauteurs, on multiplie alors 187 6/10 par 10, le produit est 1876 cylindres double litre, lesquels étant doublés font connaître que la capacité du foudre proposé est de 3752 litres (ou pintes métriques).

De la manière de constater avec la jauge la quantité nécessaire pour remplir un tonneau en vidange.

25. S'il s'agissait de mesurer le vide d'un tonneau, on le placerait de manière que le fond supérieur fût bien horizontal (a). Dans cette position, on percerait ce fond pour pouvoir y introduire la jauge, afin d'avoir la profondeur de la liqueur, et on évaluerait le vide en le considérant comme un cylindre dont la base serait égale au cercle des fonds, et dont la hauteur serait la hauteur du vide. Si ce vide était assez considérable, pour qu'il fallût avoir égard à l'excès du diamètre inférieur sur le supérieur, on prendrait pour diamètre moyen, la moyenne proportionnelle entre le cercle des fonds et celui de la surface de la liqueur; on multiplierait ce diamètre moyen par la hauteur du vide et le produit donnerait la quantité de cylindres double litre nécessaire pour le remplir.

JAUGEAGE DES NAVIRES.

1. La jauge des *Navires* est de deux genres : tous deux s'expriment par le même mot qui est *tonneau* : ces deux genres sont *capacité* et *faculté de port*.

2. L'arrêté des Consuls de la République française, du 13 bru-

(a) Extrait de l'instruction sur le jaugeage des futailles, publiée par ordre du Ministre de l'Intérieur (page 21.).

maire an 9, ayant fixé définitivement le poids d'un tonneau de mer à 1000 kilogrammes (ou millier métrique). Il est naturel d'employer désormais deux mots différens pour exprimer le port et la capacité des Navires : celui de tonneau, comme poids, restera pour exprimer le port; et le mot *stère*, c'est-à-dire mètre cube, ou *kilolitre* (muid métrique), pour exprimer la solidité ou capacité. Et conformément à l'ordonnance de la Marine, qui prescrit de mesurer tout l'intérieur des bâtimens et de prendre les deux tiers de la capacité, pour former le nombre des tonneaux soumis aux droits que les souverains lèvent sur les marchandises qui font la charge d'un navire; celui de 100 tonneaux sera toujours du port de 100 tonneaux; mais sa capacité serait d'après cette supposition, de 150 stères, ou 150 kilolitres ou muids.

3. Depuis long-tems les Négocians sollicitent une méthode de jaugeage exacte, facile et expéditive; qui mette à même de déterminer la quantité de marchandises dont ils pourraient charger un navire, comparativement au volume qu'elles occupent, c'est-à-dire combien de fer, de coton ou de liége il faudrait pour charger un vaisseau. Si c'était du bled, par exemple, il faudrait un peu moins que les deux tiers de la capacité pour former le tonneau. Si c'était du sucre, des cassonnades, leur volume approchent du poids de l'eau; si c'était du fer, le vaisseau aurait sa charge avant d'être plein au dixième, et si au contraire on le chargeait de liége, il serait plein avant d'avoir la dixième partie de sa charge.

4. Comme dans les différens ports français et étrangers, la manière de jauger n'était point la même, M. le comte de Toulouse, amiral de France, chef du conseil de Marine, demanda à l'Académie royale des sciences, son sentiment à ce sujet, en lui envoyant les meilleures méthodes pratiquées, soit en France, soit chez les étrangers, afin que par la préférence que l'Académie donnerait à une d'entre elles, ou par l'invention de quelque autre, on pût établir une méthode assez sûre et uniforme pour tous les ports.

MM. *Varignon* et *de Mairan* furent principalement chargés du soin de répondre aux intentions du comte de Toulouse. On peut voir dans l'histoire de l'académie, année 1721, page 44, ce qu'ils firent à cet effet.

5. M. de Mairan entra dans l'examen de toutes les méthodes envoyées par le conseil de la Marine, et préféra celle de M. *Hocquart*, intendant de la Marine dans le port de Toulon. Elle consiste à prendre l'aire des deux surfaces horizontales de la partie du vaisseau submergée par la charge, et à multiplier la moitié de la somme des deux aires, par la hauteur de la partie submergée; c'est là la conclusion des géomètres qui s'en sont occupés, et particulièrement celle de M. *Bézout*. Ensorte que le jaugeage

des vaisseaux n'est proprement que la mesure, non de la capacité entière de leur creux ou vide, mais seulement de la partie de cette capacité que les marchandises peuvent remplir.

6. Ainsi le vaisseau étant construit et pourvu seulement de tout ce qui lui est nécessaire pour le voyage, il enfonce dans l'eau d'une certaine quantité et jusqu'à une ligne, qu'on appelle *ligne de l'eau* : si de plus, on le charge de toutes les marchandises qu'il peut porter commodément ou sans péril, il enfonce davantage et jusqu'à une ligne, qu'on appelle *ligne du fort*, parce que la distance de cette ligne à celle où le vaisseau serait prêt de submerger, se prend par rapport au milieu du vaisseau qui en est la partie la plus basse et en même-tems la plus large, qu'on appelle *le fort*. La ligne de l'eau et celle du fort sont toutes deux horizontales et par conséquent parallèles, et il faut concevoir que par elles passent deux sections ou coupes du vaisseau qui sont aussi deux plans horizontaux. Il est visible que c'est entre ces deux plans qu'est comprise la capacité du vaisseau que les marchandises occupent ou peuvent occuper : c'est elle qu'il s'agit de jauger.

7. La méthode établie par l'ordonnance de la Marine qui suppose que la charge d'un navire est à peu-près les deux tiers de sa capacité intérieure est tout-à-fait inutile, lorsqu'il s'agit de terminer les contestations qui s'élèvent entre les Négocians et les Pilotes. Car si un négociant prétend que le capitaine de son navire a transporté furtivement une plus grande quantité de marchandises que celle qui lui a été confiée, il n'est plus question de jauger le navire suivant l'ordonnance, et il est impossible de supposer, comme on le fait par cette méthode, que ce navire porte précisément les deux tiers de sa capacité. Tout dépend de la nature de son chargement.

8. M. de Mairan dit dans son excellent Mémoire de l'année 1721, que l'opinion généralement reçue sur la charge des navires est, qu'ils peuvent porter commodément un poids égal à celui de la moitié de l'eau qui remplirait leur capacité ; « mais il ne faut » pas, ajoute-t-il, que cette règle passe pour absolument certaine. Ce n'est qu'à tâtons qu'on en a décidé ainsi ; car tandis » que les uns veulent que l'on prenne pour la charge d'un vaisseau, la moitié de l'eau qu'il pourrait contenir, il y en a d'autres qui croient que les deux cinquièmes et même le tiers serait » assez ».

9. Il faut donc dans le cas de contestation, et même dans tous les cas, prendre un juste milieu dans les évaluations, avoir égard au volume, à la nature des marchandises, faire attention à leur poids, et compter tout au plus sur la moitié, lorsqu'on mesure toute la capacité d'un navire.

C'est

C'est dans cette hypothèse que nous offrons la méthode que nous allons exposer.

10. Les Marins savent que des deux manières de jauger, l'une par dedans, en cherchant la capacité d'un vaisseau, et l'autre par dehors, en cherchant la solidité de la partie submergée par le poids de sa charge, et conséquemment la quantité d'eau qu'elle déplace, laquelle est égale en volume à cette partie submergée et en poids à cette charge; les Marins, dis-je, savent que des deux manières de jauger, aucune n'est sure dans ce qui s'y pratique, pour arriver seulement à de simples approximations, et que l'irrégularité de la figure tant intérieure qu'extérieure du vaisseau, ne permettant pas d'en avoir de réglées, rend ces deux méthodes sujettes à des erreurs plus ou moins grandes (*a*).

11. Pour éviter le tâtonnement, écarter les erreurs et trouver une formule générale qui, dans le détail, donne tout d'un coup non seulement le poids des différentes charges des vaisseaux, mais encore leur capacité, nous réduirons la figure des vaisseaux à une régulière qui étant susceptible de toutes leurs longueurs, largeurs et profondeurs, nous paraît devoir former une approximation suffisante et même équivalente à la véritable solidité, qui préservera des erreurs inévitables sans cette réduction. Comme on peut remarquer à la seule inspection des navires, qu'ils sont en grande partie de forme ovale, la figure à laquelle nous les supposerons réduits, sera un *ellipsoïde* ou un *ovale*.

12. Les meilleurs auteurs ont toujours pensé que cette figure n'était pas à négliger, et qu'en l'employant, lorsqu'on mesure la portion d'un vaisseau submergée par sa charge, le jaugeage en serait rendu très-exact. Il est vrai que vers la poupe, le vaisseau ne se termine pas en pointe, mais par une surface qui lui donne une forme plus renflée depuis le bord jusques vers le milieu de sa profondeur, que celle du fond ou de la partie submergée. Quoiqu'il en soit, lorsqu'on jauge toute la capacité d'un vaisseau, on peut le considérer comme régulier; et, quoique les bords du vaisseau soient plus élevés vers la poupe, et la proue qu'au milieu, ces élévations deviendront tout-à-fait indifférentes et ne feront rien à l'exactitude de la méthode du jaugeage que nous allons exposer, pourvu qu'on ne perde point de vue le circuit horizontal.

Méthode facile, exacte et expéditive pour jauger les Navires.

Cette méthode s'exerce au moyen d'un bâton cylindrimétrique qu'on appelle *jauge*. Il est construit sur les principes développés,

(*a*) M. Varignon, Mémoires de l'Académie royale des Sciences, année 1721, (page 44).

pag. 263; ses divisions donnent des hectolitres (ou septiers métriques) comme mesures de capacité, qui font autant de décistères ou solives nouvelles considérés comme mesures de solidité, ou un volume en poids de 100 kilogrammes (ou livres métriques); en sorte que chaque *dix divisions* forme un tonneau de mer.

Cette jauge a de longueur 1030 centimètres donnant 500 divisions, qui sont tracées sur la face qu'on appelle *le côté des bases*, et qui sont exprimées en chiffres arabes de cinq en cinq. Le diamètre, qui est le point du départ, est celui du cylindre d'un hectolitre, et a 462 millimètres; et sa hauteur 600 millimètres; chaque hauteur est portée de 1 en 2, de 2 en 3, de 3 en 4, etc. sur la face qu'on appelle *le côté des hauteurs*. Les divisions décimales sont marquées sur le troisième côté, ensorte qu'on pourra, avec cette jauge, mesurer aussi les vaisseaux qui seraient de *figure parallélipipède*; et comme elle forme un décamètre, elle pourra servir encore à la mesure de la superficie des terrains, et enfin à s'assurer de l'exactitude des divisions qui sont tracées sur les deux autres côtés (*a*).

Manière de se servir de la Jauge.

S'il s'agit de trouver la capacité d'un vaisseau, on mesure avec le côté des bases de la jauge la surface horizontale du fond par sa longueur et par sa largeur; on prend la demi-somme de ces deux mesures, et on a le diamètre réduit du fond.

On mesure ensuite la longueur de l'ouverture, depuis l'*étambot* (*b*) jusqu'à l'*étrave* (*c*), et sa largeur en différentes parties, pour avoir la largeur moyenne, et la demi-somme des deux mesures est le diamètre du haut. On prend alors la demi-somme des deux diamètres du haut et du fond et on a le diamètre moyen de l'intérieur du bâtiment : ces dimensions étant prises, on mesure la profondeur, à partir du point de la surface horizontale du haut jusques sur la *Quille* (*d*) : (on prend plusieurs dimensions à chaque bout et au milieu, pour avoir la hauteur moyenne) : on multiplie le nombre des hauteurs par le diamètre moyen : le produit est la capacité cherchée.

(*a*) Cette *jauge* (ainsi que les autres) a été exécutée avec la plus grande précision par le citoyen Kutsch, Mécanicien du Gouvernement, (voyez son adresse, page 244). pour qu'on puisse la porter commodément, elle se trouve brisée à chaque dix divisions.

(*b*) L'*étambot* est une pièce de bois qui sert à soutenir le château de poupe et surtout le gouvernail du vaisseau.

(*c*) L'*étrave* est le nom de la pièce de bois courbe qui forme la proue du vaisseau, sur laquelle est l'avant du navire qui est en saillie et qu'on appelle l'*éperon*.

(*d*) *Quille*, est la pièce de bois qui règne de la poupe à la proue, et qui sert de fondement et de base à tout le bâtiment.

Exemple.

Soit la longueur du navire de 480 divisions, soit sa largeur de 400, on prend la demi-somme de 480, plus 400, et 440 sera le diamètre réduit du fond.

Si le diamètre de la surface horizontale de l'ouverture, mesuré de la même manière, répond à 480, on prend la demi-somme de 480, plus 440, et 460 divisions formeront le diamètre moyen.

Soit en même-tems la profondeur moyenne à partir du point, depuis la ligne qui a déterminé la longueur jusques sur la quille, de 6 hauteurs on multiplie 460 par 6 et le produit 2760 hectolitres est la capacité entière du vaisseau; ce qui donne 276 [illegible]ères, quand il s'agit de mesures de solidité.

Maintenant, faisant attention que la charge d'un navire étant d'un poids égal à celui de la moitié de la quantité d'eau qui le remplirait, et que 10 hectolitres font un volume de 1000 kilogrammes (ou millier métrique), on verra, après avoir retranché la moitié du produit 2760, que l'on peut charger sur le navire proposé la valeur de 138 tonneaux.

S'il était question de percevoir sur les marchandises le droit que les Souverains lèvent sur un tel vaisseau, on percevrait d'après la méthode établie par l'ordonnance de la Marine, sur le pied de 184 tonneaux. La différence de 46, mérite bien qu'on examine cette question (*a*).

Manière de mesurer un vaisseau qui n'aurait qu'un chargement partiel.

S'il s'agissait de mesurer un vaisseau qui n'aurait qu'un chargement partiel, on mesurerait avec le côté des bases de la jauge la longueur et la largeur de la surface des marchandises : si on ne pouvait mesurer celle du fond, on l'évaluerait par approximation, et la demi-somme de ces mesures, multipliée par le nombre des hauteurs que donnerait l'espace entre les deux surfaces, ferait connaître la capacité du chargement.

Comme la jauge n'est pas assez longue pour mesurer les grands navires, on prendra un ruban le moins extensible possible, avec lequel on mesurera la longueur et la largeur du fond de cale; on prendra la demi-somme de ces dimensions, on fera ensuite

---

(*a*) Les Gardes-Jurés ou Prudhommes, du métier de charpentier, qui sont chargés de mesurer les navires lorsqu'ils sont construits, et d'en attester la capacité devant les officiers publics, pourront apprécier la méthode que nous proposons.

la même opération à l'ouverture, et la demi-somme des deux diamètres sera celui moyen du vaisseau. On pliera ce ruban en deux parties; on multipliera par 4 (carré de 2) les divisions qui se rencontreront au bout du ruban ainsi plié, pour le produit être multiplié par le nombre des hauteurs que la profondeur aura donnée, et le résultat sera la capacité cherchée.

EXEMPLE.

Soit le diamètre moyen d'un navire de 1010 centimètres. En pliant en deux parties le ruban qui a mesuré les dimensions, le bout tombera sur la 120e. division du côté des bases de la jauge; en les multipliant par 4, le produit de 4 fois 120 est de 480.

Soit en même tems la profondeur mesurée avec le côté des hauteurs de la jauge de 6 divisions (ou hauteurs); on multiplie 480 par 6, le produit 2880 hectolitres est la capacité du vaisseau proposé, et fait connaître que son port est de 144 tonneaux.

Si on pliait le ruban en quatre parties, on multiplierait les divisions que le ruban ainsi plié rencontrerait, par 16 (carré de 4); parce que les aires des cercles sont comme les carrés de leur diamètre, et que les cylindres de même hauteur sont dans les rapports des bases.

Fin de la seconde Partie.

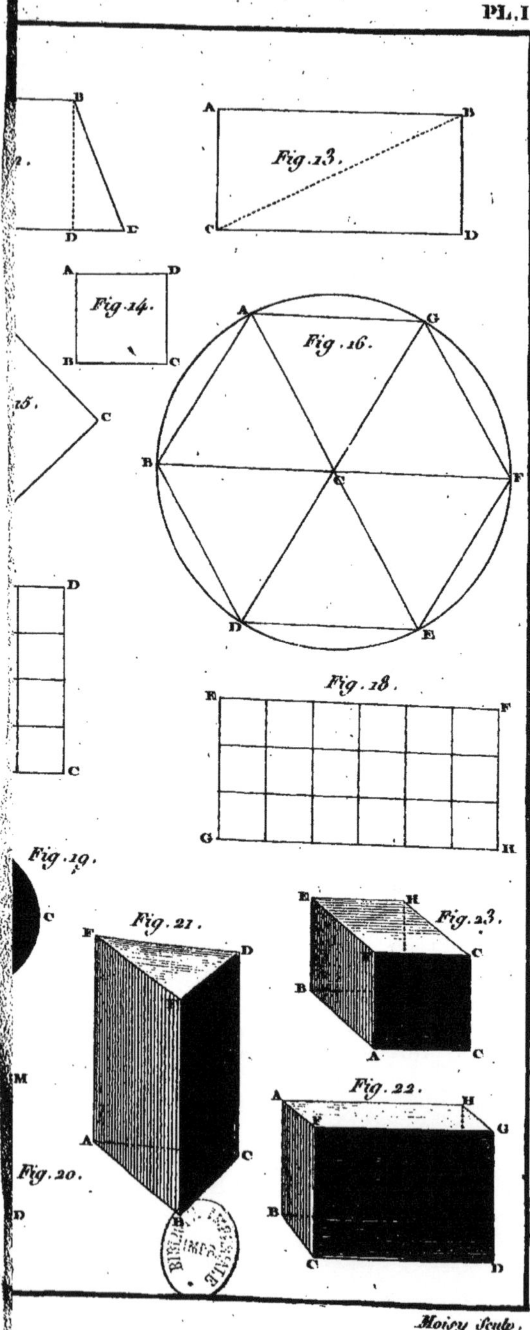
PL. I.
Fig. 13.
Fig. 14.
Fig. 16.
Fig. 18.
Fig. 19.
Fig. 21.
Fig. 23.
Fig. 22.
Fig. 20.
Moisy Sculp.

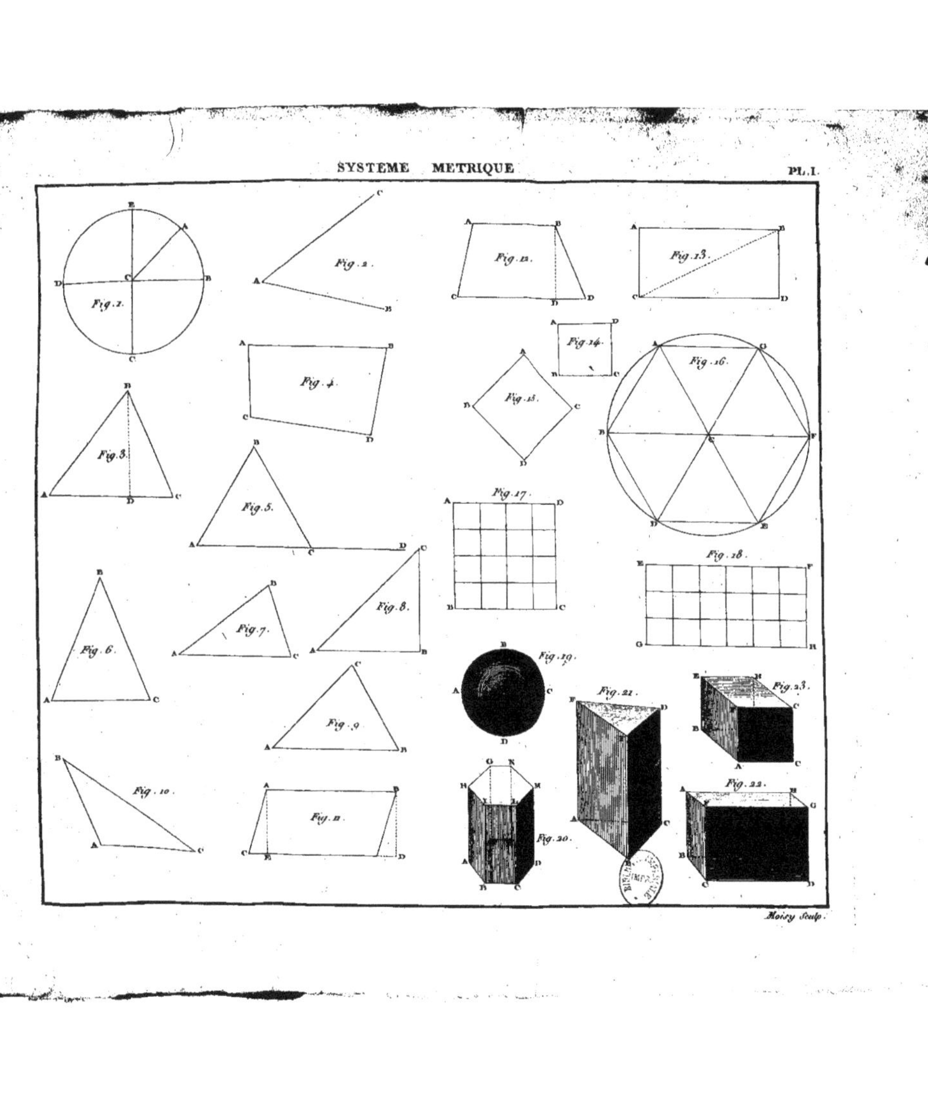
SYSTEME METRIQUE
PL. I.
Fig. 1.
Fig. 2.
Fig. 3.
Fig. 4.
Fig. 5.
Fig. 6.
Fig. 7.
Fig. 8.
Fig. 9.
Fig. 10.
Fig. 11.
Fig. 12.
Fig. 13.
Fig. 14.
Fig. 15.
Fig. 16.
Fig. 17.
Fig. 18.
Fig. 19.
Fig. 20.
Fig. 21.
Fig. 22.
Fig. 23.
Moisy Sculp.

Fig. 24.
Fig. 25.
Fig. 26.
Fig. 27.
Fig. 28.
Fig. 29.
Fig. 30.
Fig. 31.
Fig. 32.
Fig. 33.

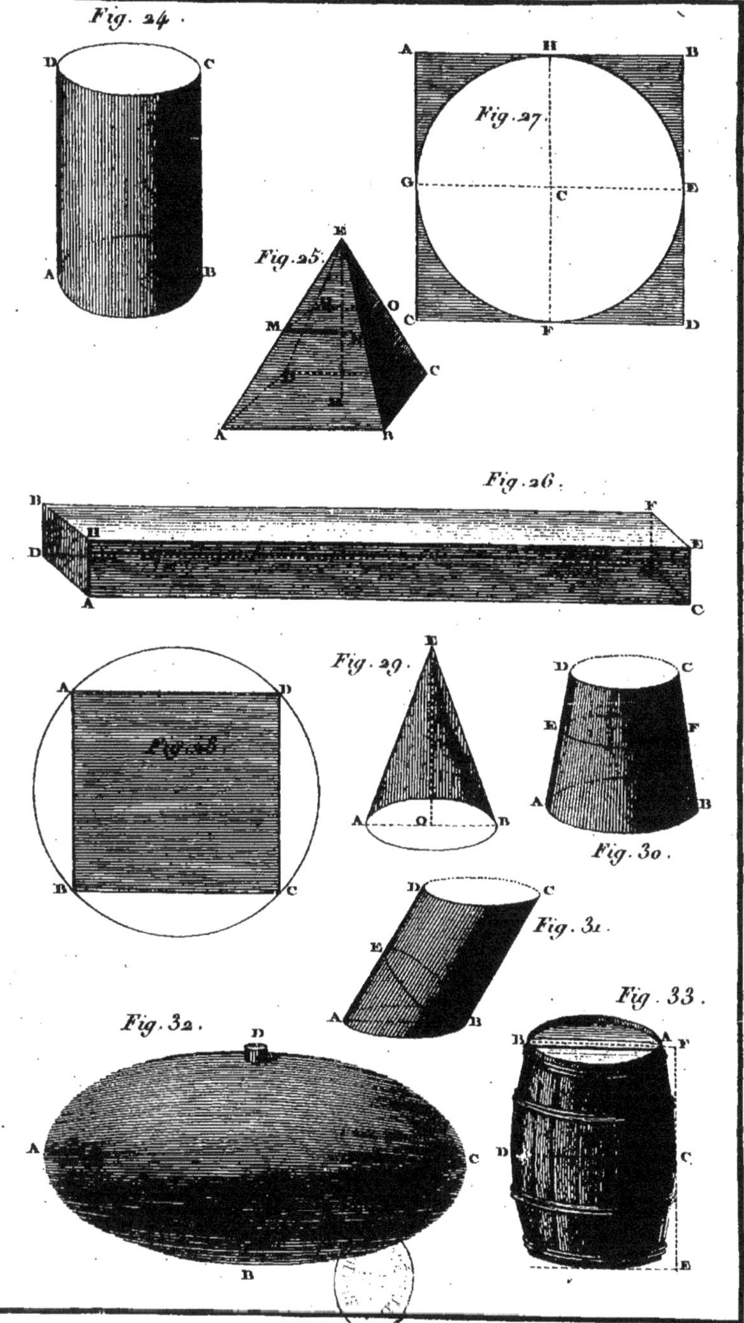

Moisy Sculp.

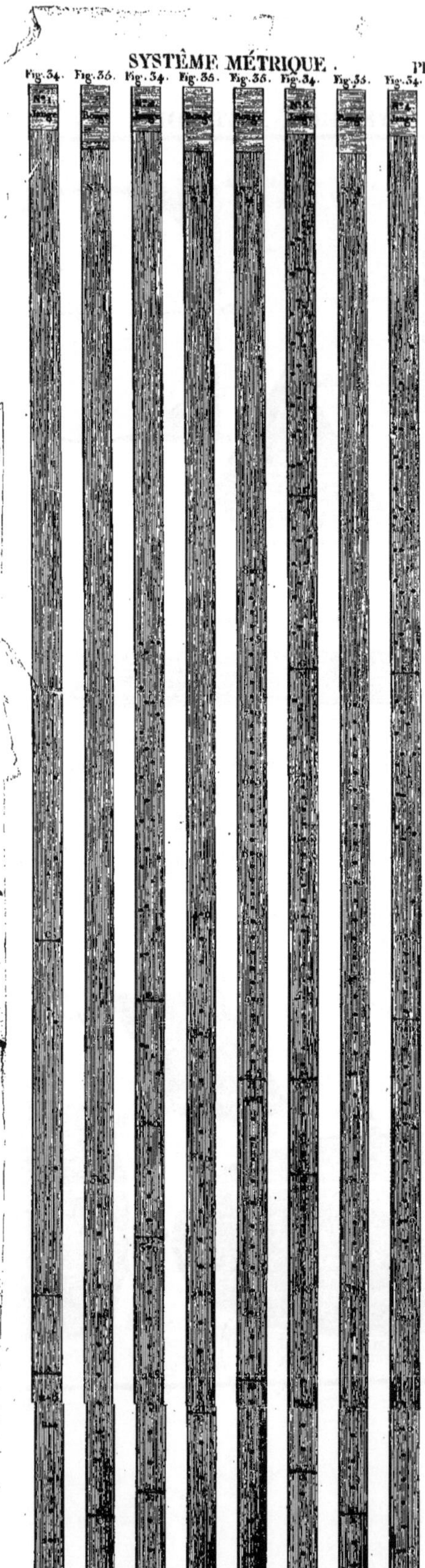
SYSTÈME MÉTRIQUE.
Pl. 3.
Fig. 34.
Fig. 35.
Fig. 34.
Fig. 35.
Fig. 35.
Fig. 34.
Fig. 35.
Fig. 34.

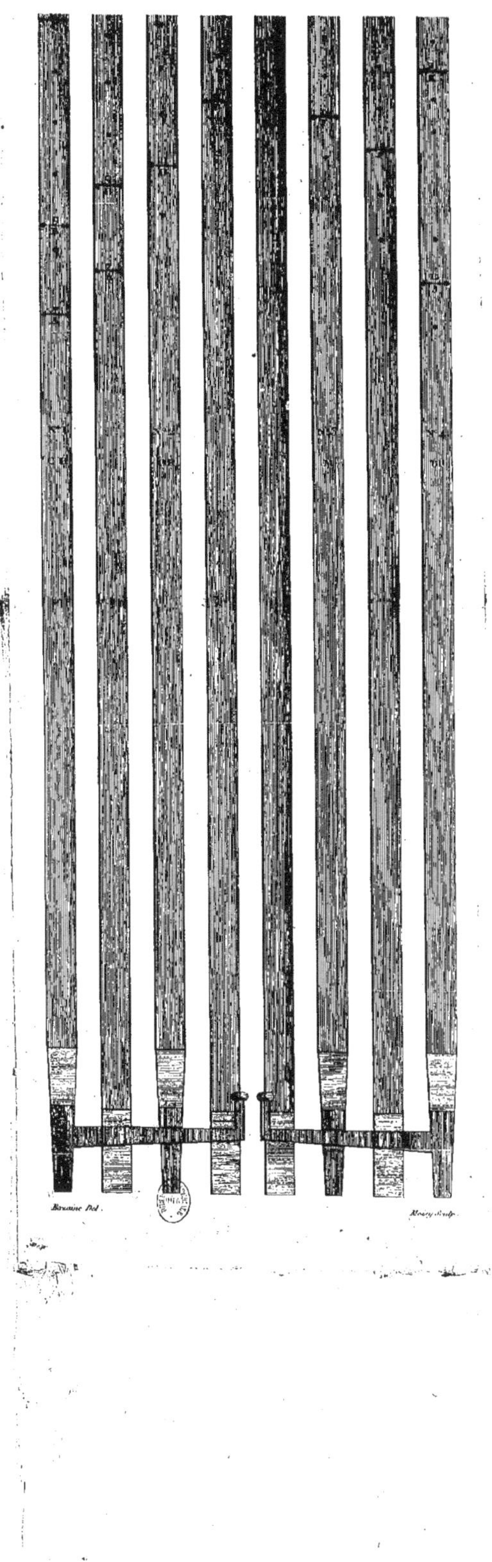
Bauxine Del.
Morey Sculp.

SYSTEME MÉTRIQUE.

Pl. 4.

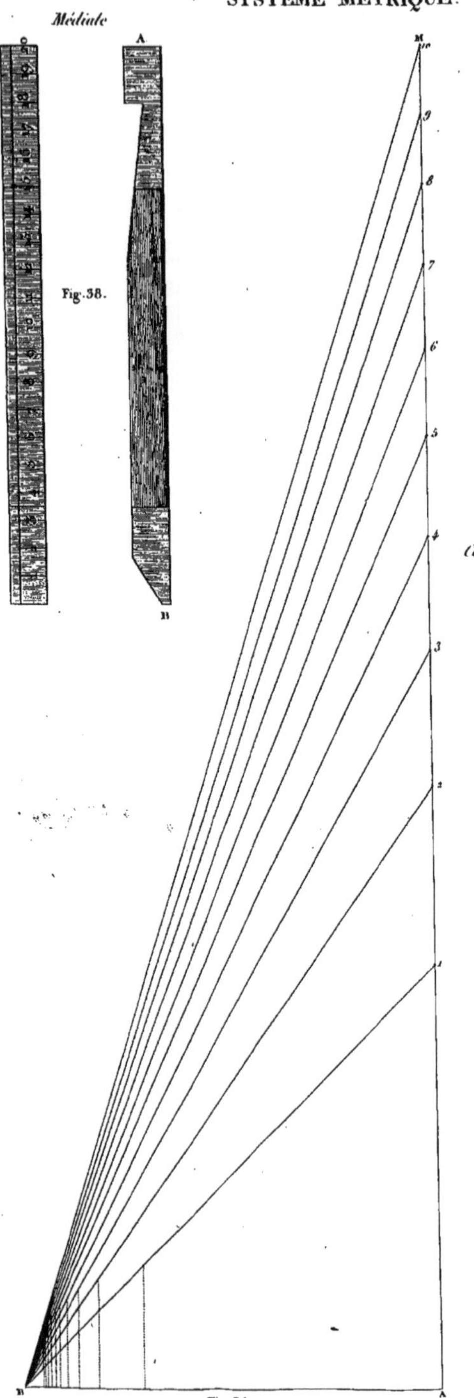

Fig. 38.

Fig. 36.

Fig. 37.

BARÊME DÉCIMAL

OU

COMPTES-FAITS.

BARÊME DÉCIMAL

OU

COMPTES-FAITS.

Ce nouveau Barême remporte un avantage sensible sur l'ancien.

1°. En ce que les nouveaux *comptes-faits* sont présentés dans une proportion égale, c'est-à-dire de *centimes* en *centimes* et de *francs* en *francs*, de manière qu'on n'a presque jamais qu'une seule recherche à faire pour trouver tels *comptes* que ce soit, depuis 1 centime jusqu'à 100 francs; cette recherche est d'autant plus facile, que le même nombre de centimes et de francs se trouve toujours dans la même page, au lieu que dans l'ancien barême les fractions de la livre et les différens cas sont si multipliés, que les comptes à établir exigent plus de tems et de précautions;

2°. En ce que dans le *Barême décimal* la même colonne des *comptes-faits* sert pour les *centimes* comme pour les *francs*, en ayant seulement attention, quand on opère par *centimes*, de regarder les deux derniers chiffres des *comptes-faits* sur la droite, comme des centimes et le surplus comme des francs; et quand on opère sur des francs, de regarder la totalité des chiffres comme des francs; dans l'ancien Barême, il y autant de colonnes qu'il y a de sortes de monnaies; elles occupent autant de places différentes, ce qui multiplie les opérations et emploie beaucoup plus de tems que le nouveau mode.

Manière de se servir du Barême décimal.

Les comptes-faits s'obtiennent par des recherches et selon l'exigence des cas : deux seulement se présentent dans cette hypothèse, savoir :

Celui des *centimes*, comme si on disait à 5 centimes, à 69 centimes, à 85 centimes la chose, etc. etc. ;

Et celui des *francs*, comme si on disait à 3 francs, à 19 francs, à 76 francs la chose, etc. etc.

Des Comptes-faits obtenus par une recherche.

Deux cas se présentent aussi pour ce mode, celui des *francs et centimes*, comme quand on dit à 2 francs 28 centimes, à 84 francs 25 centimes la chose, etc.

Et celui des *francs*, comme quand on dit, à 663 francs ou à 9650 francs la chose, etc. etc.

RÈGLE GÉNÉRALE.

Premier cas.

Quand on opère par *centimes* on distingue entre les *quantités entières* et les *fractions*.

Si les *quantités* sont *entières*, tous les chiffres de la colonne des comptes-faits sont des *centimes* qui s'expriment néanmoins en *francs* et *centimes*, ayant soin de regarder les deux derniers chiffres vers la droite comme des *centimes*, et tous ceux de la gauche comme des *francs*.

Si les *quantités* sont des *fractions d'entiers*, les deux derniers chiffres des fractions vers la droite, sont toujours des *centièmes* de *centimes* que l'on néglige, et les deux sur la gauche des *centimes* que l'on emploie.

Des Quantités entières.

PREMIER EXEMPLE.

A 18 centimes le mètre de ruban, combien 34 mètres ?

Réponse . . . . 6 fr. 12 cent.

Allez en effet à la page 24, et cherchez à la ligne 34, vous y verrez vis-à-vis 612 centimes, c'est-à-dire, d'après la règle du premier cas, 6 francs 12 centimes, autrement la somme indiquée ci-dessus.

DEUXIÈME EXEMPLE.

A 85 centimes le kilogramme de viande, combien 9 kilogrammes ?

Réponse . . . . 7 fr. 65 cent.

Voyez à 85 centimes la chose, page 91, et cherchez à la ligne 9, vous y verrez 765 qui veulent dire que 9 kilogrammes de viande à 85 centimes valent 765 centimes, ou si mieux on aime 7 fr. 65 cent.

AUTRE EXEMPLE *sur les fractions*.

A 38 centimes le kilogramme de chanvre, combien 3/4 ?

Réponse . . . . 28 centimes 1/2.

Consultez la page 44 au bas du tableau, vous verrez à côté la fraction 3/4, le nombre 2850 ; en séparant suivant la règle les deux derniers chiffres vers la droite, vous trouverez 28 centimes, plus 50 centièmes de centime (ou un demi-centime) que l'on peut négliger comme étant de faible valeur.

Deuxième cas.

Si l'on opère sur les *francs* et que les quantités soient des *entiers*, tous les chiffres de la colonne des comptes-faits sont des *francs*.

Si les quantités sont des *fractions* ou présentent des *fractions*, les deux derniers chiffres des fractions sur la droite sont toujours des *centimes* et les deux premiers sur la gauche des *francs*.

Des comptes-faits obtenus par deux recherches.

PREMIÈRE RECHERCHE.

A 5 francs 50 centimes le décalitre ou velte de vin, combien 25 ?

Réponse. . . . . 137 fr. 50 cent.

Voyez d'abord à 5 francs, page 11, et cherchez à la ligne 25, vous trouverez 125 valant 125 francs, que vous porterez hors ligne, comme ici . . . . 125 fr.

SECONDE RECHERCHE.

Allez ensuite à 50 centimes, page 56, et cherchez à la ligne 25, vous y trouverez le nombre 1250; en retranchant de ce nombre les deux derniers chiffres à droite, vous trouverez 12 francs 50 centimes, que vous additionnerez avec les 125 fr. ci. 12 fr. 50 c.

Somme égale à celle ci-dessus. . . . . 137 fr. 50 c.

On ne multipliera pas davantage les exemples, ceux que l'on vient de donner étant suffisans pour faire connaître la manière de se servir du barême décimal qui est d'une rigoureuse exactitude, et dont les comptes-faits peuvent s'appliquer à toutes quantités et objets quelconques.

A 1 Centime ou à 1 Franc la Chose.

Quantité.	Montant.	Quantité.	Montant.	Quantité.	Montant.	Quantité.	Montant.
1	1	33	33	65	65	97	97
2	2	34	34	66	66	98	98
3	3	35	35	67	67	99	99
4	4	36	36	68	68	100	100
5	5	37	37	69	69	200	200
6	6	38	38	70	70	300	300
7	7	39	39	71	71	400	400
8	8	40	40	72	72	500	500
9	9	41	41	73	73	600	600
10	10	42	42	74	74	700	700
11	11	43	43	75	75	800	800
12	12	44	44	76	76	900	900
13	13	45	45	77	77	1000	1000
14	14	46	46	78	78	2000	2000
15	15	47	47	79	79	3000	3000
16	16	48	48	80	80	4000	4000
17	17	49	49	81	81	5000	5000
18	18	50	50	82	82	6000	6000
19	19	51	51	83	83	7000	7000
20	20	52	52	84	84	8000	8000
21	21	53	53	85	85	9000	9000
22	22	54	54	86	86	10000	10000
23	23	55	55	87	87		
24	24	56	56	88	88		
25	25	57	57	89	89		
26	26	58	58	90	90		
27	27	59	59	91	91		
28	28	60	60	92	92		
29	29	61	61	93	93		
30	30	62	62	94	94		
31	31	63	63	95	95		
32	32	64	64	96	96		

Les 3 quarts.	75
Le demi.	50
Le quart.	25
Le huitième.	12
Les 2 tiers.	67
Le tiers.	33
Le sixième.	16
Le douzième.	8

2 den. 4 dixièm.

A 2 Centimes ou à 2 Francs la Chose.

Quantité.	Montant.	Quantité.	Montant.	Quantité.	Montant.	Quantité.	Montant.
2	4	34	68	66	132	98	196
3	6	35	70	67	134	99	198
4	8	36	72	68	136	100	200
5	10	37	74	69	138	200	400
6	12	38	76	70	140	300	600
7	14	39	78	71	142	400	800
8	16	40	80	72	144	500	1000
9	18	41	82	73	146	600	1200
10	20	42	84	74	148	700	1400
11	22	43	86	75	150	800	1600
12	24	44	88	76	152	900	1800
13	26	45	90	77	154	1000	2000
14	28	46	92	78	156	2000	4000
15	30	47	94	79	158	3000	6000
16	32	48	96	80	160	4000	8000
17	34	49	98	81	162	5000	10000
18	36	50	100	82	164	6000	12000
19	38	51	102	83	166	7000	14000
20	40	52	104	84	168	8000	16000
21	42	53	106	85	170	9000	18000
22	44	54	108	86	172	10000	20000
23	46	55	110	87	174		
24	48	56	112	88	176		
25	50	57	114	89	178		
26	52	58	116	90	180		
27	54	59	118	91	182		
28	56	60	120	92	184		
29	58	61	122	93	186		
30	60	62	124	94	188		
31	62	63	126	95	190		
32	64	64	128	96	192		
33	66	65	130	97	194		

Les 3 quarts.	150
Le demi.	100
Le quart.	50
Le huitième.	25
Les 2 tiers.	133
Le tiers.	67
Le sixième.	33
Le douzième.	17

4 den. 8 dixièm.

A 3 Centimes ou à 3 Francs la Chose.

Quantité.	Montant.	Quantité.	Montant.	Quantité.	Montant.	Quantité.	Montant.
2	6	34	102	66	198	98	294
3	9	35	105	67	201	99	297
4	12	36	108	68	204	100	300
5	15	37	111	69	207	200	600
6	18	38	114	70	210	300	900
7	21	39	117	71	213	400	1200
8	24	40	120	72	216	500	1500
9	27	41	123	73	219	600	1800
10	30	42	126	74	222	700	2100
11	33	43	129	75	225	800	2400
12	36	44	132	76	228	900	2700
13	39	45	135	77	231	1000	3000
14	42	46	138	78	234	2000	6000
15	45	47	141	79	237	3000	9000
16	48	48	144	80	240	4000	12000
17	51	49	147	81	243	5000	15000
18	54	50	150	82	246	6000	18000
19	57	51	153	83	249	7000	21000
20	60	52	156	84	252	8000	24000
21	63	53	159	85	255	9000	27000
22	66	54	162	86	258	10000	30000
23	69	55	165	87	261		
24	72	56	168	88	264		
25	75	57	171	89	267		
26	78	58	174	90	270	Les 3 quarts.	225
27	81	59	177	91	273	Le demi.	150
28	84	60	180	92	276	Le quart.	75
29	87	61	183	93	279	Le huitième.	37
30	90	62	186	94	282	Les 2 tiers.	200
31	93	63	189	95	285	Le tiers.	100
32	96	64	192	96	288	Le sixième.	50
33	99	65	195	97	291	Le douzième.	25

7 den. 2 dixièm.

A 4 Centimes ou à 4 Francs la Chose.

Quantité.	Montant.	Quantité.	Montant.	Quantité.	Montant.	Quantité.	Montant.
2	8	34	136	66	264	98	392
3	12	35	140	67	268	99	396
4	16	36	144	68	272	100	400
5	20	37	148	69	276	200	800
6	24	38	152	70	280	300	1200
7	28	39	156	71	284	400	1600
8	32	40	160	72	288	500	2000
9	36	41	164	73	292	600	2400
10	40	42	168	74	296	700	2800
11	44	43	172	75	300	800	3200
12	48	44	176	76	304	900	3600
13	52	45	180	77	308	1000	4000
14	56	46	184	78	312	2000	8000
15	60	47	188	79	316	3000	12000
16	64	48	192	80	320	4000	16000
17	68	49	196	81	324	5000	20000
18	72	50	200	82	328	6000	24000
19	76	51	204	83	332	7000	28000
20	80	52	208	84	336	8000	32000
21	84	53	212	85	340	9000	36000
22	88	54	216	86	344	10000	40000
23	92	55	220	87	348		
24	96	56	224	88	352		
25	100	57	228	89	356		
26	104	58	232	90	360		
27	108	59	236	91	364		
28	112	60	240	92	368		
29	116	61	244	93	372		
30	120	62	248	94	376		
31	124	63	252	95	380		
32	128	64	256	96	384		
33	132	65	260	97	388		

Les 3 quarts.	300
Le demi.	200
Le quart.	100
Le huitième.	50
Les 2 tiers.	267
Le tiers.	133
Le sixième.	67
Le douzième.	33

9 den. 6 dixièm.

A 5 Centimes ou à 5 Francs la Chose.

Quantité.	Montant.	Quantité.	Montant.	Quantité.	Montant.	Quantité.	Montant.
2	10	34	170	66	330	98	490
3	15	35	175	67	335	99	495
4	20	36	180	68	340	100	500
5	25	37	185	69	345	200	1000
6	30	38	190	70	350	300	1500
7	35	39	195	71	355	400	2000
8	40	40	200	72	360	500	2500
9	45	41	205	73	365	600	3000
10	50	42	210	74	370	700	3500
11	55	43	215	75	375	800	4000
12	60	44	220	76	380	900	4500
13	65	45	225	77	385	1000	5000
14	70	46	230	78	390	2000	10000
15	75	47	235	79	395	3000	15000
16	80	48	240	80	400	4000	20000
17	85	49	245	81	405	5000	25000
18	90	50	250	82	410	6000	30000
19	95	51	255	83	415	7000	35000
20	100	52	260	84	420	8000	40000
21	105	53	265	85	425	9000	45000
22	110	54	270	86	430	10000	50000
23	115	55	275	87	435		
24	120	56	280	88	440		
25	125	57	285	89	445	Les 3 quarts.	375
26	130	58	290	90	450	Le demi.	250
27	135	59	295	91	455	Le quart.	125
28	140	60	300	92	460	Le huitième.	63
29	145	61	305	93	465	Les 2 tiers.	333
30	150	62	310	94	470	Le tiers.	167
31	155	63	315	95	475	Le sixième.	84
32	160	64	320	96	480	Le douzième.	42
33	165	65	325	97	485		1 sou.

A 6 Centimes ou à 6 Francs la Chose.

Quantité.	Montant.	Quantité.	Montant.	Quantité.	Montant.	Quantité.	Montant.
2	12	34	204	66	396	98	588
3	18	35	210	67	402	99	594
4	24	36	216	68	408	100	600
5	30	37	222	69	414	200	1200
6	36	38	228	70	420	300	1800
7	42	39	234	71	426	400	2400
8	48	40	240	72	432	500	3000
9	54	41	246	73	438	600	3600
10	60	42	252	74	444	700	4200
11	66	43	258	75	450	800	4800
12	72	44	264	76	456	900	5400
13	78	45	270	77	462	1000	6000
14	84	46	276	78	468	2000	12000
15	90	47	282	79	474	3000	18000
16	96	48	288	80	480	4000	24000
17	102	49	294	81	486	5000	30000
18	108	50	300	82	492	6000	36000
19	114	51	306	83	498	7000	42000
20	120	52	312	84	504	8000	48000
21	126	53	318	85	510	9000	54000
22	132	54	324	86	516	10000	60000
23	138	55	330	87	522		
24	144	56	336	88	528		
25	150	57	342	89	534		
26	156	58	348	90	540	Les 3 quarts.	450
27	162	59	354	91	546	Le demi.	300
28	168	60	360	92	552	Le quart.	150
29	174	61	366	93	558	Le huitième.	75
30	180	62	372	94	564	Les 2 tiers.	400
31	186	63	378	95	570	Le tiers.	200
32	192	64	384	96	576	Le sixième.	100
33	198	65	390	97	582	Le douzième.	50

1 sou 2 den. 4 dix.

A 7 Centimes ou à 7 Francs la Chose.

Quantité.	Montant.	Quantité.	Montant.	Quantité.	Montant.	Quantité.	Montant.
2	14	34	238	66	462	98	686
3	21	35	245	67	469	99	693
4	28	36	252	68	476	100	700
5	35	37	259	69	483	200	1400
6	42	38	266	70	490	300	2100
7	49	39	273	71	497	400	2800
8	56	40	280	72	504	500	3500
9	63	41	287	73	511	600	4200
10	70	42	294	74	518	700	4900
11	77	43	301	75	525	800	5600
12	84	44	308	76	532	900	6300
13	91	45	315	77	539	1000	7000
14	98	46	322	78	546	2000	14000
15	105	47	329	79	553	3000	21000
16	112	48	336	80	560	4000	28000
17	119	49	343	81	567	5000	35000
18	126	50	350	82	574	6000	42000
19	133	51	357	83	581	7000	49000
20	140	52	364	84	588	8000	56000
21	147	53	371	85	595	9000	63000
22	154	54	378	86	602	10000	70000
23	161	55	385	87	609		
24	168	56	392	88	616		
25	175	57	399	89	623		
26	182	58	406	90	630		
27	189	59	413	91	637		
28	196	60	420	92	644		
29	203	61	427	93	651		
30	210	62	434	94	658		
31	217	63	441	95	665		
32	224	64	448	96	672		
33	231	65	455	97	679		

Les 3 quarts.	525
Le demi.	350
Le quart.	175
Le huitième.	87
Les 2 tiers.	467
Le tiers.	233
Le sixième.	116
Le douzième.	58

1 sou 4 den. 3 dix.

A 8 Centimes ou à 8 Francs la Chose.

Quantité.	Montant.	Quantité.	Montant.	Quantité.	Montant.	Quantité.	Montant.
2	16	34	272	66	528	98	784
3	24	35	280	67	536	99	792
4	32	36	288	68	544	100	800
5	40	37	296	69	552	200	1600
6	48	38	304	70	560	300	2400
7	56	39	312	71	568	400	3200
8	64	40	320	72	576	500	4000
9	72	41	328	73	584	600	4800
10	80	42	336	74	592	700	5600
11	88	43	344	75	600	800	6400
12	96	44	352	76	608	900	7200
13	104	45	360	77	616	1000	8000
14	112	46	368	78	624	2000	16000
15	120	47	376	79	632	3000	24000
16	128	48	384	80	640	4000	32000
17	136	49	392	81	648	5000	40000
18	144	50	400	82	656	6000	48000
19	152	51	408	83	664	7000	56000
20	160	52	416	84	672	8000	64000
21	168	53	424	85	680	9000	72000
22	176	54	432	86	688	10000	80000
23	184	55	440	87	696		
24	192	56	448	88	704		
25	200	57	456	89	712		
26	208	58	464	90	720	Les 3 quarts.	600
27	216	59	472	91	728	Le demi.	400
28	224	60	480	92	736	Le quart.	200
29	232	61	488	93	744	Le huitième.	100
30	240	62	496	94	752	Les 2 tiers.	533
31	248	63	504	95	760	Le tiers.	267
32	256	64	512	96	768	Le sixième.	133
33	264	65	520	97	776	Le douzième.	67
						1 sou 7 den. 8 dix.	

A 9 Centimes ou à 9 Francs la Chose.

Quantité.	Montant.	Quantité.	Montant.	Quantité.	Montant.	Quantité.	Montant.
2	18	34	306	66	594	98	882
3	27	35	315	67	603	99	891
4	36	36	324	68	612	100	900
5	45	37	333	69	621	200	1800
6	54	38	342	70	630	300	2700
7	63	39	351	71	639	400	3600
8	72	40	360	72	648	500	4500
9	81	41	369	73	657	600	5400
10	90	42	378	74	666	700	6300
11	99	43	387	75	675	800	7200
12	108	44	396	76	684	900	8100
13	117	45	405	77	693	1000	9000
14	126	46	414	78	702	2000	18000.
15	135	47	423	79	711	3000	27000
16	144	48	432	80	720	4000	36000
17	153	49	441	81	729	5000	45000
18	162	50	450	82	738	6000	54000
19	171	51	459	83	747	7000	63000
20	180	52	468	84	756	8000	72000
21	189	53	477	85	765	9000	81000
22	198	54	486	86	774	10000	90000
23	207	55	495	87	783		
24	216	56	504	88	792		
25	225	57	513	89	801		
26	234	58	522	90	810		
27	243	59	531	91	819		
28	252	60	540	92	828		
29	261	61	549	93	837		
30	270	62	558	94	846		
31	279	63	567	95	855		
32	288	64	576	96	864		
33	297	65	585	97	873		

Les 3 quarts.	675
Le demi.	450
Le quart.	225
Le huitième.	112
Les 2 tiers.	600
Le tiers.	300
Le sixième.	150
Le douzième.	75

1 sou 9 den. 6 dix.

A 10 Centimes ou à 10 Francs la Chose.

Quantité.	Montant.	Quantité.	Montant.	Quantité.	Montant.	Quantité.	Montant.
2	20	34	340	66	660	98	980
3	30	35	350	67	670	99	990
4	40	36	360	68	680	100	1000
5	50	37	370	69	690	200	2000
6	60	38	380	70	700	300	3000
7	70	39	390	71	710	400	4000
8	80	40	400	72	720	500	5000
9	90	41	410	73	730	600	6000
10	100	42	420	74	740	700	7000
11	110	43	430	75	750	800	8000
12	120	44	440	76	760	900	9000
13	130	45	450	77	770	1000	10000
14	140	46	460	78	780	2000	20000
15	150	47	470	79	790	3000	30000
16	160	48	480	80	800	4000	40000
17	170	49	490	81	810	5000	50000
18	180	50	500	82	820	6000	60000
19	190	51	510	83	830	7000	70000
20	200	52	520	84	840	8000	80000
21	210	53	530	85	850	9000	90000
22	220	54	540	86	860	10000	100000
23	230	55	550	87	870		
24	240	56	560	88	880		
25	250	57	570	89	890		
26	260	58	580	90	900	Les 3 quarts.	750
27	270	59	590	91	910	Le demi.	500
28	280	60	600	92	920	Le quart.	250
29	290	61	610	93	930	Le huitième.	125
30	300	62	620	94	940	Les 2 tiers.	667
31	310	63	630	95	950	Le tiers.	333
32	320	64	640	96	960	Le sixième.	167
33	330	65	650	97	970	Le douzième.	83

2 sous.

A 11 Centimes ou à 11 Francs la Chose.

Quantité.	Montant.	Quantité.	Montant.	Quantité.	Montant.	Quantité.	Montant.
2	22	34	374	66	726	98	1078
3	33	35	385	67	737	99	1089
4	44	36	396	68	748	100	1100
5	55	37	407	69	759	200	2200
6	66	38	418	70	770	300	3300
7	77	39	429	71	781	400	4400
8	88	40	440	72	792	500	5500
9	99	41	451	73	803	600	6600
10	110	42	462	74	814	700	7700
11	121	43	473	75	825	800	8800
12	132	44	484	76	836	900	9900
13	143	45	495	77	847	1000	11000
14	154	46	506	78	858	2000	22000
15	165	47	517	79	869	3000	33000
16	176	48	528	80	880	4000	44000
17	187	49	539	81	891	5000	55000
18	198	50	550	82	902	6000	66000
19	209	51	561	83	913	7000	77000
20	220	52	572	84	924	8000	88000
21	231	53	583	85	935	9000	99000
22	242	54	594	86	946	10000	110000
23	253	55	605	87	957		
24	264	56	616	88	968		
25	275	57	627	89	979		
26	286	58	638	90	990		
27	297	59	649	91	1001		
28	308	60	660	92	1012		
29	319	61	671	93	1023		
30	330	62	682	94	1034		
31	341	63	693	95	1045		
32	352	64	704	96	1056		
33	363	65	715	97	1067		

Les 3 quarts.	825
Le demi.	550
Le quart.	275
Le huitième.	137
Les 2 tiers.	733
Le tiers.	367
Le sixième.	183
Le douzième.	92

2 sous 2 den. 4 dix^e.

A 12 Centimes ou à 12 Francs la Chose.

Quantité.	Montant.	Quantité.	Montant.	Quantité.	Montant.	Quantité.	Montant.
2	24	34	408	66	792	98	1176
3	36	35	420	67	804	99	1188
4	48	36	432	68	816	100	1200
5	60	37	444	69	828	200	2400
6	72	38	456	70	840	300	3600
7	84	39	468	71	852	400	4800
8	96	40	480	72	864	500	6000
9	108	41	492	73	876	600	7200
10	120	42	504	74	888	700	8400
11	132	43	516	75	900	800	9600
12	144	44	528	76	912	900	10800
13	156	45	540	77	924	1000	12000
14	168	46	552	78	936	2000	24000
15	180	47	564	79	948	3000	36000
16	192	48	576	80	960	4000	48000
17	204	49	588	81	972	5000	60000
18	216	50	600	82	984	6000	72000
19	228	51	612	83	996	7000	84000
20	240	52	624	84	1008	8000	96000
21	252	53	636	85	1020	9000	108000
22	264	54	648	86	1032	10000	120000
23	276	55	660	87	1044		
24	288	56	672	88	1056		
25	300	57	684	89	1068		
26	312	58	696	90	1080		
27	324	59	708	91	1092		
28	336	60	720	92	1104		
29	348	61	732	93	1116		
30	360	62	744	94	1128		
31	372	63	756	95	1140		
32	384	64	768	96	1152		
33	396	65	780	97	1164		

Les 3 quarts.	900
Le demi.	600
Le quart.	300
Le huitième.	150
Les 2 tiers.	800
Le tiers.	400
Le sixième.	200
Le douzième.	100

2 sous 4 den. 8 dix^{e}.

A 13 Centimes ou à 13 Francs la Chose.

Quantité.	Montant.	Quantité.	Montant.	Quantité.	Montant.	Quantité.	Montant.
2	26	34	442	66	858	98	1274
3	39	35	455	67	871	99	1287
4	52	36	468	68	884	100	1300
5	65	37	481	69	897	200	2600
6	78	38	494	70	910	300	3900
7	91	39	507	71	923	400	5200
8	104	40	520	72	936	500	6500
9	117	41	533	73	949	600	7800
10	130	42	546	74	962	700	9100
11	143	43	559	75	975	800	10400
12	156	44	572	76	988	900	11700
13	169	45	585	77	1001	1000	13000
14	182	46	598	78	1014	2000	26000
15	195	47	611	79	1027	3000	39000
16	208	48	624	80	1040	4000	52000
17	221	49	637	81	1053	5000	65000
18	234	50	650	82	1066	6000	78000
19	247	51	663	83	1079	7000	91000
20	260	52	676	84	1092	8000	104000
21	273	53	689	85	1105	9000	117000
22	286	54	702	86	1118	10000	130000
23	299	55	715	87	1131		
24	312	56	728	88	1144		
25	325	57	741	89	1157		
26	338	58	754	90	1170		
27	351	59	767	91	1183		
28	364	60	780	92	1196		
29	377	61	793	93	1209		
30	390	62	806	94	1222		
31	403	63	819	95	1235		
32	416	64	832	96	1248		
33	429	65	845	97	1261		

Les 3 quarts.	975
Le demi.	650
Le quart.	325
Le huitième.	162
Les 2 tiers.	867
Le tiers.	433
Le sixième.	217
Le douzième.	108

2 sous 7 den. 2 dix^e.

A 14 Centimes ou à 14 Francs la Chose.

Quantité.	Montant.	Quantité.	Montant.	Quantité.	Montant.	Quantité.	Montant.
2	28	34	476	66	924	98	1372
3	42	35	490	67	938	99	1386
4	56	36	504	68	952	100	1400
5	70	37	518	69	966	200	2800
6	84	38	532	70	980	300	4200
7	98	39	546	71	994	400	5600
8	112	40	560	72	1008	500	7000
9	126	41	574	73	1022	600	8400
10	140	42	588	74	1036	700	9800
11	154	43	602	75	1050	800	11200
12	168	44	616	76	1064	900	12600
13	182	45	630	77	1078	1000	14000
14	196	46	644	78	1092	2000	28000
15	210	47	658	79	1106	3000	42000
16	224	48	672	80	1120	4000	56000
17	238	49	686	81	1134	5000	70000
18	252	50	700	82	1148	6000	84000
19	266	51	714	83	1162	7000	98000
20	280	52	728	84	1176	8000	112000
21	294	53	742	85	1190	9000	126000
22	308	54	756	86	1204	10000	140000
23	322	55	770	87	1218		
24	336	56	784	88	1232		
25	350	57	798	89	1246		
26	364	58	812	90	1260		
27	378	59	826	91	1274		
28	392	60	840	92	1288		
29	406	61	854	93	1302		
30	820	62	868	94	1316		
31	434	63	882	95	1330		
32	448	64	896	96	1344		
33	462	65	910	97	1358		

Les 3 quarts.	1050
Le demi.	700
Le quart.	350
Le huitième.	175
Les 2 tiers.	933
Le tiers.	467
Le sixième.	233
Le douzième.	116

2 sous 9 den. 6 dix^{e}.

A 15 Centimes ou à 15 Francs la Chose.

Quantité.	Montant.	Quantité.	Montant.	Quantité.	Montant.	Quantité.	Montant.
2	30	34	510	66	990	98	1470
3	45	35	525	67	1005	99	1485
4	60	36	540	68	1020	100	1500
5	75	37	555	69	1035	200	3000
6	90	38	570	70	1050	300	4500
7	105	39	585	71	1065	400	6000
8	120	40	600	72	1080	500	7500
9	135	41	615	73	1095	600	9000
10	150	42	630	74	1110	700	10500
11	165	43	645	75	1125	800	12000
12	180	44	660	76	1140	900	13500
13	195	45	675	77	1155	1000	15000
14	210	46	690	78	1170	2000	30000
15	225	47	705	79	1185	3000	45000
16	240	48	720	80	1200	4000	60000
17	255	49	735	81	1215	5000	75000
18	270	50	750	82	1230	6000	90000
19	285	51	765	83	1245	7000	105000
20	300	52	780	84	1260	8000	120000
21	315	53	795	85	1275	9000	135000
22	330	54	810	86	1290	10000	150000
23	345	55	825	87	1305		
24	360	56	840	88	1320		
25	375	57	855	89	1335		
26	390	58	870	90	1350	Les 3 quarts.	1125
27	405	59	885	91	1365	Le demi.	750
28	420	60	900	92	1380	Le quart.	375
29	435	61	915	93	1395	Le huitième.	187
30	450	62	930	94	1410	Les 2 tiers.	1000
31	465	63	945	95	1425	Le tiers.	500
32	480	64	960	96	1440	Le sixième.	250
33	495	65	975	97	1455	Le douzième.	125
							3 sous.

A 16 Centimes ou à 16 Francs la Close.

Quantité.	Montant.	Quantité.	Montant.	Quantité.	Montant.	Quantité.	Montant.
2	32	34	544	66	1056	98	1568
3	48	35	560	67	1072	99	1584
4	64	36	576	68	1088	100	1600
5	80	37	592	69	1104	200	3200
6	96	38	608	70	1120	300	4800
7	112	39	624	71	1136	400	6400
8	128	40	640	72	1152	500	8000
9	144	41	656	73	1168	600	9600
10	160	42	672	74	1184	700	11200
11	176	43	688	75	1200	800	12800
12	192	44	704	76	1216	900	14400
13	208	45	720	77	1232	1000	16000
14	224	46	736	78	1248	2000	32000
15	240	47	752	79	1264	3000	48000
16	256	48	768	80	1280	4000	64000
17	272	49	784	81	1296	5000	80000
18	288	50	800	82	1312	6000	96000
19	304	51	816	83	1328	7000	112000
20	320	52	832	84	1344	8000	128000
21	336	53	848	85	1360	9000	144000
22	352	54	864	86	1376	10000	160000
23	368	55	880	87	1392		
24	384	56	896	88	1408		
25	400	57	912	89	1424		
26	416	58	928	90	1440	Les 3 quarts.	1200
27	432	59	944	91	1456	Le demi.	800
28	448	60	960	92	1472	Le quart.	400
29	464	61	976	93	1488	Le huitième.	200
30	480	62	992	94	1504	Les 2 tiers.	1067
31	496	63	1008	95	1520	Le tiers.	533
32	512	64	1024	96	1536	Le sixième.	267
33	528	65	1040	97	1552	Le douzième.	133

3 sous 2 den. 4 dix^e^.

A 17 Centimes ou à 17 Francs la Chose.

Quantité.	Montant.	Quantité.	Montant.	Quantité.	Montant.	Quantité.	Montant.
2	34	34	578	66	1122	98	1666
3	51	35	595	67	1139	99	1683
4	68	36	612	68	1156	100	1700
5	85	37	629	69	1173	200	3400
6	102	38	646	70	1190	300	5100
7	119	39	663	71	1207	400	6800
8	136	40	680	72	1224	500	8500
9	153	41	697	73	1241	600	10200
10	170	42	714	74	1258	700	11900
11	187	43	731	75	1275	800	13600
12	204	44	748	76	1292	900	15300
13	221	45	765	77	1309	1000	17000
14	238	46	782	78	1326	2000	34000
15	255	47	799	79	1343	3000	51000
16	272	48	816	80	1360	4000	68000
17	289	49	833	81	1377	5000	85000
18	306	50	850	82	1394	6000	102000
19	323	51	867	83	1411	7000	119000
20	340	52	884	84	1428	8000	136000
21	357	53	901	85	1445	9000	153000
22	374	54	918	86	1462	10000	170000
23	391	55	935	87	1479		
24	408	56	952	88	1496		
25	425	57	969	89	1513		
26	442	58	986	90	1530	Les 3 quarts.	1275
27	459	59	1003	91	1547	Le demi.	850
28	476	60	1020	92	1564	Le quart.	425
29	493	61	1037	93	1581	Le huitième.	212
30	510	62	1054	94	1598	Les 2 tiers.	1133
31	527	63	1071	95	1615	Le tiers.	567
32	544	64	1088	96	1632	Le sixième.	283
33	561	65	1105	97	1649	Le douzième.	142
						3 sous 4 den. 8 dix^e^.	

A 18 Centimes ou à 18 Francs la Chose.

Quantité.	Montant.	Quantité.	Montant.	Quantité.	Montant.	Quantité.	Montant.
2	36	34	612	66	1188	98	1764
3	54	35	630	67	1206	99	1782
4	72	36	648	68	1224	100	1800
5	90	37	666	69	1242	200	3600
6	108	38	684	70	1260	300	5400
7	126	39	702	71	1278	400	7200
8	144	40	720	72	1296	500	9000
9	162	41	738	73	1314	600	10800
10	180	42	756	74	1332	700	12600
11	198	43	774	75	1350	800	14400
12	216	44	792	76	1368	900	16200
13	234	45	810	77	1386	1000	18000
14	252	46	828	78	1404	2000	36000
15	270	47	846	79	1422	3000	54000
16	288	48	864	80	1440	4000	72000
17	306	49	882	81	1458	5000	90000
18	324	50	900	82	1476	6000	108000
19	342	51	918	83	1494	7000	126000
20	360	52	936	84	1512	8000	144000
21	378	53	954	85	1530	9000	162000
22	396	54	972	86	1548	10000	180000
23	414	55	990	87	1566		
24	432	56	1008	88	1584		
25	450	57	1026	89	1602		
26	468	58	1044	90	1620		
27	486	59	1062	91	1638		
28	504	60	1080	92	1656		
29	522	61	1098	93	1674		
30	540	62	1116	94	1692		
31	558	63	1134	95	1710		
32	576	64	1152	96	1728		
33	594	65	1170	97	1746		

Les 3 quarts.	1350
Le demi.	900
Le quart.	450
Le huitième.	225
Les 2 tiers.	1200
Le tiers.	600
Le sixième.	300
Le douzième.	150

3 sous 7 den. 2 dix^{e}.

A 19 Centimes ou à 19 Francs la Chose.

Quantité.	Montant.	Quantité.	Montant.	Quantité.	Montant.	Quantité.	Montant.
2	38	34	646	66	1254	98	1862
3	57	35	665	67	1273	99	1881
4	76	36	684	68	1292	100	1900
5	95	37	703	69	1311	200	3800
6	114	38	722	70	1330	300	5700
7	133	39	741	71	1349	400	7600
8	152	40	760	72	1368	500	9500
9	171	41	779	73	1387	600	11400
10	190	42	798	74	1406	700	13300
11	209	43	817	75	1425	800	15200
12	228	44	836	76	1444	900	17100
13	247	45	855	77	1463	1000	19000
14	266	46	874	78	1482	2000	38000
15	285	47	893	79	1501	3000	57000
16	304	48	912	80	1520	4000	76000
17	323	49	931	81	1539	5000	95000
18	342	50	950	82	1558	6000	114000
19	361	51	969	83	1577	7000	133000
20	380	52	988	84	1596	8000	152000
21	399	53	1007	85	1615	9000	171000
22	418	54	1026	86	1634	10000	190000
23	437	55	1045	87	1653		
24	456	56	1064	88	1672		
25	475	57	1083	89	1691	Les 3 quarts.	1425
26	494	58	1102	90	1710	Le demi.	950
27	513	59	1121	91	1729	Le quart.	475
28	532	60	1140	92	1748	Le huitième.	238
29	551	61	1159	93	1767	Les 2 tiers.	1267
30	570	62	1178	94	1786	Le tiers.	633
31	589	63	1197	95	1805	Le sixième.	317
32	608	64	1216	96	1824	Le douzième.	158
33	627	65	1235	97	1843		

3 sous 9 den. 6 dix^e.

A 20 Centimes ou à 20 Francs la Chose.

Quantité.	Montant.	Quantité.	Montant.	Quantité.	Montant.	Quantité.	Montant.
2	40	34	680	66	1320	98	1960
3	60	35	700	67	1340	99	1980
4	80	36	720	68	1360	100	2000
5	100	37	740	69	1380	200	4000
6	120	38	760	70	1400	300	6000
7	140	39	780	71	1420	400	8000
8	160	40	800	72	1440	500	10000
9	180	41	820	73	1460	600	12000
10	200	42	840	74	1480	700	14000
11	220	43	860	75	1500	800	16000
12	240	44	880	76	1520	900	18000
13	260	45	900	77	1540	1000	20000
14	280	46	920	78	1560	2000	40000
15	300	47	940	79	1580	3000	60000
16	320	48	960	80	1600	4000	80000
17	340	49	980	81	1620	5000	100000
18	360	50	1000	82	1640	6000	120000
19	380	51	1020	83	1660	7000	140000
20	400	52	1040	84	1680	8000	660000
21	420	53	1060	85	1700	9000	180000
22	440	54	1080	86	1720	10000	200000
23	460	55	1100	87	1740		
24	480	56	1120	88	1760		
25	500	57	1140	89	1780		
26	520	58	1160	90	1800		
27	540	59	1180	91	1820		
28	560	60	1200	92	1840		
29	580	61	1220	93	1860		
30	600	62	1240	94	1880		
31	620	63	1260	95	1900		
32	640	64	1280	96	1920		
33	660	65	1300	97	1940		

Les 3 quarts.	1500
Le demi.	1000
Le quart.	500
Le huitième.	250
Les 2 tiers.	1333
Le tiers.	667
Le sixième.	333
Le douzième.	167

4 sous.

A 21 Centimes ou à 21 Francs la Chose.

Quantité.	Montant.	Quantité.	Montant.	Quantité.	Montant.	Quantité.	Montant.
2	42	34	714	66	1386	98	2058
3	63	35	735	67	1407	99	2079
4	84	36	756	68	1428	100	2100
5	105	37	777	69	1449	200	4200
6	126	38	798	70	1470	300	6300
7	147	39	819	71	1491	400	8400
8	168	40	840	72	1512	500	10500
9	189	41	861	73	1533	600	12600
10	210	42	882	74	1554	700	14700
11	231	43	903	75	1575	800	16800
12	252	44	924	76	1596	900	18900
13	273	45	945	77	1617	1000	21000
14	294	46	966	78	1638	2000	42000
15	315	47	987	79	1659	3000	63000
16	336	48	1008	80	1680	4000	84000
17	357	49	1029	81	1701	5000	105000
18	378	50	1050	82	1722	6000	126000
19	399	51	1071	83	1743	7000	147000
20	420	52	1092	84	1764	8000	168000
21	441	53	1113	85	1785	9000	189000
22	462	54	1134	86	1806	10000	210000
23	483	55	1155	87	1827		
24	504	56	1176	88	1848		
25	525	57	1197	89	1869	Les 3 quarts.	1575
26	546	58	1218	90	1890	Le demi.	1050
27	567	59	1239	91	1911	Le quart.	525
28	588	60	1260	92	1932	Le huitième.	262
29	609	61	1281	93	1953	Les 2 tiers.	1400
30	630	62	1302	94	1974	Le tiers.	700
31	651	63	1323	95	1995	Le sixième.	350
32	672	64	1344	96	2016	Le douzième.	175
33	693	65	1365	97	2037		4 sous 2 den. 4 dix^{e}.

A 22 Centimes ou à 22 Francs la Chose.

Quantité.	Montant.	Quantité.	Montant.	Quantité.	Montant.	Quantité.	Montant.
2	44	34	748	66	1452	98	2156
3	66	35	770	67	1474	99	2178
4	88	36	792	68	1496	100	2200
5	110	37	814	69	1518	200	4400
6	132	38	836	70	1540	300	6600
7	154	39	858	71	1562	400	8800
8	176	40	880	72	1584	500	11000
9	198	41	902	73	1606	600	13200
10	220	42	924	74	1628	700	15400
11	242	43	946	75	1650	800	17600
12	264	44	968	76	1672	900	19800
13	286	45	990	77	1694	1000	22000
14	308	46	1012	78	1716	2000	44000
15	330	47	1034	79	1738	3000	66000
16	352	48	1056	80	1760	4000	88000
17	374	49	1078	81	1782	5000	110000
18	396	50	1100	82	1804	6000	132000
19	418	51	1122	83	1826	7000	154000
20	440	52	1144	84	1848	8000	176000
21	462	53	1166	85	1870	9000	198000
22	484	54	1188	86	1892	10000	220000
23	506	55	1210	87	1914		
24	328	56	1232	88	1936		
25	550	57	1254	89	1958		
26	572	58	1270	90	1980	Les 3 quarts.	1650
27	594	59	1298	91	2002	Le demi.	1100
28	616	60	1320	92	2024	Le quart.	550
29	638	61	1342	93	2046	Le huitième.	275
30	660	62	1364	94	2068	Les 2 tiers.	1467
31	682	63	1386	95	2090	Le tiers.	733
32	704	64	1408	96	2112	Le sixième.	367
33	726	65	1430	97	2134	Le douzième.	183

4 sous 4 dén. 8 dix^{e}.

A 23 Centimes ou à 23 Francs la Chose.

Quantité.	Montant.	Quantité.	Montant.	Quantité.	Montant.	Quantité.	Montant.
2	46	34	782	66	1518	98	2254
3	69	35	805	67	1541	99	2277
4	92	36	828	68	1564	100	2300
5	115	37	851	69	1587	200	4600
6	138	38	874	70	1610	300	6900
7	161	39	897	71	1633	400	9200
8	184	40	920	72	1656	500	11500
9	207	41	943	73	1679	600	13800
10	230	42	966	74	1702	700	16100
11	253	43	989	75	1725	800	18400
12	276	44	1012	76	1748	900	20700
13	299	45	1035	77	1771	1000	23000
14	322	46	1058	78	1794	2000	46000
15	345	47	1081	79	1817	3000	69000
16	368	48	1104	80	1840	4000	92000
17	391	49	1127	81	1863	5000	115000
18	414	50	1150	82	1886	6000	138000
19	437	51	1173	83	1909	7000	161000
20	460	52	1196	84	1932	8000	184000
21	483	53	1219	85	1955	9000	207000
22	506	54	1242	86	1978	10000	230000
23	529	55	1265	87	2001		
24	552	56	1288	88	2024		
25	575	57	1311	89	2047		
26	598	58	1334	90	2070		
27	621	59	1357	91	2093		
28	644	60	1380	92	2116		
29	667	61	1403	93	2139		
30	690	62	1426	94	2162		
31	713	63	1449	95	2185		
32	736	64	1472	96	2208		
33	759	65	1495	97	2231		

Les 5 quarts.	1725
Le demi.	1150
Le quart.	575
Le huitième.	287
Les 2 tiers.	1553
Le tiers.	767
Le sixième.	383
Le douzième.	192

4 sous 7 den. 2 dix^e^.

A 24 Centimes ou à 24 Francs la Chose.

Quantité.	Montant.	Quantité.	Montant.	Quantité.	Montant.	Quantité.	Montant.
2	48	34	816	66	1584	98	2352
3	72	35	840	67	1608	99	2376
4	96	36	864	68	1632	100	2400
5	120	37	888	69	1656	200	4800
6	144	38	912	70	1680	300	7200
7	168	39	936	71	1704	400	9600
8	192	40	960	72	1728	500	12000
9	216	41	984	73	1752	600	14400
10	240	42	1008	74	1776	700	16800
11	264	43	1032	75	1800	800	19200
12	288	44	1056	76	1824	900	21600
13	312	45	1080	77	1848	1000	24000
14	336	46	1104	78	1872	2000	48000
15	360	47	1128	79	1896	3000	72000
16	384	48	1152	80	1920	4000	96000
17	408	49	1176	81	1944	5000	120000
18	432	50	1200	82	1968	6000	144000
19	456	51	1224	83	1992	7000	168000
20	480	52	1248	84	2016	8000	192000
21	504	53	1272	85	2040	9000	216000
22	528	54	1296	86	2064	10000	240000
23	552	55	1320	87	2088		
24	576	56	1344	88	2112		
25	600	57	1368	89	2136		
26	624	58	1392	90	2160		
27	648	59	1416	91	2184		
28	672	60	1440	92	2208		
29	696	61	1464	93	2232		
30	720	62	1488	94	2256		
31	744	63	1512	95	2280		
32	768	64	1536	96	2304		
33	792	65	1560	97	2328		

Les 3 quarts.	1800
Le demi.	1200
Le quart.	600
Le huitième.	300
Les 2 tiers.	1600
Le tiers.	800
Le sixième.	400
Le douzième.	200

4 sous 9 den. 6 dix^e^.

A 25 Centimes ou à 25 Francs la Chose.

Quantité.	Montant.	Quantité.	Montant.	Quantité.	Montant.	Quantité.	Montant.
2	50	34	850	66	1650	98	2450
3	75	35	875	67	1675	99	2475
4	100	36	900	68	1700	100	2500
5	125	37	925	69	1725	200	5000
6	150	38	950	70	1750	300	7500
7	175	39	975	71	1775	400	10000
8	200	40	1000	72	1800	500	12500
9	225	41	1025	73	1825	600	15000
10	250	42	1050	74	1850	700	17500
11	275	43	1075	75	1875	800	20000
12	300	44	1100	76	1900	900	22500
13	325	45	1125	77	1925	1000	25000
14	350	46	1150	78	1950	2000	50000
15	375	47	1175	79	1975	3000	75000
16	400	48	1200	80	2000	4000	100000
17	425	49	1225	81	2025	5000	125000
18	450	50	1250	82	2050	6000	150000
19	475	51	1275	83	2075	7000	175000
20	500	52	1300	84	2100	8000	200000
21	525	53	1325	85	2125	9000	225000
22	550	54	1350	86	2150	10000	250000
23	575	55	1375	87	2175		
24	600	56	1400	88	2200		
25	625	57	1425	89	2225		
26	650	58	1450	90	2250	Les 3 quarts.	1875
27	675	59	1475	91	2275	Le demi.	1250
28	700	60	1500	92	2300	Le quart.	625
29	725	61	1525	93	2325	Le huitième.	312
30	750	62	1550	94	2350	Les 2 tiers.	1667
31	775	63	1575	95	2375	Le tiers.	833
32	800	64	1600	96	2400	Le sixième.	416
33	825	65	1625	97	2425	Le douzième.	208

5. sous.

A 26 Centimes ou à 26 Francs la Chose.

Quantité.	Montant.	Quantité.	Montant.	Quantité.	Montant.	Quantité.	Montant.
2	52	34	884	66	1716	98	2548
3	78	35	910	67	1742	99	2574
4	104	36	936	68	1768	100	2600
5	130	37	962	69	1794	200	5200
6	156	38	988	70	1820	300	7800
7	182	39	1014	71	1846	400	10400
8	208	40	1040	72	1872	500	13000
9	234	41	1066	73	1898	600	15600
10	260	42	1092	74	1924	700	18200
11	286	43	1118	75	1950	800	20800
12	312	44	1144	76	1976	900	23400
13	338	45	1170	77	2002	1000	26000
14	364	46	1196	78	2028	2000	52000
15	390	47	1222	79	2054	3000	78000
16	416	48	1248	80	2080	4000	104000
17	442	49	1274	81	2106	5000	130000
18	468	50	1300	82	2132	6000	156000
19	494	51	1326	83	2158	7000	182000
20	520	52	1352	84	2184	8000	208000
21	546	53	1378	85	2210	9000	234000
22	572	54	1404	86	2236	10000	260000
23	598	55	1430	87	2262		
24	624	56	1456	88	2288		
25	650	57	1482	89	2314		
26	676	58	1508	90	2340		
27	702	59	1534	91	2366		
28	728	60	1560	92	2392		
29	754	61	1586	93	2418		
30	780	62	1612	94	2444		
31	806	63	1638	95	2470		
32	832	64	1664	96	2496		
33	858	65	1690	97	2522		

Les 3 quarts.	1950
Le demi.	1300
Le quart.	650
Le huitième	325
Les 2 tiers.	1733
Le tiers.	867
Le sixième.	433
Le douzième.	217

5 sous 2 den. 4 dix^{e}.

A 27 Centimes ou à 27 Francs la Chose.

quantité.	Montant.	quantité.	Montant.	quantité.	Montant.	Quantité.	Montant.
2	54	34	918	66	1782	98	2646
3	81	35	945	67	1809	99	2673
4	108	36	972	68	1836	100	2700
5	135	37	999	69	1863	200	5400
6	162	38	1026	70	1890	300	8100
7	189	39	1053	71	1917	400	10800
8	216	40	1080	72	1944	500	13500
9	243	41	1107	73	1971	600	16200
10	270	42	1134	74	1998	700	18900
11	297	43	1161	75	2025	800	21600
12	324	44	1188	76	2052	900	24300
13	351	45	1215	77	2079	1000	27000
14	378	46	1242	78	2106	2000	54000
15	405	47	1269	79	2133	3000	81000
16	432	48	1296	80	2160	4000	108000
17	459	49	1323	81	2187	5000	135000
18	486	50	1350	82	2214	6000	162000
19	513	51	1377	83	2241	7000	189000
20	540	52	1404	84	2268	8000	216000
21	567	53	1431	85	2295	9000	243000
22	594	54	1458	86	2322	10000	270000
23	621	55	1485	87	2349		
24	648	56	1512	88	2376		
25	675	57	1539	89	2403		
26	702	58	1566	90	2430	Les 3 quarts.	2025
27	729	59	1593	91	2457	Le demi.	1350
28	756	60	1620	92	2484	Le quart.	675
29	783	61	1647	93	2511	Le huitième.	337
30	810	62	1674	94	2538	Les 2 tiers.	1800
31	837	63	1701	95	2565	Le tiers.	900
32	864	64	1728	96	2592	Le sixième.	450
33	891	65	1755	97	2619	Le douzième.	225

5 sous 4 den. 8 dix^{e}.

A 28 Centimes ou à 28 Francs la Chose.

Quantité.	Montant.	Quantité.	Montant.	Quantité.	Montant.	Quantité.	Montant.
2	56	34	952	66	1848	98	2744
3	84	35	980	67	1876	99	2772
4	112	36	1008	68	1904	100	2800
5	140	37	1036	69	1932	200	5600
6	168	38	1064	70	1960	300	8400
7	196	39	1092	71	1988	400	11200
8	224	40	1120	72	2016	500	14000
9	252	41	1148	73	2044	600	16800
10	280	42	1176	74	2072	700	19600
11	308	43	1204	75	2100	800	22400
12	336	44	1232	76	2128	900	25200
13	364	45	1260	77	2156	1000	28000
14	392	46	1288	78	2184	2000	56000
15	420	47	1316	79	2212	3000	84000
16	448	48	1344	80	2240	4000	112000
17	476	49	1372	81	2268	5000	140000
18	504	50	1400	82	2296	6000	168000
19	532	51	1428	83	2324	7000	196000
20	560	52	1456	84	2352	8000	224000
21	588	53	1484	85	2380	9000	252000
22	616	54	1512	86	2408	10000	280000
23	644	55	1540	87	2436		
24	672	56	1568	88	2464		
25	700	57	1596	89	2492		
26	728	58	1624	90	2520		
27	756	59	1652	91	2548		
28	784	60	1680	92	2576		
29	812	61	1708	93	2604		
30	840	62	1736	94	2632		
31	868	63	1764	95	2660		
32	896	64	1792	96	2688		
33	924	65	1820	97	2716		

Les 3 quarts.	2100
Le demi.	1400
Le quart.	700
Le huitième.	350
Les 2 tiers.	1867
Le tiers.	933
Le sixième.	467
Le douzième.	233

5 sous 7 den. 2 dix^e.

A 29 Centimes ou à 29 Francs la Chose.

Quantité.	Montant.	Quantité.	Montant.	Quantité.	Montant.	Quantité.	Montant.
2	58	34	986	66	1914	98	2842
3	87	35	1015	67	1943	99	2871
4	116	36	1044	68	1972	100	2900
5	145	37	1073	69	2001	200	5800
6	174	38	1102	70	2030	300	8700
7	203	39	1131	71	2059	400	11600
8	232	40	1160	72	2088	500	14500
9	261	41	1189	73	2117	600	17400
10	290	42	1218	74	2146	700	20300
11	319	43	1247	75	2175	800	23200
12	348	44	1276	76	2204	900	26100
13	377	45	1305	77	2233	1000	29000
14	406	46	1334	78	2262	2000	58000
15	435	47	1363	79	2291	3000	87000
16	464	48	1392	80	2320	4000	116000
17	493	49	1421	81	2349	5000	145000
18	522	50	1450	82	2378	6000	174000
19	551	51	1479	83	2407	7000	203000
20	580	52	1508	84	2436	8000	232000
21	609	53	1537	85	2465	9000	261000
22	638	54	1566	86	2494	10000	290000
23	667	55	1595	87	2523		
24	696	56	1624	88	2552		
25	725	57	1653	89	2581		
26	754	58	1682	90	2610		
27	783	59	1711	91	2639		
28	812	60	1740	92	2668		
29	841	61	1769	93	5697		
30	870	62	1798	94	2726		
31	899	63	1827	95	2755		
32	928	64	1856	96	2784		
33	957	65	1885	97	2813		

Les 3 quarts.	2175
Le demi.	1450
Le quart.	725
Le huitième.	363
Les 2 tiers.	1933
Le tiers.	967
Le sixième.	484
Le douzième.	242

5 sous 9 den. 6 dix^e^.

A 30 Centimes ou à 30 Francs la Chose.

Quantité.	Montant.	Quantité.	Montant.	Quantité.	Montant.	Quantité.	Montant.
2	60	34	1020	66	1980	98	2940
3	90	35	1050	67	2010	99	2970
4	120	36	1080	68	2040	100	3000
5	150	37	1110	69	2070	200	6000
6	180	38	1140	70	2100	300	9000
7	210	39	1170	71	2130	400	12000
8	240	40	1200	72	2160	500	15000
9	270	41	1230	73	2190	600	18000
10	300	42	1260	74	2220	700	21000
11	330	43	1290	75	2250	800	24000
12	360	44	1320	76	2280	900	27000
13	390	45	1350	77	2310	1000	30000
14	420	46	1380	78	2340	2000	60000
15	450	47	1410	79	2370	3000	90000
16	480	48	1440	80	2400	4000	120000
17	510	49	1470	81	2430	5000	150000
18	540	50	1500	82	2460	6000	180000
19	570	51	1530	83	2490	7000	210000
20	600	52	1560	84	2520	8000	240000
21	630	53	1590	85	2550	9000	270000
22	660	54	1620	86	2580	10000	300000
23	690	55	1650	87	2610		
24	720	56	1680	88	2640		
25	750	57	1710	89	2670		
26	780	58	1740	90	2700		
27	810	59	1770	91	2730		
28	840	60	1800	92	2760		
29	870	61	1830	93	2790		
30	900	62	1860	94	2820		
31	930	63	1890	95	2850		
32	960	64	1920	96	2880		
33	990	65	1950	97	2910		

Les 3 quarts.	2250
Le demi.	1500
Le quart.	750
Le huitième.	375
Les 2 tiers.	2000
Le tiers.	1000
Le sixième.	500
Le douzième.	250

6 sous.

A 31 Centimes ou à 31 Francs la Chose.

Quantité.	Montant.	Quantité.	Montant.	Quantité.	Montant.	Quantité.	Montant.
2	62	34	1054	66	2046	98	3038
3	93	35	1085	67	2077	99	3069
4	124	36	1116	68	2108	100	3100
5	155	37	1147	69	2139	200	6200
6	186	38	1178	70	2170	300	9300
7	217	39	1209	71	2201	400	12400
8	248	40	1240	72	2232	500	15500
9	279	41	1271	73	2263	600	18600
10	310	42	1302	74	2294	700	21700
11	341	43	1333	75	2325	800	24800
12	372	44	1364	76	2356	900	27900
13	403	45	1395	77	2387	1000	31000
14	434	46	1426	78	2418	2000	62000
15	465	47	1457	79	2449	3000	93000
16	496	48	1488	80	2480	4000	125000
17	527	49	1519	81	2511	5000	155000
18	558	50	1550	82	2542	6000	186000
19	589	51	1581	83	2573	7000	217000
20	620	52	1612	84	2604	8000	248000
21	651	53	1643	85	2635	9000	279000
22	682	54	1674	86	2666	10000	310000
23	713	55	1705	87	2697		
24	744	56	1736	88	2728		
25	775	57	1767	89	2759		
26	806	58	1798	90	2790		
27	837	59	1829	91	2821		
28	868	60	1860	92	2852		
29	899	61	1891	93	2883		
30	930	62	1922	94	2914		
31	961	63	1953	95	2945		
32	992	64	1984	96	2976		
33	1023	65	2015	97	3007		

Les 3 quarts,	2325
Le demi.	1550
Le quart.	775
Le huitième.	387
Les 2 tiers.	2067
Le tiers.	1033
Le sixième.	516
Le douzième.	258

6 sous 2 den. 4 dix^e^.

A 32 Centimes ou à 32 Francs la Chose.

Quantité.	Montant.	Quantité.	Montant.	Quantité.	Montant.	Quantité.	Montant.
2	64	34	1088	66	2112	98	3136
3	96	35	1120	67	2144	99	3168
4	128	36	1152	68	2176	100	3200
5	160	37	1184	69	2208	200	6400
6	192	38	1216	70	2240	300	9600
7	224	39	1248	71	2272	400	12800
8	256	40	1280	72	2304	500	16000
9	288	41	1312	73	2336	600	19200
10	320	42	1344	74	2368	700	22400
11	352	43	1376	75	2400	800	25600
12	384	44	1408	76	2452	900	28800
13	416	45	1440	77	2464	1000	32000
14	448	46	1472	78	2496	2000	64000
15	480	47	1504	79	2528	3000	96000
16	512	48	1536	80	2560	4000	128000
17	544	49	1568	81	2592	5000	160000
18	576	50	1600	82	2624	6000	192000
19	608	51	1632	83	2656	7000	244000
20	640	52	1664	84	2688	8000	256000
21	672	53	1696	85	2720	9000	288000
22	704	54	1728	86	2452	10000	320000
23	736	55	1760	87	2784		
24	768	56	1792	88	2816		
25	800	57	1824	89	2848		
26	832	58	1856	90	2880		
27	864	59	1888	91	2912		
28	896	60	1920	92	2944		
29	928	61	1952	93	2976		
30	960	62	1984	94	3008		
31	992	63	2016	95	3040		
32	1024	64	2048	96	3072		
33	1056	65	2080	97	3104		

Les 3 quarts.	2400
Le demi.	1600
Le quart.	800
Le huitième.	400
Les 2 tiers.	2133
Le tiers.	1067
Le sixième.	533
Le douzième.	267

9 sous 4 den. 8 dix^e.

A 33 Centimes ou à 33 Francs la Chose.

Quantité.	Montant.	Quantité.	Montant.	Quantité.	Montant.	Quantité.	Montant.
2	66	34	1122	66	2178	98	3234
3	99	35	1155	67	2211	99	3267
4	132	36	1188	68	2244	100	3300
5	165	37	1221	69	2277	200	6600
6	198	38	1254	70	2310	300	9900
7	231	39	1287	71	2343	400	13200
8	264	40	1320	72	2376	500	16500
9	297	41	1353	73	2409	600	19800
10	330	42	1386	74	2442	700	23100
11	363	43	1419	75	2475	800	26400
12	396	44	1452	76	2508	900	29700
13	429	45	1485	77	2541	1000	33000
14	462	46	1518	78	2574	2000	66000
15	495	47	1551	79	2607	3000	99000
16	528	48	1584	80	2640	4000	132000
17	561	49	1617	81	2673	5000	165000
18	594	50	1650	82	2706	6000	198000
19	627	51	1683	83	2739	7000	231000
20	660	52	1716	84	2772	8000	264000
21	693	53	1749	85	2805	9000	297000
22	726	54	1782	86	2838	10000	330000
23	759	55	1815	87	2871		
24	792	56	1848	88	2904		
25	825	57	1881	89	2937		
26	858	58	1914	90	2970		
27	891	59	1947	91	3003		
28	924	60	1980	92	3036		
29	957	61	2013	93	3069		
30	990	62	2046	94	3102		
31	1023	63	2079	95	3135		
32	1056	64	2112	96	3168		
33	1089	65	2145	97	3201		

Les 3 quarts.	2475
Le demi.	1650
Le quart.	825
Le huitième.	412
Les 2 tiers.	2200
Le tiers.	1100
Le sixième.	550
Le douzième.	275

6 sous 7 den. 2 dix^e.

A 34 Centimes ou à 34 Francs la Chose.

Quantité.	Montant.	Quantité.	Montant.	Quantité.	Montant.	Quantité.	Montant.
2	68	34	1156	66	2244	98	3332
3	102	35	1190	67	2278	99	3366
4	136	36	1224	68	2312	100	3400
5	170	37	1258	69	2346	200	6800
6	204	38	1292	70	2380	300	10200
7	238	39	1326	71	2414	400	13600
8	272	40	1360	72	2448	500	17000
9	306	41	1394	73	2482	600	20400
10	340	42	1428	74	2516	700	23800
11	374	43	1462	75	2550	800	27200
12	408	44	1496	76	2584	900	30600
13	442	45	1530	77	2618	1000	34000
14	476	46	1564	78	2652	2000	68000
15	510	47	1598	79	2686	3000	102000
16	544	48	1632	80	2720	4000	136000
17	578	49	1666	81	2754	5000	170000
18	612	50	1700	82	2788	6000	204000
19	646	51	1734	83	2822	7000	238000
20	680	52	1768	84	2856	8000	272000
21	714	53	1802	85	2890	9000	306000
22	748	54	1836	86	2924	10000	340000
23	782	55	1870	87	2958		
24	816	56	1904	88	2992		
25	850	57	1938	89	3026		
26	884	58	1972	90	3060	Les 3 quarts.	2550
27	918	59	2006	91	3094	Le demi.	1700
28	952	60	2040	92	3128	Le quart.	850
29	986	61	2074	93	3162	Le huitième.	425
30	1020	62	2108	94	3196	Les 2 tiers.	2267
31	1054	63	2142	95	3230	Le tiers.	1133
32	1088	64	2176	96	3264	Le sixième.	567
33	1122	65	2210	97	3298	Le douzième.	284
						6 sous 9 den. 6 dix^e.	

A 35 Centimes ou à 35 Francs la Chose.

Quantité.	Montant.	Quantité.	Montant.	Quantité.	Montant.	Quantité.	Montant.
2	70	34	1190	66	2310	98	3430
3	105	35	1225	67	2345	99	3465
4	140	36	1260	68	2380	100	3500
5	175	37	1295	69	2415	200	7000
6	210	38	1330	70	2450	300	10500
7	245	39	1365	71	2485	400	14000
8	280	40	1400	72	2520	500	17500
9	315	41	1435	73	2555	600	21000
10	350	42	1470	74	2590	700	24500
11	385	43	1505	75	2625	800	28000
12	420	44	1540	76	2660	900	31500
13	455	45	1575	77	2695	1000	35000
14	490	46	1610	78	2730	2000	70000
15	525	47	1645	79	2765	3000	105000
16	560	48	1680	80	2800	4000	140000
17	595	49	1715	81	2835	5000	175000
18	630	50	1750	82	2870	6000	210000
19	665	51	1785	83	2905	7000	245000
20	700	52	1820	84	2940	8000	280000
21	735	53	1855	85	2975	9000	315000
22	770	54	1890	86	3010	10000	350000
23	805	55	1925	87	3045		
24	840	56	1960	88	3080		
25	875	57	1995	89	3115		
26	910	58	2030	90	3150		
27	945	59	2 65	91	3185		
28	980	60	2100	92	3220		
29	1015	61	2135	93	3255		
30	1050	62	2170	94	3290		
31	1085	63	2205	95	3325		
32	1120	64	2240	96	3360		
33	1155	65	2275	97	3395		

Les 3 quarts.	2625
Le demi.	1750
Le quart.	875
Le huitième.	437
Les 2 tiers.	2333
Le tiers.	1167
Le sixième.	584
Le douzième.	292

7 sous.

A 36 Centimes ou à 36 Francs la Chose.

Quantité.	Montant.	Quantité.	Montant.	Quantité.	Montant.	Quantité.	Montant.
2	72	34	1224	66	2376	98	3528
3	108	35	1260	67	2412	99	3564
4	144	36	1296	68	2448	100	3600
5	180	37	1332	69	2484	200	7200
6	216	38	1368	70	2520	300	10800
7	252	39	1404	71	2556	400	14400
8	288	40	1440	72	2592	500	18000
9	324	41	1476	73	2628	600	21600
10	360	42	1512	74	2664	700	25200
11	396	43	1548	75	2700	800	28800
12	432	44	1584	76	2736	900	32400
13	468	45	1620	77	2772	1000	36400
14	504	6	1656	78	2808	2000	72000
15	540	47	1692	79	2844	3000	108000
16	576	48	1728	80	2880	4000	144000
17	612	49	1764	81	2916	5000	180000
18	648	50	1800	82	2952	6000	216000
19	684	51	1836	83	2988	7000	252000
20	720	52	1872	84	3024	8000	288000
21	756	53	1908	85	3060	9000	324000
22	792	54	1944	86	3096	10000	360000
23	828	55	1980	87	3132		
24	864	56	2016	88	3168		
25	900	57	2052	89	3204		
26	936	58	2088	90	3240		
27	972	59	2124	91	3276		
28	1008	60	2160	92	3312		
29	1044	61	2196	93	3348		
30	1080	62	2232	94	3384		
31	1116	63	2268	95	3420		
32	1152	64	2304	96	3456		
33	1188	65	2340	97	3492		

Les 3 quarts.	2700
Le demi.	1800
Le quart.	900
Le huitième.	450
Les 2 tiers.	2400
Le tiers.	1200
Le sixième.	600
Le douzième.	300

7 sous 2 den. 4 dix^e.

A 37 Centimes ou à 37 Francs la Chose.

Quantité.	Montant.	Quantité.	Montant.	Quantité.	Montant.	Quantité.	Montant.
2	74	34	1258	66	2442	98	3626
3	111	35	1295	67	2479	99	3663
4	148	36	1332	68	2516	100	3700
5	185	37	1369	69	2553	200	7400
6	222	38	1406	70	2590	300	11100
7	259	39	1443	71	2627	400	14800
8	296	40	1480	72	2664	500	18500
9	333	41	1517	73	2701	600	22200
10	370	42	1554	74	2738	700	25900
11	407	43	1591	75	2475	800	29600
12	444	44	1628	76	2812	900	33300
13	481	45	1665	77	2849	1000	37000
14	518	46	1702	78	2886	2000	74000
15	555	47	1739	79	2923	3000	111000
16	592	48	1776	80	2960	4000	148000
17	629	49	1813	81	2997	5000	185000
18	666	50	1850	82	3034	6000	222000
19	703	51	1887	83	3071	7000	259000
20	740	52	1924	84	3108	8000	296000
21	777	53	1961	85	3145	9000	333000
22	814	54	1998	86	3182	10000	370000
23	851	55	2035	87	3219		
24	888	56	2072	88	3256		
25	925	57	2109	89	3293		
26	962	58	2146	90	3330		
27	999	59	2183	91	3367		
28	1036	60	2220	92	3404		
29	1073	61	2257	93	3441		
30	1110	62	2294	94	3478		
31	1147	63	2331	95	3515		
32	1184	64	2368	96	3552		
33	1221	65	2405	97	3589		

Les 3 quarts.	2775
Le demi.	1850
Le quart.	925
Le huitième.	462
Les 2 tiers.	2467
Le tiers.	1233
Le sixième.	617
Le douzième.	308

7 sous 4 den. 8 dix^e.

A 38 Centimes ou à 38 Francs la Chose.

Quantité.	Montant.	Quantité.	Montant.	Quantité.	Montant.	Quantité.	Montant.
2	76	34	1292	66	2508	98	3724
3	114	35	1330	67	2546	99	3762
4	152	36	1368	68	2584	100	3800
5	190	37	1406	69	2622	200	7600
6	228	38	1444	70	2660	300	11400
7	266	39	1482	71	2698	400	15200
8	304	40	1520	72	2736	500	19000
9	342	41	1558	73	2774	600	22800
10	380	42	1596	74	2812	700	26600
11	418	43	1634	75	2850	800	30400
12	456	44	1672	76	2888	900	34200
13	494	45	1710	77	2926	1000	38000
14	532	46	17 8	78	2964	2000	76000
15	57	47	1786	79	3002	3000	114000
16	608	48	1824	80	3040	4000	152000
17	646	49	1862	81	3078	5000	190000
18	684	50	1900	82	3116	6000	228000
19	722	51	1938	83	3154	7000	266000
20	760	52	1976	84	3192	8000	304000
21	798	53	2014	85	3230	9000	342000
22	836	54	2052	86	3268	10000	380000
23	874	55	2090	87	3306		
24	912	56	2128	88	3344		
25	950	57	2166	89	3382		
26	988	58	2204	90	3420		
27	1026	59	2242	91	3458		
28	1064	60	2280	92	3496		
29	1102	61	2318	93	3534		
30	1140	62	2356	94	3572		
31	1178	63	2394	95	3610		
32	1216	64	2432	96	3648		
33	1254	65	2470	97	3686		

Les 3 quarts.	2850
Le demi.	1900
Le quart.	950
Le huitième.	475
Les 2 tiers.	2533
Le tiers.	1267
Le sixième.	633
Le douzième.	317

7 sous 7 den. 2 dix^{e}.

A 39 Centimes ou à 39 Francs la Chose.

Quantité.	Montant.	Quantité.	Montant.	Quantité.	Montant.	Quantité.	Montant.
2	78	34	1326	66	2574	98	3822
3	117	35	1365	67	2613	99	3861
4	156	36	1404	68	2652	100	3900
5	195	37	1443	69	2691	200	7800
6	234	38	1482	70	2730	300	11700
7	273	39	1521	71	2769	400	15600
8	312	40	1560	72	2808	500	19500
9	351	41	1599	73	2847	600	23400
10	390	42	1638	74	2886	700	27300
11	429	43	1677	75	2925	800	31200
12	468	44	1716	76	2964	900	35100
13	507	45	1755	77	3003	1000	39000
14	546	46	1794	78	3042	2000	78000
15	585	47	1833	79	3081	3000	117000
16	624	48	1872	80	3120	4000	156000
17	663	49	1911	81	6159	5000	195000
18	702	50	1950	82	3198	6000	234000
19	741	51	1989	83	3237	7000	273000
20	780	52	2028	84	3276	8000	312000
21	819	53	2067	85	3315	9000	351000
22	858	54	2106	86	3354	10000	390000
23	897	55	2145	87	3393		
24	936	56	2184	88	3432		
25	975	57	2223	89	3471		
26	1014	58	2262	90	3510		
27	1053	59	2301	91	3549		
28	1092	60	2340	92	3588		
29	1131	61	2379	93	3627		
30	1170	62	2418	94	3666		
31	1209	63	2457	95	3705		
32	1248	64	2496	96	3744		
33	1287	65	2535	97	3783		

Les 3 quarts.	2925
Le demi.	1950
Le quart.	975
Le huitième.	487
Les 2 tiers.	2600
Le tiers.	1300
Le sixième.	650
Le douzième.	325

7 sous 9 den. 6 dix^{e}.

A 40 Centimes ou à 40 Francs la Chose.

Quantité.	Montant.	Quantité.	Montant.	Quantité.	Montant.	Quantité.	Montant.
2	80	34	1360	66	2640	98	3920
3	120	35	1400	67	3680	99	3960
4	160	36	1440	68	2720	100	4000
5	200	37	1480	69	2760	200	8000
6	240	38	1520	70	2800	300	12000
7	280	39	1560	71	2840	400	16000
8	320	40	1600	72	2880	500	20000
9	360	41	1640	73	2920	600	24000
10	400	42	1680	74	2960	700	28000
11	440	43	1720	75	3000	800	32000
12	480	44	1760	76	3040	900	36000
13	520	45	1800	77	3080	1000	40000
14	560	46	1840	78	3120	2000	80000
15	600	47	1880	79	3160	3000	120000
16	640	48	1920	80	3200	4000	160000
17	680	49	1960	81	3240	5000	200000
18	720	50	2000	82	3280	6000	240000
19	760	51	2040	83	3320	7000	280000
20	800	52	2080	84	3360	8000	320000
21	840	53	2120	85	3400	9000	360000
22	880	54	2160	86	3440	10000	400000
23	920	55	2200	87	3480		
24	960	56	2240	88	3520		
25	1000	57	2280	89	3560		
26	1040	58	2320	90	3600		
27	1080	59	2360	91	3640		
28	1120	60	2400	92	3680		
29	1160	61	2440	93	3720		
30	1200	62	2480	94	3760		
31	1240	63	2520	95	3800		
32	1280	64	2560	96	3840		
33	1320	65	2600	97	3880		

Les 3 quarts.	3000
Le demi.	2000
Le quart.	1000
Le huitième.	500
Les 2 tiers.	2667
Le tiers.	1333
Le sixième.	667
Le douzième.	333

8 sous.

A 41 Centimes ou à 41 Francs la Chose.

Quantité.	Montant.	Quantité.	Montant.	Quantité.	Montant.	Quantité.	Montant.
2	82	34	1394	66	2706	98	4018
3	123	35	1435	67	2747	99	4059
4	164	36	1476	68	2788	100	4100
5	205	37	1517	69	2829	200	820
6	246	38	1558	70	2870	300	12300
7	287	39	1599	71	2911	400	16400
8	328	40	1640	72	2952	500	20500
9	369	41	1681	73	2993	600	24600
10	410	42	1722	74	3034	700	28700
11	451	43	1763	75	3075	800	32800
12	492	44	1804	76	3116	900	36900
13	533	45	1845	77	3157	1000	41000
14	574	46	1886	78	3198	2000	82000
15	615	47	1927	79	3239	3000	123000
16	656	48	1968	80	3280	4000	164000
17	697	49	2009	81	3321	5000	205000
18	738	50	2050	82	3362	6000	246000
19	779	51	2091	83	3403	7000	287000
20	820	52	2132	84	3444	8000	328000
21	861	53	2173	85	3485	9000	369000
22	902	54	2214	86	3526	10000	410000
23	943	55	2255	87	3567		
24	984	56	2296	88	3608		
25	1025	57	2337	89	3649		
26	1066	58	2378	90	3690		
27	1107	59	2419	91	3731		
28	1148	60	2460	92	3772		
29	1189	61	2501	93	3813		
30	1230	62	2542	94	3854		
31	1271	63	2583	95	3895		
32	1312	64	2624	96	3936		
33	1353	65	2665	97	3977		

Les 3 quarts.	3075
Le demi.	2050
Le quart.	1025
Le huitième.	512
Les 2 tiers.	2733
Le tiers.	1367
Le sixième.	683
Le douzième.	342

8 sous 2 den. 4 dix^e.

A 42 Centimes ou à 42 Francs la Chose.

Quantité.	Montant.	Quantité.	Montant.	Quantité.	Montant.	Quantité.	Montant.
2	84	34	1428	66	2772	98	4116
3	126	35	1470	67	2814	99	4158
4	168	36	1512	68	2856	100	4200
5	210	37	1554	69	2898	200	8400
6	252	38	1596	70	2940	300	12600
7	294	39	1638	71	2982	400	16800
8	336	40	1680	72	3024	500	21000
9	378	41	1722	73	3066	600	25200
10	420	42	1764	74	3108	700	29400
11	462	43	1806	75	3150	800	33600
12	504	44	1848	76	3192	900	37800
13	546	45	1890	77	3234	1000	42000
14	588	46	1932	78	3276	2000	84000
15	630	47	1974	79	3318	3000	126000
16	672	48	2016	80	3360	4000	168000
17	714	49	2058	81	3402	5000	210000
18	756	50	2100	82	3444	6000	252000
19	798	51	2142	83	3486	7000	294000
20	840	52	2184	84	3528	8000	336000
21	882	53	2226	85	3570	9000	378000
22	924	54	2268	86	3612	10000	420000
23	966	55	2310	87	3654		
24	1008	56	2352	88	3696		
25	1050	57	2394	89	3738		
26	1092	58	2436	90	3780		
27	1134	59	2478	91	3822		
28	1176	60	2520	92	3864		
29	1218	61	2562	93	3906		
30	1260	62	2604	94	3948		
31	1302	63	2646	95	3990		
32	1344	64	2688	96	4032		
33	1386	65	2730	97	4074		

Les 3 quarts.	3150
Le demi.	2100
Le quart.	1050
Le huitième.	525
Les 2 tiers.	2800
Le tiers.	1400
Le sixième.	700
Le douzième.	350

8 sous 4 den. 8 dix^{e}.

A 43 Centimes ou à 43 Francs la Chose.

Quantité.	Montant.	Quantité.	Montant.	Quantité.	Montant.	Quantité.	Montant.
2	86	34	1462	66	2838	98	4214
3	129	35	1505	67	2881	99	4257
4	172	36	1548	68	2924	100	4300
5	215	37	1591	69	2967	200	8600
6	258	38	1634	70	3010	300	12900
7	301	39	1677	71	3053	400	17200
8	344	40	1720	72	3096	500	21500
9	387	41	1763	73	3139	600	25800
10	430	42	1806	74	3182	700	30100
11	473	43	1849	75	3225	800	34400
12	516	44	1892	76	3268	900	38700
13	559	45	1935	77	3311	1000	43000
14	602	46	1978	78	3354	2000	86000
15	645	47	2021	79	3397	3000	129000
16	688	48	2064	80	3440	4000	172000
17	731	49	2107	81	3483	5000	215000
18	774	50	2150	82	3526	6000	258000
19	817	51	2193	83	3569	7000	301000
20	860	52	2236	84	3612	8000	344000
21	903	53	2279	85	3655	9000	387000
22	946	54	2322	86	3698	10000	430000
23	989	55	2365	87	3741		
24	1032	56	2408	88	3784		
25	1075	57	2451	89	3827		
26	1118	58	2494	90	3870		
27	1161	59	2537	91	3913		
28	1204	60	2580	92	3956		
29	1247	61	2623	93	3999		
30	1290	62	2666	94	4042		
31	1333	63	2709	95	4085		
32	1376	64	2752	96	4128		
33	1419	65	2795	97	4171		

Les 3 quarts.	3225
Le demi.	2150
Le quart.	1075
Le huitième.	538
Les 2 tiers.	2867
Le tiers.	1433
Le sixième.	716
Le douzième.	358

8 sous 7 den. 2 dix^{e}.

4

A 44 Centimes ou à 44 Francs la Chose.

Quantité.	Montant.	Quantité.	Montant.	Quantité.	Montant.	Quantité.	Montant.
2	88	34	1496	66	2904	98	4312
3	132	35	1540	67	2948	99	4356
4	176	36	1584	68	2992	100	4400
5	220	37	1628	69	3036	200	8800
6	264	38	1672	70	3080	300	13200
7	308	39	1716	71	3124	400	17600
8	352	40	1760	72	3168	500	22000
9	396	41	1804	73	3212	600	26400
10	440	42	1848	74	3256	700	30800
11	484	43	1892	75	3300	800	35200
12	528	44	1936	76	3344	900	39600
13	572	45	1980	77	3388	1000	44000
14	616	46	2024	78	3432	2000	88000
15	660	47	2068	79	3476	3000	132000
16	704	48	2112	80	3520	4000	176000
17	748	49	2156	81	3564	5000	220000
18	792	50	2200	82	3608	6000	264000
19	836	51	2244	83	3652	7000	308000
20	880	52	2288	84	3696	8000	352000
21	924	53	2332	85	3740	9000	396000
22	968	54	2376	86	3784	10000	440000
23	1012	55	2420	87	3828		
24	1056	56	2464	88	3872		
25	1100	57	2508	89	3916		
26	1144	58	2552	90	3960	Les 3 quarts.	3300
27	1188	59	2596	91	4004	Le demi.	2200
28	1232	60	2640	92	4048	Le quart.	1100
29	1276	61	2684	93	4092	Le huitième.	550
30	1320	62	2728	94	4136	Les 2 tiers.	2933
31	1364	63	2772	95	4180	Le tiers.	1467
32	1408	64	2816	96	4224	Le sixième.	733
33	1452	65	2860	97	4268	Le douzième.	367

8 sous 9 den. 6 dix[e].

A 45 Centimes ou à 45 Francs la Chose.

Quantité.	Montant.	Quantité.	Montant.	Quantité.	Montant.	Quantité.	Montant.
2	90	34	1530	66	2970	98	4410
3	135	35	1575	67	3015	99	4455
4	180	36	1620	68	3060	100	4500
5	225	37	1665	69	3105	200	9000
6	270	38	1710	70	3150	300	13500
7	315	39	1755	71	3195	400	18000
8	360	40	1800	72	3240	500	22500
9	405	41	1845	73	3285	600	27000
10	450	42	1890	74	3330	700	31500
11	495	43	1935	75	3375	800	36000
12	540	44	1980	76	3420	900	40500
13	585	45	2025	77	3465	1000	45000
14	630	46	2070	78	3510	2000	90000
15	675	47	2115	79	3555	3000	135000
16	720	48	2160	80	3600	4000	180000
17	765	49	2205	81	3645	5000	225000
18	810	50	2250	82	3690	6000	270000
19	855	51	2295	83	3735	7000	315000
20	900	52	2340	84	3780	8000	360000
21	945	53	2385	85	3825	9000	405000
22	990	54	2430	86	3870	10000	450000
23	1035	55	2475	87	3915		
24	1080	56	2520	88	3960		
25	1125	57	2565	89	4005		
26	1170	58	2610	90	4050		
27	1215	59	2655	91	4095		
28	1260	60	2700	92	4140		
29	1305	61	2745	93	4185		
30	1350	62	2790	94	4230		
31	1395	63	2835	95	4275		
32	1440	64	2880	96	4320		
33	1485	65	2925	97	4365		

Les 3 quarts.	3375
Le demi.	2250
Le quart.	1125
Le huitième.	562
Les 2 tiers.	3000
Le tiers.	1500
Le sixième.	750
Le douzième.	375

9 sous.

A 46 Centimes ou à 46 Francs la Chose.

Quantité.	Montant.	Quantité.	Montant.	Quantité.	Montant.	Quantité.	Montant.
2	92	34	1564	66	3036	98	4508
3	138	35	1610	67	3082	99	4554
4	184	36	1656	68	3128	100	4600
5	230	37	1702	69	3174	200	9200
6	276	38	1748	70	3220	300	13800
7	322	39	1794	71	3266	400	18400
8	368	40	1840	72	3312	500	23000
9	414	41	1886	73	3358	600	27600
10	460	42	1932	74	3404	700	32200
11	506	43	1978	75	3450	800	36800
12	552	44	2024	76	3496	900	41400
13	598	45	2070	77	3542	1000	46000
14	644	46	2116	78	3588	2000	92000
15	690	47	2162	79	3634	3000	138000
16	736	48	2208	80	3680	4000	184000
17	782	49	2254	81	3726	5000	230000
18	828	50	2300	82	3772	6000	276000
19	874	51	2346	83	3818	7000	322000
20	920	52	2392	84	3864	8000	368000
21	966	53	2438	85	3910	9000	414000
22	1012	54	2484	86	3956	10000	460000
23	1058	55	2530	87	4002		
24	1104	56	2576	88	4048		
25	1150	57	2622	89	4094		
26	1196	58	2668	90	4140		
27	1242	59	2714	91	4186		
28	1288	60	2760	92	4232		
29	1334	61	2806	93	4278		
30	1380	62	2852	94	4324		
31	1426	63	2898	95	4370		
32	1472	64	2944	96	4416		
33	1518	65	2990	97	4462		

Les 3 quarts.	3450
Le demi.	2300
Le quart.	1150
Le huitième	575
Les 2 tiers.	3067
Le tiers.	1533
Le sixième.	767
Le douzième.	383

9 sous 2 den. 4 dix^e^.

A 47 Centimes ou à 47 Francs la Chose.

Quantité.	Montant.	Quantité.	Montant.	Quantité.	Montant.	Quantité.	Montant.
2	94	34	1598	66	3102	98	4606
3	141	35	1645	67	3149	99	4653
4	188	36	1692	68	3196	100	4700
5	235	37	1739	69	3243	200	9400
6	282	38	1786	70	3290	300	14100
7	329	39	1833	71	3337	400	18800
8	376	40	1880	72	3384	500	23500
9	423	41	1927	73	3431	600	28200
10	470	42	1974	74	3478	700	32900
11	517	43	2021	75	3525	800	37600
12	564	44	2068	76	3572	900	42300
13	611	45	2115	77	3619	1000	47000
14	658	46	2162	78	3666	2000	94000
15	705	47	2209	79	3713	3000	141000
16	752	48	2256	80	3760	4000	188000
17	799	49	2303	81	3807	5000	235000
18	846	50	2350	82	3854	6000	282000
19	893	51	2397	83	3901	7000	329000
20	940	52	2444	84	3948	8000	376000
21	987	53	2491	85	3995	9000	423000
22	1034	54	2538	86	4042	10000	470000
23	1081	55	2585	87	4089		
24	1128	56	2632	88	4136		
25	1175	57	2679	89	4183		
26	1222	58	2726	90	4230		
27	1269	59	2773	91	4277		
28	1316	60	2820	92	4324		
29	1363	61	2867	93	4371		
30	1410	62	2914	94	4418		
31	1457	63	2961	95	4465		
32	1504	64	3008	96	4512		
33	1551	65	3055	97	4559		

Les 3 quarts.	3525
Le demi.	2350
Le quart.	1175
Le huitième.	587
Les 2 tiers.	3133
Le tiers.	1567
Le sixième.	783
Le douzième.	392

9 sous 4 den. 8 dix°.

A 48 Centimes ou à 48 Francs la Chose.

Quantité.	Montant.	Quantité.	Montant.	Quantité.	Montant.	Quantité.	Montant.
2	96	34	1632	66	3168	98	4704
3	144	35	1680	67	3216	99	4752
4	192	36	1728	68	3264	100	4800
5	240	37	1776	69	3312	200	9600
6	288	38	1824	70	3360	300	14400
7	336	39	1872	71	3408	400	19200
8	384	40	1920	72	3456	500	24000
9	432	41	1968	73	3504	600	28800
10	480	42	2016	74	3552	700	33600
11	528	43	2064	75	3600	800	38400
12	576	44	2112	76	3648	900	43200
13	624	45	2160	77	3696	1000	48000
14	672	46	2208	78	3744	2000	96000
15	720	47	2256	79	3792	3000	144000
16	768	48	2304	80	3840	4000	192000
17	816	49	2352	81	3888	5000	240000
18	864	50	2400	82	3936	6000	288000
19	912	51	2448	83	3984	7000	336000
20	960	52	2496	84	4032	8000	384000
21	1008	53	2544	85	4080	9000	432000
22	1056	54	2592	86	4128	10000	480000
23	1104	55	2640	87	4176		
24	1152	56	2688	88	4224		
25	1200	57	2736	89	4272		
26	1248	58	2784	90	4320		
27	1296	59	2832	91	4368		
28	1344	60	2880	92	4416		
29	1392	61	2928	93	4464		
30	1440	62	2976	94	4512		
31	1488	63	3024	95	4560		
32	1536	64	3072	96	4608		
33	1584	65	3120	97	4656		

Les 3 quarts.	3600
Le demi.	2400
Le quart.	1200
Le huitième.	600
Les 2 tiers.	3200
Le tiers.	1600
Le sixième.	800
Le douzième.	400

9 sous 7 den. 2 dix^e.

A 49 Centimes ou à 49 Francs la Chose.

Quantité.	Montant.	Quantité.	Montant.	Quantité.	Montant.	Quantité.	Montant.
2	98	34	1666	66	3234	98	4802
3	147	35	1715	67	3283	99	4851
4	196	36	1764	68	3332	100	4900
5	245	37	1813	69	3381	200	9800
6	294	38	1862	70	3430	300	14700
7	343	39	1911	71	3479	400	19600
8	392	40	1960	72	3528	500	24500
9	441	41	2009	73	3577	600	29400
10	490	42	2058	74	3626	700	34300
11	539	43	2107	75	3675	800	39200
12	588	44	2156	76	3724	900	44100
13	637	45	2205	77	3773	1000	49000
14	686	46	2254	78	3822	2000	98000
15	735	47	2303	79	3871	3000	147000
16	784	48	2352	80	3920	4000	196000
17	833	49	2401	81	3969	5000	245000
18	882	50	2450	82	4018	6000	294000
19	931	51	2499	83	4067	7000	343000
20	980	52	2548	84	4116	8000	392000
21	1029	53	2597	85	4165	9000	441000
22	1078	54	2646	86	4214	10000	490000
23	1127	55	2695	87	4263		
24	1176	56	2744	88	4312		
25	1225	57	2793	89	4361		
26	1274	58	2842	90	4410		
27	1323	59	2891	91	4459		
28	1372	60	2940	92	4508		
29	1421	61	2989	93	4557		
30	1470	62	3038	94	4606		
31	1519	63	3087	95	4655		
32	1568	64	3136	96	4704		
33	1617	65	3185	97	4753		

Les 3 quarts.	3675
Le demi.	2450
Le quart.	1225
Le huitième.	613
Les 2 tiers.	3267
Le tiers.	1633
Le sixième.	816
Le douzième.	408

9 sous 9 den. 6 dix^e^.

A 50 Centimes ou à 50 Francs la Chose.

Quantité.	Montant.	Quantité.	Montant.	Quantité.	Montant.	Quantité.	Montant.
2	100	34	1700	66	3300	98	4900
3	150	35	1750	67	3350	99	4950
4	200	36	1800	68	3400	100	5000
5	250	37	1850	69	3450	200	10000
6	300	38	1900	70	3500	300	15000
7	350	39	1950	71	3550	400	20000
8	400	40	2000	72	3600	500	25000
9	450	41	2050	73	3650	600	30000
10	500	42	2100	74	3700	700	35000
11	550	43	2150	75	3750	800	40000
12	600	44	2200	76	3800	900	45000
13	650	45	2250	77	3850	1000	50000
14	700	46	2300	78	3900	2000	100000
15	750	47	2350	79	3950	3000	150000
16	800	48	2400	80	4000	4000	200000
17	850	49	2450	81	4050	5000	250000
18	900	50	2500	82	4100	6000	300000
19	950	51	2550	83	4150	7000	350000
20	1000	52	2600	84	4200	8000	400000
21	1050	53	2650	85	4250	9000	450000
22	1100	54	2700	86	4300	10000	500000
23	1150	55	2750	87	4350		
24	1200	56	2800	88	4400		
25	1250	57	2850	89	4450		
26	1300	58	2900	90	4500		
27	1350	59	2950	91	4550		
28	1400	60	3000	92	4600		
29	1450	61	3050	93	4650		
30	1500	62	3100	94	4700		
31	1550	63	3150	95	4750		
32	1600	64	3200	96	4800		
33	1650	65	3250	97	4850		

Les 3 quarts.	3750
Le demi.	2500
Le quart.	1250
Le huitième.	625
Les 2 tiers.	3333
Le tiers.	1667
Le sixième.	833
Le douzième.	416

10 sous

A 51 Centimes ou à 51 Francs la Chose.

quantité.	Montant.	quantité.	Montant.	quantité.	Montant.	Quantité.	Montant.
2	102	34	1734	66	3366	98	4998
3	153	35	1785	67	3417	99	5049
4	204	36	1836	68	3468	100	5100
5	255	37	1887	69	3519	200	10200
6	306	38	1938	70	3570	300	15300
7	357	39	1989	71	3621	400	20400
8	408	40	2040	72	3672	500	25500
9	459	41	2091	73	3723	600	30600
10	510	42	2142	74	3774	700	35700
11	561	43	2193	75	3825	800	40800
12	612	44	2244	76	3876	900	45900
13	663	45	2295	77	3927	1000	51000
14	714	46	2346	78	3978	2000	102000
15	765	47	2397	79	4029	3000	153000
16	816	48	2448	80	4080	4000	204000
17	867	49	2499	81	4131	5000	255000
18	918	50	2550	82	4182	6000	306000
19	969	51	2601	83	4233	7000	357000
20	1020	52	2652	84	4284	8000	408000
21	1071	53	2703	85	4335	9000	459000
22	1122	54	2754	86	4386	10000	510000
23	1173	55	2805	87	4437		
24	1224	56	2856	88	4488		
25	1275	57	2907	89	4539		
26	1326	58	2958	90	4590		
27	1377	59	3009	91	4641		
28	1428	60	3060	92	4692		
29	1479	61	3111	93	4743		
30	1530	62	3162	94	4794		
31	1581	63	3213	95	4845		
32	1632	64	3264	96	4896		
33	1683	65	3315	97	4947		

Les 3 quarts.	3825
Le demi.	2550
Le quart.	1275
Le huitième.	637
Les 2 tiers.	3400
Le tiers.	1700
Le sixième.	850
Le douzième.	425

10 sous 2 den. 4 dix^e.

A 52 Centimes ou à 52 Francs la Chose.

Quantité.	Montant.	Quantité.	Montant.	Quantité.	Montant.	Quantité.	Montant.
2	104	34	1768	66	3432	98	5096
3	156	35	1820	67	3484	99	5148
4	208	36	1872	68	3536	100	5200
5	260	37	1924	69	3588	200	10400
6	312	38	1976	70	3640	300	15600
7	364	39	2028	71	3692	400	20800
8	416	40	2080	72	3744	500	26000
9	468	41	2132	73	3796	600	31200
10	520	42	2184	74	3848	700	36400
11	572	43	2236	75	3900	800	41600
12	624	44	2288	76	3952	900	46800
13	676	45	2340	77	4004	1000	52000
14	728	46	2392	78	4056	2000	104000
15	780	47	2444	79	4108	3000	156000
16	832	48	2496	80	4160	4000	208000
17	884	49	2548	81	4212	5000	260000
18	936	50	2600	82	4264	6000	312000
19	988	51	2652	83	4316	7000	364000
20	1040	52	2704	84	4368	8000	416000
21	1092	53	2756	85	4420	9000	468000
22	1144	54	2808	86	4472	10000	520000
23	1196	55	2860	87	4524		
24	1248	56	2912	88	4576		
25	1300	57	2964	89	4628		
26	1352	58	3016	90	4680		
27	1404	59	3068	91	4732		
28	1456	60	3120	92	4784		
29	1508	61	3172	93	4836		
30	1560	62	3224	94	4888		
31	1612	63	3276	95	4940		
32	1664	64	3328	96	4992		
33	1716	65	3380	97	5044		

Les 3 quarts.	3900
Le demi.	2600
Le quart.	1300
Le huitième.	650
Les 2 tiers.	3467
Le tiers.	1733
Le sixième.	867
Le douzième.	433

10 sous 4 den. 8 dix^e.

A 53 Centimes ou à 53 Francs la Chose.

Quantité.	Montant.	Quantité.	Montant.	Quantité.	Montant.	Quantité.	Montant.
2	106	34	1802	66	3498	98	5194
3	159	35	1855	67	3551	99	5247
4	212	36	1908	68	3604	100	5300
5	265	37	1961	69	3657	200	10600
6	318	38	2014	70	3710	300	15900
7	371	39	2067	71	3763	400	21200
8	424	40	2120	72	3816	500	26500
9	477	41	2173	73	3869	600	31800
10	530	42	2226	74	3922	700	37100
11	583	43	2279	75	3975	800	42400
12	636	44	2332	76	4028	900	47700
13	689	45	2385	77	4081	1000	53000
14	742	46	2438	78	4134	2000	106000
15	795	47	2491	79	4187	3000	159000
16	848	48	2544	80	4240	4000	212000
17	901	49	2597	81	4293	5000	265000
18	954	50	2650	82	4346	6000	318000
19	1007	51	2703	83	4399	7000	371000
20	1060	52	2756	84	4452	8000	424000
21	1113	53	2809	85	4505	9000	477000
22	1166	54	2862	86	4558	10000	530000
23	1219	55	2915	87	4611		
24	1272	56	2968	88	4664		
25	1325	57	3021	89	4717		
26	1378	58	3074	90	4770		
27	1431	59	3127	91	4823		
28	1484	60	3180	92	4876		
29	1537	61	3233	93	4929		
30	1590	62	3286	94	4982		
31	1643	63	3339	95	5035		
32	1696	64	3392	96	5088		
33	1749	65	3445	97	5141		

Les 3 quarts.	3975
Le demi.	2650
Le quart.	1325
Le huitième.	662
Les 2 tiers.	3533
Le tiers.	1767
Le sixième.	883
Le douzième.	442

10 sous 7 den. 2 dix^{e}.

A 54 Centimes ou à 54 Francs la Chose.

Quantité.	Montant.	Quantité.	Montant.	Quantité.	Montant.	Quantité.	Montant.
2	108	34	1836	66	3564	98	5292
3	162	35	1890	67	3618	99	5346
4	216	36	1944	68	3672	100	5400
5	270	37	1998	69	3726	200	10800
6	324	38	2052	70	3780	300	16200
7	378	39	2106	71	3834	400	21600
8	432	40	2160	72	3888	500	27000
9	486	41	2214	73	3942	600	32400
10	540	42	2268	74	3996	700	37800
11	594	43	2322	75	4050	800	43200
12	648	44	2376	76	4104	900	48600
13	702	45	2430	77	4158	1000	54000
14	756	46	2484	78	4212	2000	108000
15	810	47	2538	79	4266	3000	162000
16	864	48	2592	80	4320	4000	216000
17	918	49	2646	81	4374	5000	270000
18	972	50	2700	82	4428	6000	324000
19	1026	51	2754	83	4482	7000	378000
20	1080	52	2808	84	4536	8000	432000
21	1134	53	2862	85	4590	9000	486000
22	1188	54	2916	86	4644	10000	540000
23	1242	55	2970	87	4698		
24	1296	56	3024	88	4752		
25	1350	57	3078	89	4806		
26	1404	58	3132	90	4860		
27	1458	59	3186	91	4914		
28	1512	60	3240	92	4968		
29	1566	61	3294	93	5022		
30	1620	62	3348	94	5076		
31	1674	63	3402	95	5130		
32	1728	64	3456	96	5184		
33	1782	65	3510	97	5238		

Les 3 quarts.	4050
Le demi.	2700
Le quart.	1350
Le huitième.	675
Les 2 tiers.	3600
Le tiers.	1800
Le sixième.	900
Le douzième.	450

10 sous 9 den. 6 dix^{e}.

A 55 Centimes ou à 55 Francs la Chose.

Quantité.	Montant.	Quantité.	Montant.	Quantité.	Montant.	Quantité.	Montant.
2	110	34	1870	66	3630	98	5390
3	165	35	1925	67	3685	99	5445
4	220	36	1980	68	3740	100	5500
5	275	37	2035	69	3795	200	11000
6	330	38	2090	70	3850	300	16500
7	385	39	2145	71	3905	400	22000
8	440	40	2200	72	3960	500	27500
9	495	41	2255	73	4015	600	33000
10	550	42	2310	74	4070	700	38500
11	605	43	2365	75	4125	800	44000
12	660	44	2420	76	4180	900	49500
13	715	45	2475	77	4235	1000	55000
14	770	46	2530	78	4290	2000	110000
15	825	47	2585	79	4345	3000	165000
16	880	48	2640	80	4400	4000	220000
17	935	49	2695	81	4455	5000	275000
18	990	50	2750	82	4510	6000	330000
19	1045	51	2805	83	4565	7000	385000
20	1100	52	2860	84	4620	8000	440000
21	1155	53	2915	85	4675	9000	495000
22	1210	54	2970	86	4730	10000	550000
23	1265	55	3025	87	4785		
24	1320	56	3080	88	4840		
25	1375	57	3135	89	4895		
26	1430	58	3190	90	4950		
27	1485	59	3245	91	5005		
28	1540	60	3300	92	5060		
29	1595	61	3355	93	5115		
30	1650	62	3410	94	5170		
31	1705	63	3465	95	5225		
32	1760	64	3520	96	5280		
33	1815	65	3575	97	5335		

Les 3 quarts.	4125
Le demi.	2750
Le quart.	1375
Le huitième.	687
Les 2 tiers.	3667
Le tiers.	1833
Le sixième.	916
Le douzième.	458

11 sous.

A 56 Centimes ou à 56 Francs la Chose.

Quantité.	Montant.	Quantité.	Montant.	Quantité.	Montant.	Quantité.	Montant.
2	112	34	1904	66	3696	98	5488
3	168	35	1960	67	3752	99	5544
4	224	36	2016	68	3808	100	5600
5	280	37	2072	69	3864	200	11200
6	336	38	2128	70	3920	300	16800
7	392	39	2184	71	3976	400	22400
8	448	40	2240	72	4032	500	28000
9	504	41	2296	73	4088	600	33600
10	560	42	2352	74	4144	700	39200
11	616	43	2408	75	4200	800	44800
12	672	44	2464	76	4256	900	50400
13	728	45	2520	77	4312	1000	56000
14	784	46	2576	78	4368	2000	112000
15	840	47	2632	79	4424	3000	168000
16	896	48	2688	80	4480	4000	224000
17	952	49	2744	81	4536	5000	280000
18	1008	50	2800	82	4592	6000	336000
19	1064	51	2856	83	4648	7000	392000
20	1120	52	2912	84	4704	8000	448000
21	1176	53	2968	85	4760	9000	504000
22	1232	54	3024	86	4816	10000	560000
23	1288	55	3080	87	4872		
24	1344	56	3136	88	4928		
25	1400	57	3192	89	4984		
26	1456	58	3248	90	5040		
27	1512	59	3304	91	5096		
28	1568	60	3360	92	5152		
29	1624	61	3416	93	5208		
30	1680	62	3472	94	5264		
31	1736	63	3528	95	5320		
32	1792	64	3584	96	5376		
33	1848	65	3640	97	5432		

Les 3 quarts.	4200
Le demi.	2800
Le quart.	1400
Le huitième.	700
Les 2 tiers.	2733
Le tiers.	1867
Le sixième.	933
Le douzième.	467

11 sous 2 den. 4 dix^{e}.

A 57 Centimes ou à 57 Francs la Chose.

Quantité.	Montant.	Quantité.	Montant.	Quantité.	Montant.	Quantité.	Montant.
2	114	34	1938	66	3762	98	5586
3	171	35	1995	67	3819	99	5643
4	228	36	2052	68	3876	100	5700
5	285	37	2109	69	3933	200	11400
6	342	38	2166	70	3990	300	17100
7	399	39	2223	71	4047	400	22800
8	456	40	2280	72	4104	500	28500
9	513	41	2337	73	4161	600	34200
10	570	42	2394	74	4218	700	39900
11	627	43	2451	75	4275	800	45600
12	684	44	2508	76	4332	900	51300
13	741	45	2565	77	4389	1000	57000
14	798	46	2622	78	4446	2000	114000
15	855	47	2679	79	4503	3000	171000
16	912	48	2736	80	4560	4000	228000
17	969	49	2793	81	4617	5000	285000
18	1026	50	2850	82	4674	6000	342000
19	1083	51	2907	83	4731	7000	399000
20	1140	52	2964	84	4788	8000	456000
21	1197	53	3021	85	4845	9000	513000
22	1254	54	3078	86	4902	10000	570000
23	1311	55	3135	87	4959		
24	1368	56	3192	88	5016		
25	1425	57	3249	89	5073		
26	1482	58	3306	90	5130	Les 3 quarts.	4275
27	1539	59	3363	91	5187	Le demi.	2850
28	1596	60	3420	92	5244	Le quart.	1425
29	1653	61	3477	93	5301	Le huitième.	712
30	1710	62	3534	94	5358	Les 2 tiers.	3800
31	1767	63	3591	95	5415	Le tiers.	1900
32	1824	64	3648	96	5472	Le sixième.	950
33	1881	65	3705	97	5529	Le douzième.	475
						11 sous 4 den. 8 dix^e^.	

A 58 Centimes ou à 58 Francs la Chose.

Quantité.	Montant.	Quantité.	Montant.	Quantité.	Montant.	Quantité.	Montant.
2	116	34	1972	66	3828	98	5684
3	174	35	2030	67	3886	99	5742
4	232	36	2088	68	3944	100	5800
5	290	37	2146	69	4002	200	11600
6	348	38	2204	70	4060	300	17400
7	406	39	2262	71	4118	400	23200
8	464	40	2320	72	4176	500	29000
9	522	41	2378	73	4234	600	34800
10	580	42	2436	74	4292	700	40600
11	638	43	2494	75	4350	800	46400
12	696	44	2552	76	4408	900	52200
13	754	45	2610	77	4466	1000	58000
14	812	46	2668	78	4524	2000	116000
15	870	47	2726	79	4582	3000	174000
16	928	48	2784	80	4640	4000	232000
17	986	49	2842	81	4698	5000	290000
18	1044	50	2900	82	4756	6000	348000
19	1102	51	2958	83	4814	7000	406000
20	1160	52	3016	84	4872	8000	464000
21	1218	53	3074	85	4930	9000	522000
22	1276	54	3132	86	4988	10000	580000
23	1334	55	3190	87	5046		
24	1392	56	3248	88	5104		
25	1450	57	3306	89	5162		
26	1508	58	3364	90	5220	Les 3 quarts.	4350
27	1566	59	3422	91	5278	Le demi.	2900
28	1624	60	3480	92	5336	Le quart.	1450
29	1682	61	3538	93	5394	Le huitième.	725
30	1740	62	3596	94	5452	Les 2 tiers.	3867
31	1798	63	3654	95	5510	Le tiers.	1933
32	1856	64	3712	96	5568	Le sixième.	967
33	1914	65	3770	97	5626	Le douzième.	483

11 sous 7 den. 2 dix^e.

A 59 Centimes ou à 59 Francs la Chose.

Quantité.	Montant.	Quantité.	Montant.	Quantité.	Montant.	Quantité.	Montant.
2	118	34	2006	66	3894	98	5782
3	177	35	2065	67	3953	99	5841
4	236	36	2124	68	4012	100	5900
5	295	37	2183	69	4071	200	11800
6	354	38	2242	70	4130	300	17700
7	413	39	2301	71	4189	400	23600
8	472	40	2360	72	4248	500	29500
9	531	41	2419	73	4307	600	35400
10	590	42	2478	74	4366	700	41300
11	649	43	2537	75	4425	800	47200
12	708	44	2596	76	4484	900	53100
13	767	45	2655	77	4543	1000	59000
14	826	46	2714	78	4602	2000	118000
15	885	47	2773	79	4661	3000	177000
16	944	48	2832	80	4720	4000	236000
17	1003	49	2891	81	4779	5000	295000
18	1062	50	2950	82	4838	6000	354000
19	1121	51	3009	83	4897	7000	413000
20	1180	52	3068	84	4956	8000	472002
21	1239	53	3127	85	5015	9000	531000
22	1298	54	3186	86	5074	10000	590000
23	1357	55	3245	87	5133		
24	1416	56	3304	88	5192		
25	1475	57	3363	89	5251		
26	1534	58	3422	90	5310		
27	1593	59	3481	91	5369		
28	1652	60	3540	92	5428		
29	1711	61	3599	93	5487		
30	1770	62	3658	94	5546		
31	1829	63	3717	95	5605		
32	1888	64	3776	96	5664		
33	1947	65	3835	97	5723		

Les 3 quarts.	4425
Le demi.	2950
Le quart.	1475
Le huitième.	737
Les 2 tiers.	3933
Le tiers.	1967
Le sixième.	983
Le douzième.	491

11 sous 9 den. 6 dix^e.

A 60 Centimes ou à 60 Francs la Chose.

Quantité.	Montant.	Quantité.	Montant.	Quantité.	Montant.	Quantité.	Montant.
2	120	34	2040	66	3960	98	5880
3	180	35	2100	67	4020	99	5940
4	240	36	2160	68	4080	100	6000
5	300	37	2220	69	4140	200	12000
6	360	38	2280	70	4200	300	18000
7	420	39	2340	71	4260	400	24000
8	480	40	2400	72	4320	500	30000
9	540	41	2460.	73	4380	600	36000
10	600	42	2520	74	4440	700	42000
11	660	43	2580	75	4500	800	48000
12	720	44	2640	76	4560	900	54000
13	780	45	2700	77	4620	1000	60000
14	840	46	2760	78	4680	2000	120000
15	900	47	2820	79	4740	3000	180000
16	960	48	2880	80	4800	4000	240000
17	1020	49	2940	81	4860	5000	300000
18	1080	50	3000	82	4920	6000	360000
19	1140	51	3060	83	4980	7000	420000
20	1200	52	3120	84	5040	8000	480000
21	1260	53	3180	85	5100	9000	540000
22	1320	54	3240	86	5160	10000	600000
23	1380	55	3300	87	5220		
24	1440	56	3360	88	5280		
25	1500	57	3420	89	5340		
26	1560	58	3480	90	5400		
27	1620	59	3540	91	5460		
28	1680	60	3600	92	5520		
29	1740	61	3660	93	5580		
30	1800	62	3720	94	5640		
31	1860	63	3780	95	5700		
32	1920	64	3840	96	5760		
33	1980	65	3900	97	5820		

Les 3 quarts.	4500
Le demi.	3000
Le quart.	1500
Le huitième.	750
Les 2 tiers.	4000
Le tiers.	2000
Le sixième.	1000
Le douzième.	500

12 sous.

A 61 Centimes ou à 61 Francs la Chose.

Quantité.	Montant.	Quantité.	Montant.	Quantité.	Montant.	Quantité.	Montant.
2	122	34	2074	66	4026	98	5978
3	183	35	2135	67	4087	99	6039
4	244	36	2196	68	4148	100	6100
5	305	37	2257	69	4209	200	12200
6	366	38	2318	70	4270	300	18300
7	427	39	2379	71	4331	400	24400
8	488	40	2440	72	4392	500	30500
9	549	41	2501	73	4453	600	36600
10	610	42	2562	74	4514	700	42700
11	671	43	2623	75	4575	800	48800
12	732	44	2684	76	4636	900	54900
13	793	45	2745	77	4697	1000	61000
14	854	46	2806	78	4758	2000	122000
15	915	47	2867	79	4819	3000	183000
16	976	48	2928	80	4880	4000	244000
17	1037	49	2989	81	4941	5000	305000
18	1098	50	3050	82	5002	6000	366000
19	1159	51	3111	83	5063	7000	427000
20	1220	52	3172	84	5124	8000	488000
21	1281	53	3233	85	5185	9000	549000
22	1342	54	3294	86	5246	10000	610000
23	1403	55	3355	87	5307		
24	1464	56	3416	88	5368		
25	1525	57	3477	89	5429		
26	1586	58	3538	90	5490		
27	1647	59	3599	91	5551		
28	1708	60	3660	92	5612		
29	1769	61	3721	93	5673		
30	1830	62	3782	94	5734		
31	1891	63	3843	95	5795		
32	1952	64	3904	96	5856		
33	2013	65	3965	97	5917		

Les 3 quarts.	4575
Le demi.	3050
Le quart.	1525
Le huitième.	763
Les 2 tiers.	4067
Le tiers.	2033
Le sixième.	1016
Le douzième.	508

12 sous 2 den. 4 dix^{e}.

A 62 Centimes ou à 62 Francs la Chose.

Quantité.	Montant.	Quantité.	Montant.	Quantité.	Montant.	Quantité.	Montant.
2	124	34	2108	66	4092	98	6076
3	186	35	2170	67	4154	99	6138
4	248	36	2232	68	4216	100	6200
5	310	37	2294	69	4278	200	12400
6	372	38	2356	70	4340	300	18600
7	434	39	2418	71	4402	400	24800
8	496	40	2480	72	4464	500	31000
9	558	41	2542	73	4526	600	37200
10	620	42	2604	74	4588	700	43400
11	682	43	2666	75	4650	800	49600
12	744	44	2728	76	4712	900	55800
13	806	45	2790	77	4774	1000	62000
14	868	46	2852	78	4836	2000	124000
15	930	47	2914	79	4898	3000	186000
16	992	48	2976	80	4960	4000	248000
17	1054	49	3038	81	5022	5000	310000
18	1116	50	3100	82	5084	6000	372000
19	1178	51	3162	83	5146	7000	434000
20	1240	52	3224	84	5208	8000	496000
21	1302	53	2286	85	5270	9000	558000
22	1364	54	3348	86	5332	10000	620000
23	1426	55	3410	87	5394		
24	1488	56	3472	88	5456		
25	1550	57	3534	89	5518		
26	1612	58	3596	90	5580		
27	1674	59	3658	91	5642		
28	1736	60	3720	92	5704		
29	1798	61	3782	93	5766		
30	1860	62	3844	94	5828		
31	1922	63	3906	95	5890		
32	1984	64	3968	96	5952		
33	2046	65	4030	97	6014		

Les 3 quarts.	4650
Le demi.	3100
Le quart.	1550
Le huitième.	775
Les 2 tiers.	4133
Le tiers.	2067
Le sixième.	1033
Le douzième.	516

12 sous 4 den. 8 dix^e.

A 63 Centimes ou à 63 Francs la Chose.

Quantité.	Montant.	Quantité.	Montant.	Quantité.	Montant.	Quantité.	Montant.
2	126	34	2142	66	4158	98	6174
3	189	35	2205	67	4221	99	6237
4	252	36	2268	68	4284	100	6300
5	315	37	2331	69	4347	200	12600
6	378	38	2394	70	4410	300	18900
7	441	39	2457	71	4473	400	25200
8	504	40	2520	72	4536	500	31500
9	567	41	2583	73	4599	600	37800
10	630	42	2646	74	4662	700	44100
11	693	43	2709	75	4725	800	50400
12	756	44	2772	76	4788	900	56700
13	819	45	2835	77	4851	1000	63000
14	882	46	2898	78	4914	2000	126000
15	945	47	2961	79	4977	3000	189000
16	1008	48	3024	80	5040	4000	252000
17	1071	49	3087	81	5103	5000	315000
18	1134	50	3150	82	5166	6000	378000
19	1197	51	3213	83	5229	7000	441000
20	1260	52	3276	84	5292	8000	504000
21	1323	53	3339	85	5355	9000	567000
22	1386	54	3402	86	5418	10000	630000
23	1449	55	3465	87	5481		
24	1512	56	3528	88	5544		
25	1575	57	3591	89	5607		
26	1638	58	3654	90	5670		
27	1701	59	3717	91	5733		
28	1764	60	3780	92	5796		
29	1827	61	3843	93	5859		
30	1890	62	3906	94	5922		
31	1953	63	3969	95	5985		
32	2016	64	4032	96	6048		
33	2079	65	4095	97	6111		

Les 3 quarts.	4725
Le demi.	3150
Le quart.	1575
Le huitième.	787
Les 2 tiers.	4200
Le tiers.	2100
Le sixième.	1050
Le douzième.	525

12 sous 7 den. 2 dix^e.

A 64 Centimes ou à 64 Francs la Chose.

Quantité.	Montant.	Quantité.	Montant.	Quantité.	Montant.	Quantité.	Montant.
2	128	34	2176	66	4224	98	6272
3	192	35	2240	67	4288	99	6336
4	256	36	2304	68	4352	100	6400
5	320	37	2368	69	4416	200	12800
6	384	38	2432	70	4480	300	19200
7	448	39	2496	71	4544	400	25600
8	512	40	2560	72	4608	500	32000
9	576	41	2624	73	4672	600	38400
10	640	42	2688	74	4736	700	44800
11	704	43	2752	75	4800	800	51200
12	768	44	2816	76	4864	900	57600
13	832	45	2880	77	4928	1000	64000
14	896	46	2944	78	4992	2000	128000
15	960	47	3008	79	5056	3000	192000
16	1024	48	3072	80	5120	4000	256000
17	1088	49	3136	81	5184	5000	320000
18	1152	50	3200	82	5248	6000	384000
19	1216	51	3264	83	5312	7000	448000
20	1280	52	3328	84	5376	8000	512000
21	1344	53	3392	85	5440	9000	576000
22	1408	54	3456	86	5504	10000	640000
23	1472	55	3520	87	5568		
24	1536	56	3584	88	5632		
25	1600	57	3648	89	5696		
26	1664	58	3712	90	5760		
27	1728	59	3776	91	5824		
28	1792	60	3840	92	5888		
29	1856	61	3904	93	5952		
30	1920	62	3968	94	6016		
31	1984	63	4032	95	6080		
32	2048	64	4096	96	6144		
33	2112	65	4160	97	6208		

Les 3 quarts.	4800
Le demi.	3200
Le quart.	1600
Le huitième.	800
Les 2 tiers.	4267
Le tiers.	2133
Le sixième.	1067
Le douzième.	533

12 sous 9 den. 6 dix^e.

A 65 Centimes ou à 65 Francs la Chose.

Quantité.	Montant.	Quantité.	Montant.	Quantité.	Montant.	Quantité.	Montant.
2	130	34	2210	66	4290	98	6370
3	195	35	2275	67	4355	99	6435
4	260	36	2340	68	4420	100	6500
5	325	37	2405	69	4485	200	13000
6	390	38	2470	70	4550	300	19500
7	455	39	2535	71	4615	400	26000
8	520	40	2600	72	4680	500	32500
9	585	41	2665	73	4745	600	39000
10	650	42	2730	74	4810	700	45500
11	715	43	2795	75	4875	800	52000
12	780	44	2860	76	4940	900	58500
13	845	45	2925	77	5005	1000	65000
14	910	46	2990	78	5070	2000	130000
15	975	47	3055	79	5135	3000	195000
16	1040	48	3120	80	5200	4000	260000
17	1105	49	3185	81	5265	5000	325000
18	1170	50	3250	82	5330	6000	390000
19	1235	51	3315	83	5395	7000	455000
20	1300	52	3380	84	5460	8000	520000
21	1365	53	3445	85	5525	9000	585000
22	14[illegible]	54	3510	86	5590	10000	650000
23	1495	55	3575	87	5655		
24	1560	56	3640	88	5720		
25	1625	57	3705	89	5785		
26	1690	58	3770	90	5850	Les 3 quarts.	4875
27	1755	59	3835	91	5915	Le demi.	3250
28	1820	60	3900	92	5980	Le quart.	1625
29	1885	61	3965	93	6045	Le huitième.	812
30	1950	62	4030	94	6110	Les 2 tiers.	4333
31	2015	63	4095	95	6175	Le tiers.	2167
32	2080	64	4160	96	6240	Le sixième.	1084
33	2145	65	4225	97	6305	Le douzième.	542

13 sous.

A 66 Centimes ou à 66 Francs la Chose.

Quantité.	Montant.	Quantité.	Montant.	Quantité.	Montant.	Quantité.	Montant.
2	132	34	2244	66	4356	98	6468
3	198	35	2310	67	4422	99	6534
4	264	36	2376	68	4488	100	6600
5	330	37	2442	69	4554	200	13200
6	396	38	2508	70	4620	300	19800
7	462	39	2574	71	4686	400	26400
8	528	40	2640	72	4752	500	33000
9	594	41	2706	73	4818	600	39600
10	660	42	2772	74	4884	700	46200
11	726	43	2838	75	4950	800	52800
12	792	44	2904	76	5016	900	59400
13	858	45	2970	77	5082	1000	66000
14	924	46	3036	78	5148	2000	132000
15	990	47	3102	79	5214	3000	198000
16	1056	48	3168	80	5280	4000	264000
17	1122	49	3234	81	5346	5000	330000
18	1188	50	3300	82	5412	6000	396000
19	1254	51	3366	83	5478	7000	462000
20	1320	52	3432	84	5544	8000	528000
21	1386	53	3498	85	5610	9000	594000
22	1452	54	3564	86	5676	10000	660000
23	1518	55	3630	87	5742		
24	1584	56	3696	88	5808		
25	1650	57	3762	89	5874		
26	1716	58	3828	90	5940		
27	1782	59	3894	91	6006		
28	1848	60	3960	92	6072		
29	1914	61	4026	93	6138		
30	1980	62	4092	94	6204		
31	2046	63	4158	95	6270		
32	2112	64	4224	96	6336		
33	2178	65	4290	97	6402		

Les 3 quarts.	4950
Le demi.	3300
Le quart.	1650
Le huitième.	825
Les 2 tiers.	4400
Le tiers.	2200
Le sixième.	1100
Le douzième.	550

13 sous 2 den. 4 dix^{e}.

A 67 Centimes ou à 67 Francs la Chose.

Quantité.	Montant.	Quantité.	Montant.	Quantité.	Montant.	Quantité.	Montant.
2	134	34	2278	66	4422	98	6566
3	201	35	2345	67	4489	99	6633
4	268	36	2412	68	4556	100	6700
5	335	37	2479	69	4623	200	13400
6	402	38	2546	70	4690	300	20100
7	469	39	2613	71	4757	400	26800
8	536	40	2680	72	4824	500	33500
9	603	41	2747	73	4891	600	40200
10	670	42	2814	74	4958	700	46900
11	737	43	2881	75	5025	800	53600
12	804	44	2948	76	5092	900	60300
13	871	45	3015	77	5159	1000	67000
14	938	46	3082	78	5226	2000	134000
15	1005	47	3149	79	5293	3000	201000
16	1072	48	3216	80	5360	4000	268000
17	1139	49	3283	81	5427	5000	335000
18	1206	50	3350	82	5494	6000	402000
19	1273	51	3417	83	5561	7000	469000
20	1340	52	3484	84	5628	8000	536000
21	1407	53	3551	85	5695	9000	603000
22	1474	54	3618	86	5762	10000	670000
23	1541	55	3685	87	5829		
24	1608	56	3752	88	5896		
25	1675	57	3819	89	5963		
26	1742	58	3886	90	6030		
27	1809	59	3953	91	6097		
28	1876	60	4020	92	6164		
29	1943	61	4087	93	6231		
30	2010	62	4154	94	6298		
31	2077	63	4221	95	6365		
32	2144	64	4288	96	6432		
33	2211	65	4355	97	6499		

Les 3 quarts.	5025
Le demi.	3350
Le quart.	1675
Le huitième.	837
Les 2 tiers.	4467
Le tiers.	2233
Le sixième.	1116
Le douzième.	558

13 sous 4 den. 8 dix^{e}.

A 68 Centimes ou à 68 Francs la Chose.

Quantité.	Montant.	Quantité.	Montant.	Quantité.	Montant.	Quantité.	Montant.
2	136	34	2312	66	4488	98	6664
3	204	35	2380	67	4556	99	6732
4	272	36	2448	68	4624	100	6800
5	340	37	2516	69	4692	200	13600
6	408	38	2584	70	4760	300	20400
7	476	39	2652	71	4828	400	27200
8	544	40	2720	72	4896	500	34000
9	612	41	2788	73	4964	600	40800
10	680	42	2856	74	5032	700	47600
11	748	43	2924	75	5100	800	54400
12	816	44	2992	76	5168	900	61200
13	884	45	3060	77	5236	1000	68000
14	952	46	3128	78	5304	2000	136000
15	1020	47	3196	79	5372	3000	204000
16	1088	48	3264	80	5440	4000	272000
17	1156	49	3332	81	5508	5000	340000
18	1224	50	3400	82	5576	6000	408000
19	1292	51	3468	83	5644	7000	476000
20	1360	52	3536	84	5712	8000	544000
21	1428	53	3604	85	5780	9000	612000
22	1496	54	3672	86	5848	10000	680000
23	1564	55	3740	87	5916		
24	1632	56	3808	88	5984		
25	1700	57	3876	89	6052		
26	1768	58	3944	90	6120		
27	1836	59	4012	91	6188		
28	1904	60	4080	92	6256		
29	1972	61	4148	93	6324		
30	2040	62	4216	94	6392		
31	2108	63	4284	95	6460		
32	2176	64	4352	96	6528		
33	2244	65	4420	97	6596		

Les 3 quarts.	5100
Le demi.	3400
Le quart.	1700
Le huitième.	850
Les 2 tiers.	4533
Le tiers.	2266
Le sixième.	1133
Le douzième.	566

13 sous 7 den. 2 dix^e.

A 69 Centimes ou à 69 Francs la Chose.

Quantité.	Montant.	Quantité.	Montant.	Quantité.	Montant.	Quantité.	Montant.
2	138	34	2346	66	4554	98	6762
3	207	35	2415	67	4623	99	6831
4	276	36	2484	68	4692	100	6900
5	345	37	2553	69	4761	200	13800
6	414	38	2622	70	4830	300	20700
7	483	39	2691	71	4899	400	27600
8	552	40	2760	72	4968	500	34500
9	621	41	2829	73	5037	600	41400
10	690	42	2898	74	5106	700	48300
11	759	43	2967	75	5175	800	55200
12	828	44	3036	76	5244	900	62100
13	897	45	3105	77	5313	1000	69000
14	966	46	3174	78	5382	2000	138000
15	1035	47	3243	79	5451	3000	207000
16	1104	48	3312	80	5520	4000	276000
17	1173	49	3381	81	5589	5000	345000
18	1242	50	3450	82	5658	6000	414000
19	1311	51	3519	83	5727	7000	483000
20	1380	52	3588	84	5796	8000	552000
21	1449	53	3567	85	5865	9000	621000
22	1518	54	3726	86	5934	10000	690000
23	1587	55	3795	87	6003		
24	1656	56	3864	88	6072		
25	1725	57	3933	89	6141		
26	1794	58	4002	90	6210		
27	1863	59	4071	91	6279		
28	1932	60	4140	92	6348		
29	2001	61	4209	93	6417		
30	2070	62	4278	94	6486		
31	2139	63	4347	95	6555		
32	2208	64	4416	96	6624		
33	2277	65	4485	97	6693		

Les 3 quarts. 5175
Le demi. 3450
Le quart. 1725
Le huitième. 862
Les 2 tiers. 4600
Le tiers. 2300
Le sixième. 1150
Le douzième. 575

13 sous 9 den. 6 dix^e.

A 7o Centimes ou à 70 Francs la Chose.

Quantité.	Montant.	Quantité.	Montant.	Quantité.	Montant.	Quantité.	Montant.
2	140	34	2380	66	4620	98	6860
3	210	35	2450	67	4690	99	6930
4	280	36	2520	68	4760	100	7000
5	350	37	2590	69	4830	200	14000
6	420	38	2660	70	4900	300	21000
7	490	39	2730	71	4970	400	28000
8	560	40	2800	72	5040	500	35000
9	630	41	2870	73	5110	600	42000
10	700	42	2940	74	5180	700	49000
11	770	43	3010	75	5250	800	56000
12	840	44	3080	76	5320	900	63000
13	910	45	3150	77	5390	1000	70000
14	980	46	3220	78	5460	2000	140000
15	1050	47	3290	79	5530	3000	210000
16	1120	48	3360	80	5600	4000	280000
17	1190	49	3430	81	5670	5000	350000
18	1260	50	3500	82	5740	6000	420000
19	1330	51	3570	83	5810	7000	490000
20	1400	52	3640	84	5880	8000	560000
21	1470	53	3710	85	5950	9000	630000
22	1540	54	3780	86	6020	10000	700000
23	1610	55	3850	87	6090		
24	1680	56	3920	88	6160		
25	1750	57	3990	89	6230		
26	1820	58	4060	90	6300	Les 3 quarts.	5250
27	1890	59	4130	91	6370	Le demi.	3500
28	1960	60	4200	92	6440	Le quart.	1750
29	2030	61	4270	93	6510	Le huitième.	875
30	2100	62	4340	94	6580	Les 2 tiers.	4667
31	2170	63	4410	95	6650	Le tiers.	2333
32	2240	64	4480	96	6720	Le sixième.	1167
33	2310	65	4550	97	6790	Le douzième.	584

14 sous.

A 71 Centimes ou à 71 Francs la Chose.

Quantité.	Montant.	Quantité.	Montant.	Quantité.	Montant.	Quantité.	Montant.
2	142	34	2414	66	4686	98	6958
3	213	35	2485	67	4757	99	7029
4	284	36	2556	68	4828	100	7100
5	355	37	2627	69	4899	200	14200
6	426	38	2698	70	4970	300	21300
7	497	39	2769	71	5041	400	28400
8	568	40	2840	72	5112	500	35500
9	639	41	2911	73	5183	600	42600
10	710	42	2982	74	5254	700	49700
11	781	43	3053	75	5325	800	56800
12	852	44	3124	76	5396	900	63900
13	923	45	3195	77	5467	1000	71000
14	994	46	3266	78	5538	2000	142000
15	1065	47	3337	79	5609	3000	213000
16	1136	48	3408	80	5680	4000	284000
17	1207	49	3479	81	5751	5000	355000
18	1278	50	3550	82	5822	6000	426000
19	1349	51	3621	83	5893	7000	497000
20	1420	52	3692	84	5964	8000	568000
21	1491	53	3763	85	6035	9000	639000
22	1562	54	3834	86	6106	10000	710000
23	1633	55	3905	87	6177		
24	1704	56	3976	88	6248		
25	1775	57	4047	89	6319		
26	1846	58	4118	90	6390		
27	1917	59	4189	91	6461		
28	1988	60	4260	92	6532		
29	2059	61	4331	93	6603		
30	2130	62	4402	94	6674		
31	2201	63	4473	95	6745		
32	2272	64	4544	96	6816		
33	2343	65	4615	97	6887		

Les 3 quarts.	5325
Le demi.	3550
Le quart.	1775
Le huitième	887
Les 2 tiers.	4733
Le tiers.	2367
Le sixième.	1184
Le douzième.	592

14 sous 2 den. 4 dix^e.

A 72 Centimes ou à 72 Francs la Chose.

Quantité.	Montant.	Quantité.	Montant.	Quantité.	Montant.	Quantité.	Montant.
2	144	34	2448	66	4752	98	7056
3	216	35	2520	67	4824	99	7128
4	288	36	2592	68	4896	100	7200
5	360	37	2664	69	4968	200	14400
6	432	38	2736	70	5040	300	21600
7	504	39	2808	71	5112	400	28800
8	576	40	2880	72	5184	500	36000
9	648	41	2952	73	5256	600	43200
10	720	42	3024	74	5328	700	50400
11	792	43	3096	75	5400	800	57600
12	864	44	3168	76	5472	900	64800
13	936	45	3240	77	5544	1000	72000
14	1008	46	3312	78	5616	2000	144000
15	1080	47	3384	79	5688	3000	216000
16	1152	48	3456	80	5760	4000	288000
17	1224	49	3528	81	5832	5000	360000
18	1296	50	3600	82	5904	6000	432000
19	1368	51	3672	83	5976	7000	504000
20	1440	52	3744	84	6048	8000	576000
21	1512	53	3816	85	6120	9000	648000
22	1584	54	3888	86	6192	10000	720000
23	1656	55	3960	87	6264		
24	1728	56	4032	88	6336		
25	1800	57	4104	89	6408		
26	1872	58	4176	90	6480		
27	1944	59	4248	91	6552		
28	2016	60	4320	92	6624		
29	2088	61	4392	93	6696		
30	2160	62	4464	94	6768		
31	2232	63	4536	95	6840		
32	2304	64	4608	96	6912		
33	2376	65	4680	97	6984		

Les 3 quarts.	5400
Le demi.	3600
Le quart.	1800
Le huitième.	900
Les 2 tiers.	4800
Le tiers.	2400
Le sixième.	1200
Le douzième.	600

14 sous 4 den. 8 dix^{e}.

A 73 Centimes ou à 73 Francs la Chose.

Quantité.	Montant.	Quantité.	Montant.	Quantité.	Montant.	Quantité.	Montant.
2	146	34	2482	66	4818	98	7154
3	219	35	2555	67	4891	99	7227
4	292	36	2628	68	4964	100	7300
5	365	37	2701	69	5037	200	14600
6	438	38	2774	70	5110	300	21900
7	511	39	2847	71	5183	400	29200
8	584	40	2920	72	5256	500	36500
9	657	41	2993	73	5329	600	43800
10	730	42	3066	74	5402	700	51100
11	803	43	3139	75	5475	800	58400
12	876	44	3212	76	5548	900	65700
13	949	45	3285	77	5621	1000	73000
14	1022	46	3358	78	5694	2000	146000
15	1095	47	3431	79	5767	3000	219000
16	1168	48	3504	80	5840	4000	292000
17	1241	49	3577	81	5913	5000	365000
18	1314	50	3650	82	5986	6000	438000
19	1387	51	3723	83	6059	7000	511000
20	1460	52	3796	84	6132	8000	584000
21	1533	53	3869	85	6205	9000	657000
22	1606	54	3942	86	6278	10000	730000
23	1679	55	4015	87	6351		
24	1752	56	4088	88	6424		
25	1825	57	4161	89	6497		
26	1898	58	4234	90	6570		
27	1971	59	4307	91	6643		
28	2044	60	4380	92	6716		
29	2117	61	4453	93	6789		
30	2190	62	4526	94	6862		
31	2263	63	4599	95	6935		
32	2336	64	4672	96	7008		
33	2409	65	4745	97	7081		

Les 3 quarts. 5470
Le demi. 3650
Le quart. 1825
Le huitième. 912
Les 2 tiers. 4867
Le tiers. 2433
Le sixième. 1216
Le douzième. 608

14 sous 7 den. 2 dix^{e}.

A 74 Centimes ou à 74 Francs la Chose.

Quantité.	Montant.	Quantité.	Montant.	Quantité.	Montant.	Quantité.	Montant.
2	148	34	2516	66	4884	98	7252
3	222	35	2590	67	4958	99	7326
4	296	36	2664	68	5032	100	7400
5	370	37	2738	69	5106	200	14800
6	444	38	2812	70	5180	300	22200
7	518	39	2886	71	5254	400	29600
8	592	40	2960	72	5328	500	37000
9	666	41	3034	73	5402	600	44400
10	740	42	3108	74	5476	700	51800
11	814	43	3182	75	5550	800	59200
12	888	44	3256	76	5624	900	66600
13	962	45	3330	77	5698	1000	74000
14	1036	46	3404	78	5772	2000	148000
15	1110	47	3478	79	5846	3000	222000
16	1184	48	3552	80	5920	4000	296000
17	1258	49	3626	81	5994	5000	370000
18	1332	50	3700	82	6068	6000	444000
19	1406	51	3774	83	6142	7000	518000
20	1480	52	3848	84	6216	8000	592000
21	1554	53	3922	85	6290	9000	666000
22	1628	54	3996	86	6364	10000	740000
23	1702	55	4070	87	6438		
24	1776	56	4144	88	6512		
25	1850	57	4218	89	6586		
26	1924	58	4292	90	6660	Les 3 quarts.	5550
27	1998	59	4366	91	6734	Le demi.	3700
28	2072	60	4440	92	6808	Le quart.	1850
29	2146	61	4514	93	6882	Le huitième.	925
30	2220	62	4588	94	6956	Les 2 tiers.	4933
31	2294	63	4662	95	7030	Le tiers.	2467
32	2368	64	4736	96	7104	Le sixième.	1233
33	2442	65	4810	97	7178	Le douzième.	616

14 sous 9 den. 6 dix^e.

A 75 Centimes ou à 75 Francs la Chose.

Quantité.	Montant.	Quantité.	Montant.	Quantité.	Montant.	Quantité.	Montant.
2	150	34	2550	66	4950	98	7350
3	225	35	2625	67	5025	99	7425
4	300	36	2700	68	5100	100	7500
5	375	37	2775	69	5175	200	15000
6	450	38	2850	70	5250	300	22500
7	525	39	2925	71	5325	400	30000
8	600	40	3000	72	5400	500	37500
9	675	41	3075	73	5475	600	45000
10	750	42	3150	74	5550	700	52500
11	825	43	3225	75	5625	800	60000
12	900	44	3300	76	5700	900	67500
13	975	45	3375	77	5775	1000	75000
14	1050	46	3450	78	5850	2000	150000
15	1125	47	3525	79	5925	3000	225000
16	1200	48	3600	80	6000	4000	300000
17	1275	49	3675	81	6075	5000	375000
18	1350	50	3750	82	6150	6000	450000
19	1425	51	3825	83	6225	7000	525000
20	1500	52	3900	84	6300	8000	600000
21	1575	53	3975	85	6375	9000	675000
22	1650	54	4050	86	6450	10000	750000
23	1725	55	4125	87	6525		
24	1800	56	4200	88	6600		
25	1875	57	4275	89	6675		
26	1950	58	4350	90	6750		
27	2025	59	4425	91	6825		
28	2100	60	4500	92	6900		
29	2175	61	4575	93	6975		
30	2250	62	4650	94	7050		
31	2325	63	4725	95	7125		
32	2400	64	4800	96	7200		
33	2475	65	4875	97	7275		

Les 3 quarts.	5625
Le demi.	3750
Le quart.	1875
Le huitième.	0937
Les 2 tiers.	5000
Le tiers.	2500
Le sixième.	1250
Le douzième.	0625

15 sous.

A 76 Centimes ou à 76 Francs la Chose.

Quantité.	Montant.	Quantité.	Montant.	Quantité.	Montant.	Quantité.	Montant.
2	152	34	2584	66	5016	98	7448
3	228	35	2660	67	5092	99	7524
4	304	36	2736	68	5168	100	7600
5	380	37	2812	69	5244	200	15200
6	456	38	2888	70	5320	300	22800
7	532	39	2964	71	4396	400	30400
8	608	40	3040	72	5472	500	38000
9	684	41	3116	73	5548	600	45600
10	760	42	3192	74	5624	700	53200
11	836	43	3268	75	5700	800	60800
12	912	44	3344	76	5776	900	68400
13	988	45	3420	77	5852	1000	76000
14	1064	46	3496	78	5928	2000	152000
15	1140	47	3572	79	6004	3000	228000
16	1216	48	3648	80	6080	4000	304000
17	1292	49	3724	81	6156	5000	380000
18	1368	50	3800	82	6232	6000	456000
19	1444	51	3876	83	6308	7000	532000
20	1520	52	3952	84	6384	8000	608000
21	1596	53	4028	85	6460	9000	684000
22	1672	54	4104	86	6536	10000	760000
23	1748	55	4180	87	6612		
24	1824	56	4256	88	6688		
25	1900	57	4332	89	6764		
26	1976	58	4408	90	6840		
27	2052	59	4484	91	6916		
28	2128	60	4560	92	6992		
29	2204	61	4636	93	7068		
30	1280	62	4712	94	7144		
31	2356	63	4788	95	7220		
32	2432	64	4864	96	7296		
33	2508	65	4940	97	7372		

Les 3 quarts.	5700
Le demi.	3800
Le quart.	1900
Le huitième.	950
Les 2 tiers.	5067
Le tiers.	2533
Le sixième.	1267
Le douzième.	633

15 sous 2 den. 4 dix^{e}.

A 77 Centimes ou à 77 Francs la Chose.

Quantité.	Montant.	Quantité.	Montant.	Quantité.	Montant.	Quantité.	Montant.
2	154	34	2618	66	5082	98	7546
3	231	35	2695	67	5159	99	7623
4	308	36	2772	68	5236	100	7700
5	385	37	2849	69	5313	200	15400
6	462	38	2926	70	5390	300	23100
7	539	39	3003	71	5467	400	30800
8	616	40	3080	72	5544	500	38500
9	693	41	3157	73	5621	600	46200
10	770	42	3234	74	5698	700	53900
11	847	43	3311	75	5775	800	61600
12	924	44	3388	76	5852	900	69300
13	1001	45	3465	77	5929	1000	77000
14	1078	46	3542	78	6006	2000	154000
15	1155	47	3619	79	6083	3000	231000
16	1232	48	3696	80	6160	4000	308000
17	1309	49	3773	81	6237	5000	385000
18	1386	50	3850	82	6314	6000	462000
19	1463	51	3927	83	6391	7000	539000
20	1540	52	4004	84	6468	8000	616000
21	1617	53	4081	85	6545	9000	693000
22	1694	54	4158	86	6622	10000	770000
23	1771	55	4235	87	6699		
24	1848	56	4312	88	6776		
25	1925	57	4389	89	6853		
26	2002	58	4466	90	6930		
27	2079	59	4543	91	7007		
28	2156	60	4620	92	7084		
29	2233	61	4697	93	7161		
30	2310	62	4774	94	7238		
31	2387	63	4851	95	7315		
32	2464	64	4928	96	7392		
33	2541	65	5005	97	7469		

Les 3 quarts.	5775
Le demi.	3850
Le quart.	1925
Le huitième.	962
Les 2 tiers.	5133
Le tiers.	2567
Le sixième.	1284
Le douzième.	642

15 sous 4 den. 8 dix^{e}.

A 78 Centimes ou à 78 Francs la Chose.

Quantité.	Montant.	Quantité.	Montant.	Quantité.	Montant.	Quantité.	Montant.
2	156	34	2652	66	5148	98	7644
3	234	35	2730	67	5226	99	7722
4	212	36	2808	68	5304	100	7800
5	390	37	2886	69	5382	200	15600
6	468	38	2964	70	5460	300	23400
7	546	39	3042	71	5538	400	31200
8	624	40	3120	72	5616	500	39000
9	702	41	3198	73	5694	600	46800
10	780	42	3276	74	5772	700	54600
11	858	43	3354	75	5850	800	62400
12	936	44	3432	76	5928	900	70200
13	1014	45	3510	77	6006	1000	78000
14	1092	46	3588	78	6084	2000	156000
15	1170	47	3666	79	6162	3000	234000
16	1248	48	3744	80	6240	4000	312000
17	1326	49	3822	81	6318	5000	390000
18	1404	50	3900	82	6396	6000	468000
19	1482	51	3978	83	6474	7000	546000
20	1560	52	4056	84	6552	8000	624000
21	1638	53	4134	85	6630	9000	702000
22	1716	54	4212	86	6708	10000	780000
23	1794	55	4290	87	6786		
24	1872	56	4368	88	6864		
25	1950	57	4446	89	6942	Les 3 quarts.	5800
26	2028	58	4524	90	7020	Le demi.	3900
27	2106	59	4602	91	7098	Le quart.	1950
28	2184	60	4680	92	7176	Le huitième.	975
29	2262	61	4758	93	7254	Les 2 tiers.	5200
30	2340	62	4836	94	7332	Le tiers.	2600
31	2418	63	4914	95	7410	Le sixième.	1300
32	2490	64	4992	96	7488	Le douzième.	650
33	2574	65	5070	97	7566	15 sous 7 den. 2 dix^e.	

A 79 Centimes ou à 79 Francs la Chose.

quantité.	Montant.	quantité.	Montant.	quantité.	Montant.	Quantité.	Montant.
2	158	34	2686	66	5214	98	7742
3	237	35	2765	67	5293	99	7821
4	316	36	2844	68	5372	100	7900
5	395	37	2923	69	5451	200	15800
6	474	38	3002	70	5530	300	23700
7	553	39	3081	71	5609	400	31600
8	632	40	3160	72	5688	500	39500
9	711	41	3239	73	5767	600	47400
10	790	42	3318	74	5846	700	55300
11	869	43	3397	75	5925	800	63200
12	948	44	3476	76	6004	900	71100
13	1027	45	3555	77	6083	1000	79000
14	1106	46	3634	78	6162	2000	158000
15	1185	47	3713	79	6241	3000	237000
16	1264	48	3792	80	6320	4000	316000
17	1343	49	3871	81	6399	5000	395000
18	1422	50	3950	82	6478	6000	474000
19	1501	51	4029	83	6557	7000	553000
20	1580	52	4108	84	6636	8000	632000
21	1659	53	4187	85	6715	9000	711000
22	1738	54	4266	86	6794	10000	790000
23	1817	55	4345	87	6873		
24	1895	56	3528	88	6952		
25	1975	57	4503	89	7031		
26	2054	58	3682	90	7110		
27	2133	59	4661	91	7189		
28	2212	60	4740	92	7268		
29	2291	61	4819	93	7347		
30	2370	62	4898	94	7426		
31	2449	63	4977	95	7505		
32	2528	64	5056	96	7584		
33	2607	65	5135	97	7663		

Les 3 quarts.	5925
Le demi.	3950
Le quart.	1975
Le huitième.	987
Les 2 tiers.	5267
Le tiers.	2633
Le sixième.	1316
Le douzième.	658

15 sous 9 den. 6 dix^e.

A 80 Centimes ou à 80 Francs la Chose.

Quantité.	Montant.	Quantité.	Montant.	Quantité.	Montant.	Quantité.	Montant.
2	160	34	2720	66	5280	98	7840
3	240	35	2800	67	5360	99	7920
4	320	36	2880	68	5440	100	8000
5	400	37	2960	69	5520	200	16000
6	480	38	3040	70	5600	300	24000
7	560	39	3120	71	5680	400	32000
8	640	40	3200	72	5760	500	40000
9	720	41	3280	73	5840	600	48000
10	800	42	3360	74	5920	700	56000
11	880	43	3440	75	6000	800	64000
12	960	44	3520	76	6080	900	72000
13	1040	45	3600	77	6160	1000	80000
14	1120	46	3680	78	6240	2000	160000
15	1200	47	3760	79	6320	3000	240000
16	1280	48	3840	80	6400	4000	320000
17	1360	49	3920	81	6480	5000	400000
18	1440	50	4000	82	6560	6000	480000
19	1520	51	4080	83	6640	7000	560000
20	1600	52	4160	84	6720	8000	640000
21	1680	53	4240	85	6800	9000	720000
22	1760	54	4320	86	6880	10000	800000
23	1840	55	4400	87	6960		
24	1920	56	4480	88	7040		
25	2000	57	4560	89	7120		
26	2080	58	4640	90	7200	Les 3 quarts.	6000
27	2160	59	4720	91	7280	Le demi.	4000
28	2240	60	4800	92	7360	Le quart.	2000
29	2320	61	4880	93	7440	Le huitième.	1000
30	2400	62	4960	94	7520	Les 2 tiers.	5333
31	2480	63	5040	95	7600	Le tiers.	2667
32	2560	64	5120	96	7680	Le sixième.	1333
33	2640	65	5200	97	7760	Le douzième.	667
							16 sous.

A 81 Centimes ou à 81 Francs la Chose.

Quantité.	Montant.	Quantité.	Montant.	Quantité.	Montant.	Quantité.	Montant.
2	162	34	2754	66	5346	98	7938
3	243	35	2835	67	5427	99	8019
4	324	36	2916	68	5508	100	8100
5	405	37	2997	69	5589	200	16200
6	486	38	3078	70	5670	300	24300
7	567	39	3159	71	5751	400	32400
8	648	40	3240	72	5832	500	40500
9	729	41	3321	73	5913	600	48600
10	810	42	3402	74	5994	700	56700
11	891	43	3483	75	6075	800	64800
12	972	44	3564	76	6156	900	72900
13	1053	45	3645	77	6237	1000	81000
14	1134	46	3726	78	6318	2000	162000
15	1215	47	3807	79	6399	3000	243000
16	1296	48	3888	80	6480	4000	324000
17	1377	49	3969	81	6561	5000	405000
18	1458	50	4050	82	6642	6000	486000
19	1539	51	4131	83	6723	7000	567000
20	1620	52	4212	84	6804	8000	648000
21	1701	53	4293	85	6885	9000	729000
22	1782	54	4374	86	6966	10000	810000
23	1863	55	4455	87	7047		
24	1944	56	4536	88	7128		
25	2025	57	4617	89	7209		
26	2106	58	4698	90	7290		
27	2187	59	4779	91	7371		
28	2268	60	4860	92	7452		
29	2349	61	4941	93	7533		
30	2430	62	5022	94	7614		
31	2511	63	5103	95	7695		
32	2592	64	5184	96	7776		
33	2673	65	5265	97	7857		

Les 3 quarts.	6075
Le demi.	4050
Le quart.	2025
Le huitième	1012
Les 2 tiers.	5400
Le tiers.	2700
Le sixième.	1350
Le douzième.	675

16 sous 2 den. 4 dix^e^.

A 82 Centimes ou à 82 Francs la Chose.

Quantité.	Montant.	Quantité.	Montant.	Quantité.	Montant.	Quantité.	Montant.
2	164	34	2788	66	5412	98	8036
3	246	35	2870	67	5494	99	8118
4	328	36	2952	68	5576	100	8200
5	410	37	3034	69	5658	200	16400
6	492	38	3116	70	5740	300	24600
7	574	39	3198	71	5822	400	33800
8	656	40	3280	72	5904	500	41000
9	738	41	2362	73	5986	600	49200
10	820	42	3444	74	6068	700	57400
11	902	43	3526	75	6150	800	65600
12	984	44	3608	76	6232	900	73800
13	1066	45	3690	77	6314	1000	82000
14	1148	46	3772	78	6396	2000	164000
15	1230	47	3854	79	6478	3000	246000
16	1312	48	3936	80	6560	4000	328000
17	1394	49	4018	81	6642	5000	410000
18	1476	50	4100	82	6724	6000	492000
19	1558	51	4182	83	6806	7000	574000
20	1640	52	4264	84	6888	8000	656000
21	1722	53	4346*	85	6970	9000	738000
22	1804	54	4428	86	7052	10000	820000
23	1886	55	4510	87	7134		
24	1968	56	4592	88	7216		
25	2050	57	4674	89	7298		
26	2132	58	4756	90	7380		
27	2214	59	4838	91	7462		
28	2296	60	4920	92	7544		
29	2378	61	5002	93	7626		
30	2460	62	5084	94	7708		
31	2542	63	5166	95	7790		
32	2624	64	5248	96	7872		
33	2706	65	5330	97	7954		

Les 3 quarts.	6150
Le demi.	4100
Le quart.	2050
Le huitième.	1025
Les 2 tiers.	5467
Le tiers.	2733
Le sixième.	1367
Le douzième.	684

16 sous 4 den. 8 dix^e.

A 83 Centimes ou à 83 Francs la Chose.

Quantité.	Montant.	Quantité.	Montant.	Quantité.	Montant.	Quantité.	Montant.
2	166	34	2822	66	5478	98	8134
3	249	35	2905	67	5561	99	8217
4	332	36	2988	68	5644	100	8300
5	415	37	3071	69	5727	200	16600
6	498	38	3154	70	5810	300	24900
7	581	39	3237	71	5893	400	33200
8	664	40	3320	72	5976	500	41500
9	747	41	3403	73	6059	600	49800
10	830	42	3486	74	6142	700	58100
11	913	43	3569	75	6225	800	66400
12	996	44	3652	76	6308	900	74700
13	1079	45	3735	77	6391	1000	83000
14	1162	46	3818	78	6474	2000	166000
15	1245	47	3901	79	6557	3000	249000
16	1328	48	3984	80	6640	4000	332000
17	1411	49	4067	81	6723	5000	415000
18	1494	50	4150	82	6806	6000	498000
19	1577	51	4233	83	6889	7000	581000
20	1660	52	4316	84	6972	8000	664000
21	1743	53	4399	85	7055	9000	747000
22	1826	54	4482	86	7138	10000	830000
23	1909	55	4565	87	7221		
24	1992	56	4648	88	7304		
25	2075	57	4731	89	7387		
26	2158	58	4814	90	7470		
27	2241	59	4897	91	7553		
28	2324	60	4980	92	7636		
29	2407	61	5063	93	7719		
30	2490	62	5146	94	7802		
31	2573	63	5229	95	7885		
32	2656	64	5312	96	7968		
33	2739	65	5395	97	8051		

Les 3 quarts.	6225
Le demi.	4150
Le quart.	2075
Le huitième.	1037
Les 2 tiers.	5533
Le tiers.	2767
Le sixième.	1383
Le douzième.	692

16 sous 7 den. 2 dix^e^.

A 84 Centimes ou à 84 Francs la Chose.

Quantité.	Montant.	Quantité.	Montant.	Quantité.	Montant.	Quantité.	Montant.
2	168	34	2856	66	5544	98	8232
3	252	35	2940	67	5628	99	8316
4	336	36	3024	68	5712	100	8400
5	420	37	3108	69	5796	200	16800
6	504	38	3192	70	5880	300	25200
7	588	39	3276	71	5964	400	33600
8	672	40	3360	72	6048	500	42000
9	756	41	3444	73	6132	600	50400
10	840	42	3528	74	6216	700	58800
11	924	43	3612	75	6300	800	67200
12	1008	44	3696	76	6384	900	75600
13	1092	45	3780	77	6468	1000	84000
14	1176	46	3864	78	6552	2000	168000
15	1260	47	3948	79	6636	3000	252000
16	1344	48	4032	80	6720	4000	336000
17	1428	49	4116	81	6804	5000	420000
18	1512	50	4200	82	6888	6000	504000
19	1596	51	4284	83	6972	7000	588000
20	1680	52	4368	84	7056	8000	672000
21	1764	53	4452	85	7140	9000	756000
22	1848	54	4536	86	7224	10000	840000
23	1932	55	4620	87	7308		
24	2016	56	4704	88	7392		
25	2100	57	4788	89	7476		
26	2184	58	4872	90	7560		
27	2268	59	4956	91	7644		
28	2352	60	5040	92	7728		
29	2436	61	5124	93	7812		
30	2520	62	5208	94	7896		
31	2604	63	5292	95	7980		
32	2688	64	5376	96	8064		
33	2772	65	5460	97	8148		

Les 3 quarts.	6300
Le demi.	4200
Le quart.	2100
Le huitième.	1050
Les 2 tiers.	5600
Le tiers.	2800
Le sixième.	1400
Le douzième.	700

16 sous 9 den. 6 dix^{e}.

A 85 Centimes ou à 85 Francs la Chose.

Quantité.	Montant.	Quantité.	Montant.	Quantité.	Montant.	Quantité.	Montant.
2	170	34	2890	66	5610	98	8330
3	225	35	2975	67	5695	99	8415
4	340	36	3060	68	5780	100	8500
5	425	37	3145	69	5865	200	17000
6	510	38	3230	70	5950	300	25500
7	595	39	3315	71	6035	400	34000
8	680	40	3400	72	6120	500	42500
9	765	41	3485	73	6205	600	51000
10	850	42	3570	74	6290	700	59500
11	935	43	3655	75	6375	800	68000
12	1020	44	3740	76	6460	900	76500
13	1105	45	3825	77	6545	1000	85000
14	1190	46	3910	78	6630	2000	170000
15	1275	47	3995	79	6715	3000	255000
16	1360	48	4080	80	6800	4000	340000
17	1445	49	4165	81	6885	5000	425000
18	1530	50	4250	82	6970	6000	510000
19	1615	51	4335	83	7055	7000	595000
20	1700	52	4420	84	7140	8000	680000
21	1785	53	4505	85	7225	9000	765000
22	1870	54	4590	86	7310	10000	850000
23	1955	55	4675	87	7395		
24	2040	56	4760	88	7480		
25	2125	57	4845	89	7565		
26	2210	58	4930	90	7650		
27	2295	59	5015	91	7735		
28	2380	60	5100	92	7820		
29	2465	61	5185	93	7905		
30	2550	62	5270	94	7990		
31	2635	63	5355	95	8075		
32	2720	64	5440	96	8160		
33	2805	65	5525	97	8245		

Les 3 quarts.	6375
Le demi.	4250
Le quart.	2125
Le huitième.	1062
Les 2 tiers.	5667
Le tiers.	2833
Le sixième.	1416
Le douzième.	708

17 sous.

A 86 Centimes ou à 86 Francs la Chose.

Quantité.	Montant.	Quantité.	Montant.	Quantité.	Montant.	Quantité.	Montant.
2	172	34	2924	66	5676	98	8428
3	258	35	3010	67	5762	99	8514
4	344	36	3096	68	5848	100	8600
5	430	37	3182	69	5934	200	17200
6	516	38	3268	70	6020	300	25800
7	602	39	3364	71	6106	400	33400
8	688	40	3440	72	6192	500	43000
9	774	41	3526	73	6278	600	51600
10	860	42	3612	74	6364	700	60200
11	946	43	3698	75	6450	800	68800
12	1032	44	3784	76	6536	900	77400
13	1118	45	3870	77	6622	1000	86000
14	1204	46	3956	78	6708	2000	172000
15	1290	47	4042	79	6794	3000	258000
16	1376	48	4128	80	6880	4000	344000
17	1462	49	4214	81	6966	5000	430000
18	1548	50	4300	82	7052	6000	516000
19	1634	51	4386	83	7138	7000	602000
20	1720	52	4472	84	7224	8000	688000
21	1806	53	4558	85	7310	9000	774000
22	1892	54	4644	86	7396	10000	860000
23	1978	55	4730	87	7482		
24	2064	56	4816	88	7568		
25	2150	57	4902	89	7654		
26	2236	58	4988	90	7740	Les 3 quarts.	6450
27	2322	59	5074	91	7826	Le demi.	4300
28	2408	60	5160	92	7912	Le quart.	2150
29	2494	61	5246	93	7998	Le huitième.	1075
30	2580	62	5332	94	8084	Les 2 tiers.	5733
31	2666	63	5418	95	8170	Le tiers.	2867
32	2752	64	5504	96	8256	Le sixième.	1433
33	2838	65	5590	97	8342	Le douzième.	716
						17 sous 2 den. 4 dix^e.	

A 87 Centimes ou à 87 Francs la Chose.

Quantité.	Montant.	Quantité.	Montant.	Quantité.	Montant.	Quantité.	Montant.
2	174	34	2958	66	5742	98	8526
3	261	35	3045	67	5829	99	8613
4	348	36	3132	68	5916	100	8700
5	435	37	3219	69	6003	200	17400
6	522	38	3306	70	6090	300	26100
7	609	39	3393	71	6177	400	34800
8	696	40	3480	72	6264	500	43500
9	783	41	3567	73	6351	600	52200
10	870	42	3654	74	6438	700	60900
11	957	43	3741	75	6525	800	69600
12	1044	44	3828	76	6612	900	78300
13	1131	45	3915	77	6699	1000	87000
14	1218	46	4002	78	6786	2000	174000
15	1305	47	4089	79	6873	3000	261000
16	1392	48	4176	80	6960	4000	348000
17	1479	49	4263	81	7047	5000	435000
18	1566	50	4350	82	7134	6000	522000
19	1653	51	4437	83	7221	7000	609000
20	1740	52	4524	84	7308	8000	696000
21	1827	53	4611	85	7395	9000	783000
22	1914	54	4698	86	7482	10000	870000
23	2001	55	4785	87	7569		
24	2088	56	4872	88	7656		
25	2175	57	4959	89	7743		
26	2262	58	5046	90	7830	Les 3 quarts.	6525
27	2349	59	5133	91	7917	Le demi.	4350
28	2436	60	5220	92	8004	Le quart.	2175
29	2523	61	5307	93	8091	Le huitième.	1087
30	2610	62	5394	94	8178	Les 2 tiers.	5800
31	2697	63	5481	95	8265	Le tiers.	2900
32	2784	64	5564	96	8352	Le sixième.	1450
33	2871	65	5655	97	8439	Le douzième.	725
						14 sous 7 den. 8 dix^e.	

A 88 Centimes ou à 88 Francs la Chose.

Quantité.	Montant.	Quantité.	Montant.	Quantité.	Montant.	Quantité.	Montant.
2	176	34	2992	66	5808	98	8624
3	264	35	3080	67	5896	99	8712
4	352	36	3168	68	5984	100	8800
5	440	37	3256	69	6072	200	17600
6	528	38	3344	70	6160	300	26400
7	616	39	3432	71	6248	400	35200
8	704	40	3520	72	6336	500	44000
9	792	41	3608	73	6424	600	52800
10	880	42	3696	74	6512	700	61600
11	968	43	3784	75	6600	800	70400
12	1056	44	3872	76	6688	900	79200
13	1144	45	3960	77	6776	1000	88000
14	1232	46	4048	78	6864	2000	176000
15	1320	47	4136	79	6952	3000	264000
16	1408	48	4224	80	7040	4000	352000
17	1496	49	4312	81	7128	5000	440000
18	1584	50	4400	82	7216	6000	528000
19	1672	51	4488	83	7304	7000	616000
20	1760	52	4576	84	7392	8000	704000
21	1848	53	4664	85	7480	9000	792000
22	1936	54	4752	86	7568	10000	880000
23	2024	55	4840	87	7656		
24	2112	56	4928	88	7744		
25	2200	57	5016	89	7832		
26	2288	58	5104	90	7920		
27	2376	59	5192	91	8008		
28	2464	60	5280	92	8096		
29	2552	61	5368	93	8184		
30	2640	62	5456	94	8272		
31	2728	63	5544	95	8360		
32	2816	64	5632	96	8448		
33	2904	65	5720	97	8536		

Les 3 quarts,	6600
Le demi.	4400
Le quart.	2200
Le huitième.	1100
Les 2 tiers.	5867
Le tiers.	2933
Le sixième.	1467
Le douzième.	733

17 sous 7 den. 2 dix°.

A 89 Centimes ou à 89 Francs la Chose.

Quantité.	Montant.	Quantité.	Montant.	Quantité.	Montant.	Quantité	Montant.
2	178	34	3026	66	5874	98	8722
3	267	35	3115	67	5963	99	8811
4	356	36	3204	68	6052	100	8900
5	445	37	3293	69	6141	200	17800
6	534	38	3382	70	6230	300	26700
7	623	39	3471	71	6319	400	35600
8	712	40	3560	72	6408	500	44500
9	801	41	3649	73	6497	600	53400
10	890	42	3738	74	6586	700	62300
11	979	43	3827	75	6675	800	71200
12	1068	44	3916	76	6764	900	80100
13	1157	45	4005	77	6853	1000	89000
14	1246	46	4094	78	6942	2000	178000
15	1335	47	4183	79	7031	3000	267000
16	1424	48	4272	80	7120	4000	356000
17	1513	49	4361	81	7209	5000	455000
18	1602	50	4450	82	7298	6000	534000
19	1691	51	4539	83	7387	7000	623000
20	1780	52	4628	84	7476	8000	712000
21	1869	53	4717	85	7565	9000	801000
22	1958	54	4806	86	7654	10000	890000
23	2047	55	4895	87	7743		
24	2136	56	4984	88	7832		
25	2225	57	5073	89	7921		
26	2314	58	5162	90	8010		
27	2403	59	5251	91	8099		
28	2492	60	5340	92	8188		
29	2581	61	5429	93	8277		
30	2670	62	5518	94	8366		
31	2759	63	5607	95	8455		
32	2848	64	5696	96	8544		
33	2937	65	5785	97	8633		

Les 3 quarts.	6675
Le demi.	4450
Le quart.	2225
Le huitième.	1112
Les 2 tiers.	5933
Le tiers.	2967
Le sixième.	1484
Le douzième.	742

17 sous 9 den. 6 dix^e.

A 90 Centimes ou à 90 Francs la Chose.

Quantité.	Montant.	Quantité.	Montant.	Quantité.	Montant.	Quantité.	Montant.
2	180	34	3060	66	5940	98	8820
3	270	35	3150	67	6030	99	8910
4	360	36	3240	68	6120	100	9000
5	450	37	3330	69	6210	200	18000
6	540	38	3420	70	6300	300	27000
7	630	39	3510	71	6390	400	36000
8	720	40	3600	72	6480	500	45000
9	810	41	3690	73	6570	600	54000
10	900	42	3780	74	6660	700	63000
11	990	43	3870	75	6750	800	72000
12	1080	44	3960	76	6840	900	81000
13	1170	45	4050	77	6930	1000	90000
14	1260	46	4140	78	7020	2000	180000
15	1350	47	4230	79	7110	3000	270000
16	1440	48	4320	80	7200	4000	360000
17	1530	49	4410	81	7290	5000	450000
18	1620	50	4500	82	7380	6000	540000
19	1710	51	4590	83	7470	7000	630000
20	1800	52	4680	84	7560	8000	720000
21	1890	53	4770	85	7650	9000	810000
22	1980	54	4860	86	7740	10000	900000
23	2070	55	4950	87	7830		
24	2160	56	5040	88	7920		
25	2250	57	5130	89	8010		
26	2340	58	5220	90	8100		
27	2430	59	5310	91	8190		
28	2520	60	5400	92	8280		
29	2610	61	5490	93	8370		
30	2700	62	5580	94	8460		
31	2790	63	5670	95	8550		
32	2880	64	5760	96	8640		
33	2970	65	5850	97	8730		

Les 3 quarts.	6750
Le demi.	4500
Le quart.	2250
Le huitième.	1125
Les 2 tiers.	6000
Le tiers.	3000
Le sixième.	1500
Le douzième.	750

18 sous.

A 91 Centimes ou à 91 Francs la Chose.

Quantité.	Montant.	Quantité.	Montant.	Quantité.	Montant.	Quantité.	Montant.
2	182	34	3094	66	6006	98	8918
3	273	35	3185	67	6097	99	9009
4	364	36	3276	68	6188	100	9100
5	455	37	3367	69	6279	200	18200
6	546	38	3458	70	6370	300	27300
7	637	39	3549	71	6461	400	36400
8	728	40	3640	72	6552	500	45500
9	819	41	3731	73	6643	600	54600
10	910	42	3822	74	6734	700	63700
11	1001	43	3913	75	6825	800	72800
12	1092	44	4004	76	6916	900	81900
13	1183	45	4095	77	7007	1000	91000
14	1274	46	4186	78	7098	2000	182000
15	1365	47	4277	79	7189	3000	273000
16	1456	48	4368	80	7280	4000	364000
17	1547	49	4459	81	7371	5000	455000
18	1638	50	4550	82	7462	6000	546000
19	1729	51	4641	83	7553	7000	637000
20	1820	52	4732	84	7644	8000	728000
21	1911	53	4823	85	7735	9000	819000
22	2002	54	4914	86	7826	10000	910000
23	2093	55	5005	87	7917		
24	2184	56	5096	88	8008		
25	2275	57	5187	89	8099		
26	2366	58	5278	90	8190		
27	2457	59	5369	91	8281		
28	2548	60	5460	92	8372		
29	2639	61	5551	93	8463		
30	2730	62	5642	94	8554		
31	2821	63	5733	95	8645		
32	2912	64	5824	96	8736		
33	3003	65	5915	97	8827		

Les 3 quarts.	6825
Le demi.	4550
Le quart.	2275
Le huitième.	1137
Les 2 tiers.	6067
Le tiers.	3033
Le sixième.	1516
Le douzième.	758

18 sous 2 den. 4 dix^{e}.

7

A 92 Centimes ou à 92 Francs la Chose.

Quantité.	Montant.	Quantité.	Montant.	Quantité.	Montant.	Quantité.	Montant.
2	184	34	3128	66	6072	98	9016
3	276	35	3220	67	6164	99	9108
4	368	36	3312	68	6256	100	9200
5	460	37	3404	69	6348	200	18400
6	552	38	3496	70	6440	300	27600
7	644	39	3588	71	6532	400	36800
8	736	40	3680	72	6624	500	46000
9	828	41	3772	73	6716	600	55200
10	920	42	3864	74	6808	700	64400
11	1012	43	3956	75	6900	800	73600
12	1104	44	4048	76	6992	900	82800
13	1196	45	4140	77	7084	1000	92000
14	1288	46	4232	78	7176	2000	184000
15	1380	47	4324	79	7268	3000	276000
16	1472	48	4416	80	7360	4000	368000
17	1564	49	4508	81	7452	5000	460000
18	1656	50	4600	82	7544	6000	552000
19	1748	51	4692	83	7636	7000	644000
20	1840	52	4784	84	7728	8000	736000
21	1932	53	4876	85	7820	9000	828000
22	2024	54	4968	86	7912	10000	920000
23	2116	55	5060	87	8004		
24	2208	56	5152	88	8096		
25	2300	57	5244	89	8188		
26	2392	58	5336	90	8280		
27	2484	59	5428	91	8372		
28	2576	60	5520	92	8464		
29	2668	61	5612	93	8556		
30	2760	62	5704	94	8648		
31	2852	63	5796	95	8740		
32	2944	64	5888	96	8832		
33	3036	65	5980	97	8924		

Les 3 quarts.	6900
Le demi.	4600
Le quart.	2300
Le huitième.	1150
Les 2 tiers.	6133
Le tiers.	3067
Le sixième.	1533
Le douzième.	767

18 sous 4 den. 8 dix^e.

A 93 Centimes ou à 93 Francs la Chose.

Quantité.	Montant.	Quantité.	Montant.	Quantité.	Montant.	Quantité.	Montant.
2	186	34	3162	66	6138	98	9114
3	279	35	3255	67	6231	99	9207
4	372	36	3348	68	6324	100	9300
5	465	37	3441	69	6417	200	18600
6	558	38	3534	70	6510	300	27900
7	651	39	3627	71	6603	400	37200
8	744	40	3720	72	6696	500	46500
9	837	41	3813	73	6789	600	55800
10	930	42	3906	74	6882	700	65100
11	1023	43	3999	75	6975	800	74400
12	1116	44	4092	76	7068	900	83700
13	1209	45	4185	77	7161	1000	93000
14	1302	46	4278	78	7254	2000	186000
15	1395	47	4371	79	7347	3000	279000
16	1488	48	4464	80	7440	4000	372000
17	1381	49	4557	81	7533	5000	465000
18	1674	50	4650	82	7626	6000	558000
19	1767	51	4743	83	7719	7000	651000
20	1860	52	4836	84	7812	8000	744000
21	1953	53	4929	85	7905	9000	837000
22	2046	54	5022	86	7998	10000	930000
23	2139	55	5115	87	8091		
24	2232	56	5208	88	8184		
25	2325	57	5301	89	8277		
26	2418	58	5394	90	8370		
27	2511	59	5487	91	8463		
28	2604	60	5580	92	8556		
29	2697	61	5673	93	8649		
30	2790	62	5766	94	8742		
31	2883	63	5859	95	8835		
32	2976	64	5952	96	8928		
33	3069	65	6045	97	9021		

Les 3 quarts.	6975
Le demi.	4650
Le quart.	2325
Le huitième.	1162
Les 2 tiers.	6200
Le tiers.	3100
Le sixième.	1550
Le douzième.	775

18 sous 7 den. 2 dix^{e}.

A 94 Centimes ou à 94 Francs la Chose.

Quantité.	Montant.	Quantité.	Montant.	Quantité.	Montant.	Quantité.	Montant.
2	188	34	3196	66	6204	98	9212
3	282	35	3290	67	6298	99	9306
4	376	36	3384	68	6392	100	9400
5	470	37	3478	69	6486	200	18800
6	564	38	3572	70	6580	300	28200
7	658	39	3666	71	6674	400	37600
8	752	40	3760	72	6768	500	47000
9	846	41	3854	73	6862	600	56400
10	940	42	3948	74	6956	700	65800
11	1034	43	4042	75	7050	800	75200
12	1128	44	4136	76	7144	900	84600
13	1222	45	4230	77	7238	1000	94000
14	1316	46	4324	78	7332	2000	188000
15	1410	47	4418	79	7426	3000	282000
16	1504	48	4512	80	7520	4000	376000
17	1598	49	4606	81	7614	5000	470000
18	1692	50	4700	82	7708	6000	564000
19	1786	51	4794	83	7802	7000	658000
20	1880	52	4888	84	7896	8000	752000
21	1974	53	4982	85	7990	9000	846000
22	2068	54	5076	86	8084	10000	940000
23	2162	55	5170	87	8178		
24	2256	56	5264	88	8272		
25	2350	57	5358	89	8366	Les 3 quarts.	7050
26	2444	58	5452	90	8460	Le demi.	4700
27	2538	59	5546	91	8554	Le quart.	2350
28	2632	60	5640	92	8648	Le huitième.	1175
29	2726	61	5734	93	8742	Les 2 tiers.	6267
30	2820	62	5828	94	8836	Le tiers.	3133
31	2914	63	5922	95	8930	Le sixième.	1567
32	3008	64	6016	96	9024	Le douzième.	784
33	3102	65	6110	97	9118		

18 sous 9 den. 6 dix^{e}.

A 95 Centimes ou à 95 Francs la Chose.

Quantité.	Montant.	Quantité.	Montant.	Quantité.	Montant.	Quantité.	Montant.
2	190	34	3230	66	6270	98	9310
3	285	35	3325	67	5365	99	9405
4	380	36	3420	68	6460	100	9500
5	475	37	3515	69	6555	200	19000
6	570	38	3610	70	6650	300	28500
7	665	39	3705	71	6745	400	38000
8	760	40	3800	72	6840	500	47500
9	855	41	3895	73	6935	600	57000
10	950	42	3990	74	7030	700	66500
11	1045	43	4085	75	7125	800	76000
12	1140	44	4180	76	7220	900	85500
13	1235	45	4275	77	7315	1000	95000
14	1330	46	4370	78	7410	2000	190000
15	1425	47	4465	79	7505	3000	285000
16	1520	48	4560	80	7600	4000	380000
17	1615	49	4655	81	7695	5000	475000
18	1710	50	4750	82	7790	6000	570000
19	1805	51	4845	83	7885	7000	665000
20	1900	52	4940	84	7980	8000	760000
21	1995	53	5035	85	8075	9000	855000
22	2090	54	5130	86	8170	10000	950000
23	2185	55	5225	87	8265		
24	2280	56	5320	88	8360		
25	2375	57	5415	89	8455	Les 5 quarts.	7125
26	2470	58	5510	90	8550	Le demi.	4750
27	2565	59	5605	91	8645	Le quart.	2375
28	2660	60	5700	92	8740	Le huitième.	1187
29	2755	61	5795	93	8835	Les 2 tiers.	6333
30	2850	62	5890	94	8930	Le tiers.	3167
31	2945	63	5985	95	9025	Le sixième.	1583
32	3040	64	6080	96	9120	Le douzième.	792
33	3135	65	6175	97	9215		19 sous.

A 96 Centimes ou à 96 Francs la Chose.

Quantité.	Montant.	Quantité.	Montant.	Quantité.	Montant.	Quantité.	Montant.
2	192	34	3264	66	6336	98	9408
3	288	35	3360	67	6432	99	9504
4	384	36	3456	68	6528	100	9600
5	480	37	3552	69	6624	200	19200
6	576	38	3648	70	6720	300	28800
7	672	39	3744	71	6816	400	38400
8	768	40	3840	72	6912	500	48000
9	864	41	3936	73	7008	600	57600
10	960	42	4032	74	7104	700	67200
11	1056	43	4128	75	7200	800	76800
12	1152	44	4224	76	7296	900	87400
13	1248	45	4320	77	7392	1000	96000
14	1344	46	4416	78	7488	2000	192000
15	1440	47	4512	79	7584	3000	288000
16	1536	48	4608	80	7680	4000	384000
17	1632	49	4704	81	7776	5000	480000
18	1728	50	4800	82	7872	6000	576000
19	1824	51	4896	83	7968	7000	672000
20	1920	52	4992	84	8064	8000	768000
21	2016	53	5088	85	8160	9000	864000
22	2112	54	5184	86	8256	10000	960000
23	2208	55	5280	87	8352		
24	2304	56	5376	88	8448		
25	2400	57	5472	89	8544		
26	2496	58	5568	90	8640	Les 3 quarts.	7200
27	2592	59	5664	91	8736	Le demi.	4800
28	2688	60	5760	92	8832	Le quart.	2400
29	2784	61	5856	93	8928	Le huitième.	1200
30	2880	62	5952	94	9024	Les 2 tiers.	6400
31	2976	63	6048	95	9120	Le tiers.	3200
32	3072	64	6144	96	9216	Le sixième.	1600
33	3168	65	6240	97	9312	Le douzième.	800

19 sous 2 den. 4 dix[e].

A 97 Centimes ou à 97 Francs la Chose.

Quantité.	Montant.	Quantité.	Montant.	Quantité.	Montant.	Quantité.	Montant.
2	194	34	3298	66	6402	98	9506
3	291	35	3395	67	6499	99	9603
4	388	36	3492	68	6596	100	9700
5	485	37	3589	69	6693	200	19400
6	582	38	3686	70	6790	300	29100
7	679	39	3783	71	6887	400	38800
8	776	40	3880	72	6984	500	48500
9	873	41	3977	73	7081	600	58200
10	970	42	4074	74	7178	700	67900
11	1067	43	4171	75	7275	800	77600
12	1164	44	4268	76	7372	900	87300
13	1261	45	4365	77	7469	1000	97000
14	1358	46	4462	78	7566	2000	194000
15	1455	47	4559	79	7663	3000	291000
16	1552	48	4656	80	7760	4000	388000
17	1649	49	4753	81	7857	5000	485000
18	1746	50	4850	82	7954	6000	582000
19	1843	51	4947	83	8051	7000	679000
20	1940	52	5044	84	8148	8000	776000
21	2037	53	5141	85	8245	9000	873000
22	2134	54	5238	86	8342	10000	970000
23	2231	55	5335	87	8439		
24	2328	56	5432	88	8536		
25	2425	57	5529	89	8633		
26	2522	58	5626	90	8730	Les 3 quarts.	7275
27	2619	59	5723	91	8827	Le demi.	4850
28	2716	60	5820	92	8924	Le quart.	2425
29	2813	61	5917	93	9021	Le huitième.	1212
30	2910	62	6014	94	9118	Les 2 tiers.	6467
31	3007	63	6111	95	9215	Le tiers.	3233
32	3104	64	6208	96	9312	Le sixième.	1616
33	3201	65	6305	97	9409	Le douzième.	808

19 sous 4 den. 8 dix^e.

A 98 Centimes ou à 98 Francs la Chose.

Quantité.	Montant.	Quantité.	Montant.	Quantité.	Montant.	Quantité.	Montant.
2	196	34	3332	66	6468	98	9604
3	294	35	3430	67	6566	99	9702
4	392	36	3528	68	6664	100	9800
5	490	37	3626	69	6762	200	19600
6	588	38	3724	70	6860	300	29400
7	686	39	3822	71	6958	400	39200
8	784	40	3920	72	7056	500	49000
9	882	41	4018	73	7154	600	58800
10	980	42	4116	74	7252	700	68600
11	1078	43	4214	75	7350	800	78400
12	1176	44	4312	76	7448	900	88200
13	1274	45	4410	77	7546	1000	98000
14	1372	46	4508	78	7644	2000	196000
15	1470	47	4606	79	7742	3000	294000
16	1568	48	4704	80	7840	4000	392000
17	1666	49	4802	81	7938	5000	490000
18	1764	50	4900	82	8036	6000	588000
19	1862	51	4998	83	8134	7000	686000
20	1960	52	5096	84	8232	8000	784000
21	2058	53	5194	85	8330	9000	882000
22	2156	54	5292	86	8428	10000	980000
23	2254	55	5390	87	8526		
24	2352	56	5488	88	8624		
25	2450	57	5586	89	8722		
26	2548	58	5684	90	8820		
27	2646	59	5782	91	8918		
28	2744	60	5880	92	9016		
29	2842	61	5978	93	9114		
30	2940	62	6076	94	9212		
31	3038	63	6174	95	9310		
32	3136	64	6272	96	9408		
33	3234	65	6370	97	9506		

Les 3 quarts.	7350
Le demi.	4900
Le quart.	2450
Le huitième.	1225
Les 2 tiers.	6533
Le tiers.	3267
Le sixième.	1633
Le douzième.	816

19 sous 7 den. 2 dix^e^.

A 99 Centimes ou à 99 Francs la Chose.

Quantité.	Montant.	Quantité.	Montant.	Quantité.	Montant.	Quantité.	Montant.
2	198	34	3366	66	6534	98	9702
3	297	35	3465	67	6633	99	9801
4	396	36	3564	68	6732	100	9900
5	495	37	3663	69	6831	200	19800
6	594	38	3762	70	6930	300	29700
7	693	39	3861	71	7029	400	39600
8	792	40	3960	72	7128	500	49500
9	891	41	4059	73	7227	600	59400
10	990	42	4158	74	7326	700	69300
11	1089	43	4257	75	7425	800	79200
12	1188	44	4356	76	7524	900	89100
13	1287	45	4455	77	7623	1000	99000
14	1386	46	4554	78	7722	2000	198000
15	1485	47	4653	79	7821	3000	297000
16	1584	48	4752	80	7920	4000	396000
17	1683	49	4851	81	8019	5000	495000
18	1782	50	4950	82	8118	6000	594000
19	1881	51	5049	83	8217	7000	693000
20	1980	52	5148	84	8316	8000	792000
21	2079	53	5247	85	8415	9000	891000
22	2178	54	5346	86	8514	10000	990000
23	2277	55	5445	87	8613		
24	2376	56	5544	88	8712		
25	2475	57	5643	89	8811		
26	2574	58	5742	90	8910	Les 3 quarts.	7425
27	2673	59	5841	91	9009	Le demi.	4950
28	2772	60	5940	92	9108	Le quart.	2475
29	2871	61	6039	93	9207	Le huitième.	1237
30	2970	62	6138	94	9306	Les 2 tiers.	6600
31	3069	63	6237	95	9405	Le tiers.	3300
32	3158	64	6336	96	9504	Le sixième.	1650
33	3267	65	6435	97	9603	Le douzième.	825

19 sous 9 den. 6 dix[e].

A 100 Centimes ou à 100 Francs la Chose.

Quan-tité.	Mon-tant.	Quan-tité.	Mon-tant.	Quan-tité.	Mon-tant.	Quantité.	Montant.
2	200	34	3400	66	6600	98	9800
3	300	35	3500	67	6700	99	9900
4	400	36	3600	68	6800	100	10000
5	500	37	3700	69	6900	200	20000
6	600	38	3800	70	7000	300	30000
7	700	39	3900	71	7100	400	40000
8	800	40	4000	72	7200	500	50000
9	900	41	4100	73	7300	600	60000
10	1000	42	4200	74	7400	700	70000
11	1100	43	4300	75	7500	800	80000
12	1200	44	4400	76	7600	900	90000
13	1300	45	4500	77	7700	1000	100000
14	1400	46	4600	78	7800	2000	200000
15	1500	47	4700	79	7900	3000	300000
16	1600	48	4800	80	8000	4000	400000
17	1700	49	4900	81	8100	5000	500000
18	1800	50	5000	82	8200	6000	600000
19	1900	51	5100	83	8300	7000	700000
20	2000	52	5200	84	8400	8000	800000
21	2100	53	5300	85	8500	9000	900000
22	2200	54	5400	86	8600	10000	1000000
23	2300	55	5500	87	8700		
24	2400	56	5600	88	8800		
25	2500	57	5700	89	8900		
26	2600	58	5800	90	9000		
27	2700	59	5900	91	9100		
28	2800	60	6000	92	9200		
29	2900	61	6100	93	9300		
30	3000	62	6200	94	9400		
31	3100	63	6300	95	9500		
32	3200	64	6400	96	9600		
33	3300	65	6500	97	9700		

Les 3 quarts.	7500
Le demi.	5000
Le quart.	2500
Le huitième.	1250
Les 2 tiers.	6667
Le tiers.	3333
Le sixième.	1667
Le douzième.	835

1 franc.

TARIF

DES OBJETS SOUMIS AU DROIT MUNICIPAL

DE LA COMMUNE DE PARIS,

Calculé d'après les Lois des 27 Vendémiaire an 7, et 19 Frimaire an 8.

BOISSONS.

NOMBRE.	Vins de toute espèce, Vinaigre ou Vin gâté.		Eaux-de-vie, ou Esprits.		Vins, etc. en bouteille à 6 cent.
	Litre à 6 c. 6/10.	Hectolitre à 6 fr. 60 c.	Litre à 19 c. 8/10.	Hectolitre à 19 fr. 80 c.	
	fr. c.	fr. c.	fr. c.	fr. c.	fr. c.
1	» 6 6/10	6 60	» 19 8/10	19 80	» 6
2	» 13 2/10	13 20	» 39 6/10	39 60	» 12
3	» 19 8/10	19 80	» 59 4/10	59 40	» 18
4	» 26 4/10	26 40	» 79 2/10	79 20	» 24
5	» 33	33	» 99	99	» 30
6	» 39 6/10	39 60	1 18 8/10	118 80	» 36
7	» 46 2/10	46 20	1 38 6/10	138 60	» 42
8	» 52 8/10	52 80	1 58 4/10	158 40	» 48
9	» 59 4/10	59 40	1 78 2/10	178 20	» 54
10	» 66	66	1 98	198	» 60
11	» 72 6/10	72 60	2 17 8/10	217 80	» 66
12	» 79 2/10	79 20	2 37 6/10	237 60	» 72
13	» 85 8/10	85 80	2 57 4/10	257 40	» 78
14	» 92 4/10	92 40	2 77 2/10	277 20	» 84
15	» 99	99	2 97	297	» 90
16	1 5 6/10	105 60	3 16 8/10	316 80	» 96
17	1 12 2/10	112 20	3 36 6/10	336 60	1 2
18	1 18 8/10	118 80	3 56 4/10	356 40	1 8
19	1 25 4/10	125 40	3 76 2/10	376 20	1 14
20	1 32	132	3 96	396	1 20
25	1 65	165	4 95	495	1 50
30	1 98	198	5 94	594	1 80
40	2 64	264	7 92	792	2 40
50	3 30	330	9 90	990	3
100	6 60	660	19 80	1980	6

BOISSONS.

NOMBRE.	Eau-de-vie, etc. en bout. à 18 cent.	POIRÉ. Litre à 3 c. 6/10.	POIRÉ. Hectolitre à 3 fr. 60 c.	BIÈRE. Litre à 1 cent. 6/10.	BIÈRE. Hectolitre à 1 fr. 20 c.
	fr. c.	fr. c.	fr. c.	fr. c.	fr. c.
1	» 18	» 3 6/10	3 60	» 1 2/10	1 20
2	» 36	» 7 2/10	7 20	» 2 4/10	2 40
3	» 54	« 10 8/10	10 80	» 3 6/10	3 60
4	» 72	» 14 4/10	14 40	» 4 8/10	4 80
5	» 90	» 18	18	» 6	6
6	1 8	» 21 6/10	21 60	» 7 2/10	7 20
7	1 26	» 25 2/10	25 20	» 8 4/10	8 40
8	1 44	» 28 8/10	28 80	» 9 6/10	9 60
9	1 62	» 32 4/10	32 40	» 10 8/10	10 80
10	1 80	» 36	36	» 12	12
11	1 98	» 39 6/10	39 60	» 13 2/10	13 20
12	2 16	» 43 2/10	43 20	» 14 4/10	14 40
13	2 34	» 46 8/10	46 80	» 15 6/10	15 60
14	2 52	» 50 4/10	50 40	» 16 8/10	16 80
15	2 70	» 54	54	» 18	18
16	2 88	» 57 6/10	57 60	» 19 2/10	19 20
17	3 6	» 61 2/10	61 20	» 20 4/10	20 40
18	3 24	» 64 8/10	64 80	» 21 6/10	21 60
19	3 42	» 68 4/10	68 40	» 22 8/10	22 80
20	3 60	» 72	72	» 24	24
25	4 50	» 90	90	» 30	30
30	5 40	1 8	108	» 36	36
40	7 20	1 44	144	» 48	48
50	9	1 80	180	» 60	60
100	18	3 60	360	1 20	120

27
28
29
30
31
32
33
34
35
36
37

BOISSONS.

TARIF de la Rétribution à percevoir sur les Vins entrant dans Paris, calculé d'après les Lois des 27 Vendémiaire an 7, 19 Frimaire an 8, et d'après l'Arrêté des Consuls du 25 Thermidor an 10.

NOMBRE de HECTOLITRES à 7 fr. 85 c.	MONTANT.	NOMBRE de HECTOLITRES à 7 fr. 85 c.	MONTANT.	NOMBRE de HECTOLITRES à 7 f. 85 c.	MONTANT.	NOMBRE de BOUTEILLES à 0 f. 07 c. 25 c.	MONTANT.	NOMBRE de BOUTEILLES à 0 f. 07 c. 25 c.	MONTANT.	NOMBRE de BOUTEILLES à 0 f. 07 c. 25 c.	MONTANT.
	fr. c.		fr. c.		fr. c.		fr. c.		fr. c.		fr. c.
1	7 85	38	298 30	75	588 75	1	0 07 25/100	38	2 75 50/100	75	5 43 75/100
2	15 70	39	306 15	76	596 60	2	0 14 50/100	39	2 82 75/100	76	5 51
3	23 55	40	314	77	604 45	3	0 21 75/100	40	2 90	77	5 58 25/100
4	31 40	41	321 85	78	612 30	4	0 29	41	2 97 25/100	78	5 65 50/100
5	39 25	42	329 70	79	620 15	5	0 36 25/100	42	3 04 50/100	79	5 72 75/100
6	47 10	43	337 55	80	628	6	0 43 50/100	43	3 11 75/100	80	5 80
7	54 95	44	345 40	81	635 85	7	0 50 75/100	44	3 19	81	5 87 25/100
8	62 80	45	353 25	82	643 70	8	0 58	45	3 26 25/100	82	5 94 50/100
9	70 65	46	361 10	83	651 55	9	0 65 25/100	46	3 33 50/100	83	6 01 75/100
10	78 50	47	368 95	84	659 40	10	0 72 50/100	47	3 40 75/100	84	6 09
11	86 35	48	376 80	85	667 25	11	0 79 75/100	48	3 48	85	6 16 25/100
12	94 20	49	384 65	86	675 10	12	0 87	49	3 55 25/100	86	6 23 50/100
13	102 05	50	392 50	87	682 95	13	0 94 25/100	50	3 62 50/100	87	6 30 75/100
14	109 90	51	400 35	88	690 80	14	1 01 50/100	51	3 69 75/100	88	6 38
15	117 75	52	408 20	89	698 65	15	1 08 75/100	52	3 77	89	6 45 25/100
16	125 60	53	416 05	90	706 50	16	1 16	53	3 84 25/100	90	6 52 50/100
17	133 45	54	423 90	91	714 35	27	1 23 25/100	54	3 91 50/100	91	6 59 75/100
18	141 30	55	431 75	92	722 20	18	1 30 50/100	55	3 98 75/100	92	6 67
19	149 15	56	439 60	93	730 05	19	1 37 75/100	56	4 06	93	6 74 25/100
20	157 00	57	447 45	94	737 90	20	1 45	57	4 13 25/100	94	6 81 50/100
21	164 85	58	455 30	95	745 75	21	1 52 25/100	58	4 20 50/100	95	6 88 75/100
22	172 70	59	463 15	96	753 60	22	1 59 50/100	59	4 27 75/100	96	6 96
23	180 55	60	471	97	761 45	23	1 66 75/100	60	4 35	97	7 03 25/100
24	188 40	61	478 85	98	769 30	24	1 74	61	4 42 25/100	98	7 10 50/100
25	196 25	62	486 70	99	777 15	25	1 81 25/100	62	4 49 50/100	99	7 17 75/100
26	204 10	63	494 55	100	785	26	1 88 50/100	63	4 56 75/100	100	7 25
27	211 95	64	502 40	200	1570	27	1 95 75/100	64	4 64	200	14 50
28	219 80	65	510 25	300	2355	28	2 03	65	4 71 25/100	300	21 75
29	227 65	66	518 10	400	3140	29	2 10 25/100	66	4 78 50/100	400	29 00
30	235 50	67	525 95	500	3925	30	2 17 50/100	67	4 85 75/100	500	36 25
31	243 35	68	533 80	1000	7850	31	2 24 75/100	68	4 93	1000	72 50
32	251 20	69	541 65	2000	15700	32	2 32	69	5 00 25/100	2000	145 00
33	259 05	70	549 50	3000	23550	33	2 39 25/100	70	5 07 50/100	3000	217 50
34	266 90	71	557 35	4000	31400	34	2 46 50/100	71	5 14 75/100	4000	290 00
35	274 75	72	565 20	5000	39250	35	2 53 75/100	72	5 22	5000	362 50
36	282 60	73	573 05	10000	78500	36	2 61	73	5 29 25/100	10000	725 00
37	290 45	74	580 90			37	2 68 25/109	74	5 36 50/100		

COMESTIBLES.

NOMBRES.	BŒUFS à 18 fr.		VACHES. à 9 fr.		MOUTONS à 60 cent.		PORCS ET VEAUX, à 3 fr. 60 c.		VIANDE à la main, à 6 c. le kilog.	
	fr.	c.	fr.	c.	fr.	c.	fr.	c.	fr.	c.
1/4	4	50	2	25	»	15	»	90	»	
1/2	9		4	50	»	30	1	80	»	
3/4	13	50	6	75	»	45	2	70	»	
1	18		9		»	60	3	60	»	6
2	36		18		1	20	7	20	»	12
3	54		27		1	80	10	80	»	18
4	72		36		2	40	14	40	»	24
5	90		45		3		18		»	30
6	108		54		3	60	21	60	»	36
7	126		63		4	20	25	20	»	42
8	144		72		4	80	28	80	»	48
9	162		81		5	40	32	40	»	54
10	180		90		6		36		»	60
11	198		99		6	60	39	60	»	66
12	216		108		7	20	43	20	»	72
13	234		117		7	80	46	80	»	78
14	252		126		8	40	50	40	»	84
15	270		135		9		54		»	90
16	288		144		9	60	57	60	»	96
17	306		153		10	20	61	20	1	02
18	324		162		10	80	64	80	1	08
19	342		271		11	40	68	40	1	14
20	360		180		12		72		1	20
30	540		270		18		108		1	80
40	720		360		24		144		2	40
50	900		450		30		180		3	
60	1080		540		36		216		3	60
70	1260		630		42		252		4	20
80	1440		720		48		288		4	80
90	1620		810		54		324		5	40
100	1800		900		60		360		6	

MATERIAUX.

CHAUX ET PLATRE.

NOMRRE D'HECTOLITRES.	CHAUX à 90 cent. l'hectolitre.		PLATRE à 24 cent. l'hectolitre.	
	fr.	c.	fr.	c.
1/10	»	9	»	2 4/10
2/10	»	18	»	4 8/10
3/10	»	27	»	7 2/10
4/10	»	36	»	9 6/10
5/10	»	45	»	12
6/10	»	54	»	14 4/12
7/10	»	63	»	16 8/10
8/10	»	72	»	19 2/10
9/10	»	81	»	21 6/10
1	»	90	»	24
2	1	80	»	48
3	2	70	»	72
4	3	60	»	96
5	4	50	1	20
6	5	40	1	44
7	6	30	1	68
8	7	20	1	92
9	8	10	2	16
10	9		2	40
15	13	50	3	60
20	18		4	80
25	22	50	6	
30	27		7	20
40	36		9	60
50	45		12	
60	54		14	40
80	72		19	20
100	90		24	
200	180		48	
300	270		72	

MATERIAUX.

PIERRES.

NOMBRE DE STÈRES.	DURES, à 1 fr. 20 cent.		TENDRES, à 1 fr. 68 cent.		
	fr.	c.	fr.	c.	
1/10	»	12	»	16	8/10
2/10	»	24	»	33	6/10
3/10	»	36	»	50	4/10
4/10	»	48	»	67	2/10
5/10	»	60	»	84	
6/10	»	72	1	00	8/10
7/10	»	84	1	17	6/10
8/10	»	96	1	34	4/10
9/10	1	08	1	51	2/10
1	1	20	1	68	
2	2	40	3	36	
3	3	60	5	04	
4	4	80	6	72	
5	6		8	40	
6	7	20	10	28	
7	8	40	11	76	
8	9	60	13	44	
9	10	80	15	12	
10	12		16	80	
15	18		25	20	
20	24		33	60	
25	30		42		
30	36		50	40	
40	48		67	20	
50	60		84		
60	72		100	80	
80	96		134	40	
100	120		168		
200	240		336		
300	360		504		

MATERIAUX.

MOELLONS.

NOMBRE DE STÈRES.	Bruts à 43 cent. 2/10 le stère. fr.	c.	NOMBRE DE MOELLONS.	Piqués à 1 fr. 20 c. le cent. fr.	c.
1/10	»	4 3/10	1	»	1 2/10
2/10	»	8 6/10	2	»	2 4/10
3/10	»	13	3	»	3 6/10
4/10	»	17 3/10	4	»	4 8/10
5/10	»	21 6/10	5	»	6
6/10	»	26	6	»	7 2/10
7/10	»	30 3/10	7	»	8 4/10
8/10	»	34 6/10	8	»	9 6/10
9/10	»	39	9	»	10 8/10
1	»	43 2/10	10	»	12
2	»	86 4/10	11	»	13 2/10
3	1	29 6/10	12	»	14 4/10
4	1	72 8/10	13	»	15 6/10
5	2	16	14	»	16 8/10
6	2	59 2/10	15	»	18
7	3	02 4/10	16	»	19 2/10
8	3	45 6/10	17	»	20 4/10
9	3	88 8/10	18	»	21 6/10
10	4	32	19	»	22 8/10
15	6	48	20	»	24
20	8	64	25	»	30
25	10	80	30	»	36
30	12	96	40	»	48
40	17	28	50	»	60
50	21	60	60	»	72
60	25	92	70	»	84
80	34	56	80	»	96
100	43	20	90	1	08
200	86	40	100	1	20
300	129	60	200	2	40

MATERIAUX.

BOIS CARRÉS.

NOMBRE DE STÈRES.	Brins à 6 fr.		Solives à 5 fr. 40 c.		Poteaux à 4 fr. 20 c.		Chevrons et membrures à 3 fr. 60 c.	
	fr.	c.	fr.	c.	fr.	c.	fr.	c.
1/10	«	60	»	54	»	42	»	36
2/10	1	20	1	08	»	84	»	72
3/10	1	80	1	62	1	26	1	08
4/10	2	40	2	16	1	68	1	44
5/10	3		2	70	2	10	1	80
6/20	3	60	3	24	2	52	2	16
7/10	4	20	3	78	2	94	2	52
8/10	4	80	4	32	3	36	2	88
9/10	5	40	4	86	3	78	3	24
1	6		5	40	4	20	3	60
2	12		10	80	8	40	7	20
3	18		16	20	12	60	10	80
4	24		21	60	16	80	14	40
5	30		27		21		18	
6	36		32	40	25	20	21	60
7	42		37	80	29	40	25	20
8	48		43	20	33	60	28	80
9	54		48	60	37	80	32	40
10	60		54		42		36	
20	120		108		84		72	
30	180		162		126		108	
40	240		216		168		144	
50	300		270		210		180	
60	360		324		252		216	
80	480		432		336		288	
100	600		540		420		360	
200	1200		1080		840		720	
300	1800		1620		1260		1080	
400	2400		2160		1680		1440	
500	3000		2700		2100		1800	

MATÉRIAUX.

PLANCHES.

NOMBRE DE MÈTRES.	De 3 cent. d'épaiss. sur 2 mèt. de long à 4 fr. 50 cent. les 100 mètres.		De 3 cent. d'épaiss. sur 3 mèt. de long. à 7 fr. 20 cent. les 100 mètres.		De 3 cent. d'épaiss sur 4 mèt. de long à 9 francs les 100 mètres.	
	fr.	c.	fr.	c.	fr.	c.
1	»	4 5/10	»	7 2/10	»	9
2	»	9	»	14 4/10	»	18
3	»	13 5/10	»	21 6/10	»	27
4	»	18	»	28 8/10	»	36
5	»	22 5/10	»	36	»	45
6	»	27	»	43 2/10	»	54
7	»	31 5/10	»	50 4/10	»	63
8	»	36	»	57 6/10	»	72
9	»	40 5/10	»	64 8/10	»	81
10	»	45	»	72	»	90
11	»	49 5/10	»	79 2/10	»	99
12	»	54	»	86 4/10	1	08
13	»	58 5/10	»	93 6/10	1	17
14	»	63	1	» 8/10	1	26
15	»	67 5/10	1	08	1	35
16	»	72	1	15 2/10	1	44
17	»	76 5/10	1	22 4/10	1	53
18	»	81	1	29 6/10	1	62
19	»	85 5/10	1	36 8/10	1	71
20	»	90	1	44	1	80
30	1	35	2	16	2	70
40	1	80	2	88	3	60
50	2	25	3	60	4	50
100	4	50	7	20	9	
200	9		15	40	18	
300	13	50	21	60	27	
400	18		28	80	36	
500	22	50	36		45	
1000	45		72		90	

MATERIAUX.

PLANCHES.

NOMBRE DE MÈTRES.	De 4 cent. d'épaiss sur 2 mèt. de long à 6 fr. le cent de mètres.		De 4 cent. d'épaiss. sur 3 mèt. de long. à 9 fr. 60 cent. le cent de mètres.			De 4 cent. d'épaiss sur 4 mèt. de long à 12 francs le cent de mètres.	
	fr.	c.	fr.	c.		fr.	c.
1	»	06	»	09	6/10	»	12
2	»	12	»	19	2/10	»	24
3	»	18	»	28	8/10	»	36
4	»	24	»	38	4/10	»	48
5	»	30	»	48		»	60
6	»	36	»	57	6/10	»	72
7	»	42	»	67	2/10	»	84
8	»	48	»	76	8/10	»	96
9	»	54	»	86	4/10	1	08
10	»	60	»	96		1	20
11	»	66	1	05	6/10	1	32
12	»	72	1	15	2/10	1	44
13	»	78	1	24	8/10	1	56
14	»	84	1	34	4/10	1	68
15	»	90	1	44		1	80
16	»	96	1	53	6/10	1	92
17	1	02	1	63	2/10	2	04
18	1	08	1	72	8/10	2	16
19	1	14	1	82	4/10	2	28
20	1	20	1	92		2	40
30	1	80	2	88		3	60
40	2	40	3	84		4	80
50	3	00	4	80		6	00
100	6	00	9	60		12	00
200	12	00	19	20		24	00
300	18	00	28	80		36	00
400	24	00	38	40		48	00
500	30	00	48	00		60	00
1000	60	00	96	00		120	00

MATERIAUX.

PLANCHES.

NOMBRE DE MÈTRES.	De 5 cent. d'épaiss. sur 2 mèt. de long. à 7 fr. 50 cent. le cent de mètres.			De 5 cent. d'épaiss. sur 3 mèt. de long à 12 francs le cent de mètres.		De 5 cent. d'épaiss. sur 4 mèt. de long. à 15 francs le cent de mètres.	
	fr.	c.		fr.	c.	fr.	c.
1	»	07	5/10	»	12	»	15
2	»	15		»	24	»	30
3	»	22	5/10	»	36	»	45
4	»	30		»	48	»	60
5	»	37	5/10	»	60	»	75
6	»	45		»	72	»	90
7	»	52	5/10	»	84	1	05
8	»	60		»	96	1	20
9	»	67	5/10	1	08	1	35
10	»	75		1	20	1	50
11	»	82	5/10	1	32	1	65
12	»	90		1	44	1	80
13	»	97	5/10	1	56	1	95
14	1	05		1	68	2	10
15	1	12	5/10	1	80	2	25
16	1	20		1	92	2	40
17	1	27	5/10	2	04	2	55
18	1	35		2	16	2	70
19	1	42	5/10	2	28	2	85
20	1	50		2	40	3	00
30	2	25		3	60	4	50
40	3	00		4	80	6	00
50	3	75		6	00	7	50
100	7	50		12	00	15	00
200	15	00		24	00	30	00
300	22	50		36	00	45	00
400	30	00		48	00	60	00
500	37	50		60	00	75	00
1000	75	00		120	00	150	00

MATÉRIAUX.

PLANCHES.

NOMBRE DE MÈTRES.	De 6 cent. d'épaiss. sur 2 mèt. de long à 9 francs le cent de mètres.		De 6 cent. d'épaiss. sur 3 mèt. de long. à 14 fr. 40 cent. le cent de mètres.			De 6 cent. d'épaiss. sur 4 mèt. de long. à 18 francs le cent de mètres.	
	fr.	c.	fr.	c.		fr.	c.
1	»	09	»	14	4/10	»	18
2	»	18	»	28	8/10	»	36
3	»	27	»	43	2/10	»	54
4	»	36	»	37	6/10	»	72
5	»	45	»	72		»	90
6	»	54	»	86	4/10	1	08
7	»	63	1	00	8/10	1	26
8	»	72	1	15	2/10	1	44
9	»	81	1	29	6/10	1	62
10	»	90	1	44		1	80
11	«	99	1	58	4/10	1	98
12	1	08	1	72	8/10	2	16
13	1	17	1	87	2/10	2	34
14	1	26	2	01	6/10	2	52
15	1	35	2	16		2	70
16	1	44	2	30	4/10	2	88
17	1	53	2	44	8/10	3	06
18	1	62	2	59	2/10	3	24
19	1	71	2	73	6/10	3	42
20	1	80	2	88		3	60
30	2	70	4	32		5	40
40	3	60	5	76		7	20
50	4	50	7	20		9	00
100	9	00	14	40		18	00
200	18	00	28	80		36	00
300	27	00	43	20		54	00
400	36	00	57	60		72	00
500	45	00	72	00		90	00
1000	90	00	144	00		180	00

COMBUSTIBLES.

NOMBRE DE STÈRES.	BOIS DE CHAUFFAGE. Durs à 1 fr. 20 c. le stère.		BOIS DE CHAUFFAGE. Blancs à 60 cent. le stère.		CHARBON DE BOIS. NOMBRE DE SACS de 2 hectolit.	CHARBON DE BOIS. à 30 centimes le sac.	
	fr.	c.	fr.	c.		fr.	c.
1/10	»	12	»	6	1	»	30
2/10	»	24	»	12	2	»	60
3/10	»	36	»	18	3	»	90
4/10	»	48	»	24	4	1	20
5/10	»	60	»	30	5	1	50
6/10	»	72	»	36	6	1	80
7/10	»	84	»	42	7	2	10
8/10	»	96	»	48	8	2	40
9/10	1	08	»	54	9	2	70
1	1	20	»	60	10	3	
2	2	40	1	20	11	3	30
3	3	60	1	80	12	3	60
4	4	80	2	40	13	3	90
5	6		3		14	4	20
6	7	20	3	60	15	4	50
7	8	40	4	20	16	4	80
8	9	60	4	80	17	5	10
9	10	80	5	40	18	5	40
10	12		6		19	5	70
15	18		9		20	6	
20	24		12		30	9	
30	36		18		40	12	
40	48		24		50	15	
50	60		30		60	18	
60	72		36		70	21	
70	84		42		80	24	
80	96		48		90	27	
90	108		54		100	30	
100	120		60		200	60	

TABLE
DES MATIERES
CONTENUES DANS CE TRAITE.

IIe. PARTIE.

III°. PARTIE.

Fin de la Table.

ERRATA DE LA MÉTROLOGIE.

Page ix, *ligne* 26 : le stère et le décistère ; savoir ; *lisez* : savoir le stère et le décistère.

— 12, 5e. *colonne* ; CENTIÈMES DE MILLIMÈTRES ; *lisez* : MILLIMÈTRES.
— 26, 2e. *colonne* : gu lieues ; *lisez* : ou liuces.
— 30, *lig.* 26 : 480 pieds : lisez 484 pieds.
— 37, *lig.* 10 : 480 pieds ; *lisez* : 484 pieds.
— 40, 9e. colonne : perche carrées ; *lisez* : perches carrées.
— *idem*, 10e. *colonne* : metpe ; *lisez* mètres.
— 63, 3e. *colonne*, 5e. *lig. de chiffres* : 38 ; *lisez* : 08.
— 128, *ligne* 2e. : excité ; *lisez* : excités.
— 135, *lig.* 3 : ajoutaot ; *lisez* : ajoutant.
— 143, *lig.* 22 : Undécagone ; *lisez* : Endécagone.
— 146, *lig.* 10 : dont les côtés sont égaux ; *lisez* : à quatre côtés égaux.
— 158, *lig.* 15 : es côtés. et s'appelle ; *lisez* : ses côtés, et s'appelle.
— *idem*, *lig.* 17 : isoscèle ; *lisez* : isocèle.
— 163 : au lieu de fol. 140 ; *lisez* : 165.
— 170, *lig.* 10 : dour désigner ; *lisez* : pour désigner.
— 174, *lig.* 22 : *après le mot*, du bassin, *ajoutez* : qui est de 65 centimètres, le produit 2091311,040 centimètres cubes, sera la capacité.
— 176, *lig.* 14 : 526 stères ; *lisez* ; 525 stères.
— 178, *lig.* 14 : 5 centimètres ; *lisez* : 5 mètres.
— 191, *dernière lig.* : de ce cône ; *lisez* : de l'apothême de ce cône.
— 192, *lig.* 6 : tiers et la hauteur ; *lisez* : tiers de la hauteur.
— 199, *lig.* 6 *et* 7 : moyenne, proportionnelle, arithmétique entre, etc. *lisez* : moyenne proportionnelle arithmétique entre, etc.
— 200, *lig.* 56 : titre ; *lisez* : litre.
— 211 *lig.* 2e. : Saumur ; *lisez* : Sancerre.

FIN.

www.ingramcontent.com/pod-product-compliance
Ingram Content Group UK Ltd.
Pitfield, Milton Keynes, MK11 3LW, UK
UKHW020608230726
13926UKWH00005B/2269

9 782013 691208